MINERALOGIE,

OU

NOUVELLE EXPOSITION *DU REGNE MINÉRAL.*

Ouvrage dans lequel on a tâché de ranger dans l'ordre le plus naturel les individus de ce Regne, & où l'on expose leurs propriétés & usages méchaniques;

AVEC

UN DICTIONNAIRE NOMENCLATEUR ET DES TABLES SYNOPTIQUES.

Par M. VALMONT DE BOMARE, Démonstrateur d'Histoire Naturelle, Membre de la Société Litteraire de Clermont-Ferrand, de l'Académie royale des Belles-Lettres de Caën, de l'Académie royale des Sciences, Belles-Lettres & Beaux-Arts de Rouen, &c.

TOME PREMIER.

A PARIS,
Chez VINCENT, Imprimeur-Libraire, rue S. Severin, à l'Ange.

M DCC LXII.

AVEC APPROBATION ET PRIVILEGE DU ROI.

A MONSEIGNEUR

LE COMTE

DE SAINT-FLORENTIN,

Chancelier de la Maison de la Reine, Commandeur des Ordres du Roi, Ministre & Sécrétaire d'État, &c.

MONSEIGNEUR,

La protection dont VOTRE GRANDEUR *m'honore, &*

l'accueil favorable qu'elle n'a pas dédaigné de m'accorder, au milieu de ses importantes Fonctions, toutes les fois que j'ai osé l'entretenir de mes travaux, me sont des garans assurés de l'interêt qu'elle a la bonté de prendre à mes foibles succès. C'est aux Hommes d'un génie particulier à exciter chez un Peuple le goût des connoissances utiles. C'est aux grands Ministres à l'encourager, en y attachant leur faveur; & c'est d'après ce motif que je prends la liberté de vous offrir cet Ouvrage. En l'agréant, vous inspirerez à de plus dignes que moi le courage de suivre la carriere pénible dans laquelle je me suis engagé sous vos Auspices; & votre Nom paroîtra sans doute quelque jour à la tête d'une Production plus digne de vous. En attendant ce moment heureux pour les progrès de l'Histoire naturelle, l'honneur de la Nation, & l'utilité des Peuples, j'espere que vous ne rejetterez pas le sensible témoignage de la reconnoissanee que je vous dois & du profond respect avec lequel je suis,

MONSEIGNEUR,

DE VOTRE GRANDEUR.

Le très-humble & très-obéissant serviteur, VALMONT DE BOMARE.

PREFACE.

PLUSIEURS personnes ont desiré que nous publiassions un essai de la Minéralogie que nous démontrons tous les ans dans notre Cabinet, & nous nous sommes déterminés à les satisfaire.

Notre premier soin a été de consulter les Auteurs qui ont traité de cette partie de l'Histoire naturelle &, notre premiere observation, d'apperçevoir les manieres diverses dont la plûpart ont considéré les objets. Les uns, s'en tenant aux caracteres extérieurs, se sont contentés de les désigner par la figure, la couleur, l'odeur & la pesanteur spécifique. D'autres, pénétrant dans leur intérieur, ont été conduits dans la distribution qu'ils en ont faite par leurs propriétés, ou méchaniques, ou physiques, ou médicinales, ou par leurs produits dans le feu,

& les autres menſtrues. Il étoit de notre objet de diſcuter la valeur des motifs qui les avoient entraînés, ou ſéduits. Nous l'avons fait; mais il ſeroit trop long d'expoſer les raiſons dont on s'eſt apuyé de part & d'autre. Il ſuffira qu'on ait bien ſenti la contradiction qui réſulte de ces méthodes, la confuſion & le dégoût qui doivent en naître pour un homme qui cherche à s'inſtruire. C'eſt de ces embarras; c'eſt de ces erreurs mêmes, reconnues par l'expérience, & par notre pratique journaliere que nous avons déduit un ſyſtême particulier, objet principal de cet ouvrage.

Nous ne nous ſommes pas bornés, ainſi que la plûpart des auteurs, à la Minéralogie particuliére d'une contrée. Nous avons laiſſé à la ſçience ſa plus grande généralité poſſible. Nous avons indiqué les ſubſtances concomitantes des divers individus; nous les avons décrites; nous avons marqué les propriétés qui leur ſont particulieres, & celles qui leur ſont communes avec d'autres; nous les avons rangées ſelon leur moindre, ou leur plus grande relation. C'eſt cette relation qui forme le fil qui nous a conduits. Un coup d'œil ſur la nature juſtifie cette méthode ; un coup d'œil ſur notre ouvrage juſtifiera quelquefois ſa conformité avec la nature.

On diſcernera dans ces feuilles trois choſes principales, une partie ſeulement ſyſtêmatique, des notes & des obſervations.

La partie ſyſtêmatique ſera formée d'un tableau général des choſes, d'une diſtribution propre à chaque genre, d'une nomenclature francoiſe & latine, & de la deſcription.

Le tableau a dix tables différentes, placées à la tête de chaque claſſe. Chaque table détermine la claſſe ; & la claſſe expoſe l'ordre, le genre, la ſous-diviſion, & les eſpeces qu'elle contient. C'eſt là ſur-tout qu'on verra les opinions diverſes des naturaliſtes les plus connus, leurs interprétations, leurs idées conciliées par notre attention à conſerver leurs dénominations, leurs épithetes ou caracteres, à la ſuite de la phraſe latine que nous avons adoptée, ou que nous avons faite.

Nous avons renvoyé dans les *notes* tout ce qui étoit de diſcuſſion legere, tout ce qui pouvoit ſervir d'éclairciſſement aux endroits obſcurs de quelques auteurs. C'eſt là que nous avons cité ceux qui ont particuliérement traité de l'objet qui nous occupoit.

Nous avons donné le nom d'*obſervations* aux découvertes ou conjectures que l'on a formées ſur certains corps du régne minéral, aux travaux qu'on leur a fait ſubir, à leurs uſages, à leurs propriétés, aux reſſources que nous en avons tirées. Ces détails ne déplaîront pas, je l'eſpere, à ceux qui veulent que la ſcience ne ſoit pas un apareil vain & ſtérile.

La plus grande difficulté que nous ayons eue à ſurmonter dans l'exécution, eſt venue du cahos, de la nomenclature, & plus encore de l'ignorance où nous ſommes des parties conſtitutives des corps. Comptant peu ſur les expériences des autres, même ſur celles que nous avons tentées dans notre laboratoire, & ſur les obſervations que nous avons eues occaſion de faire en parcourant les contrées éloignées, nous avons conſulté ceux d'entre les phyſiciens, les chymiſtes, les naturaliſtes dont la ſupériorité reconnue, pourroit garantir au public la vérité des choſes que nous avons avancées.

Chaque ſcience a ſon idiome. S'il eſt du devoir d'un auteur d'être clair; il ne l'eſt pas moins d'être court. Or c'eſt le propre des termes techniques d'abréger. Ils n'ont été inventés que pour cet avantage. Nous nous en ſommes ſervis. Mais en faveur du commun des lecteurs à qui la langue des naturaliſtes eſt étrangere, nous les avons expliqués dans un vocabulaire raiſonné que l'on trouvera à la fin de notre ouvrage. Cet abrégé formera comme un petit corps de définitions minéralogiques. Du reſte notre ton ſera ſimple comme il convient à l'objet.

Plus d'exactitude à rendre fidelement la penſée des auteurs que d'élégance. Jamais le mot du Mineur employé ſans être interprété. Plûtot ce que le Grammairien appelleroit un barbariſme, que ce que l'homme inſtruit appelleroit un contre-ſens ou une équivoque.

C'eſt donc moins ici une tentative, ſouvent chymérique d'expliquer les cauſes de l'exiſtence des corps, & le phyſique de leurs combinaiſons ; une expoſition ſimple de leurs formes ; ou l'hiſtoire de leurs propriétés ; qu'un cours d'étude minéralogique ; une maniere aiſée de reconnoître & de ſe familiariſer avec les diverſes ſubſtances de ce régne ; un abrégé des démonſtrations de notre Cabinet ; une introduction à la connoiſſance des entrailles de la terre ; en un mot ce qu'on appelle dans les écoles les prologomenes de la ſcience.

Mais autre choſe eſt de lire, autre choſe d'avoir vu. Loin de diſpenſer par cet ouvrage d'entrer dans un laboratoire & dans un cabinet, nous nous ſommes proposés au contraire d'en inspirer le desir. La présence de l'objet fournit au démonstrateur des détails dans lesquels l'écrivain ne sçauroit entrer. Ces feuilles prélues rendront seulement à nos auditeurs nos leçons plus faciles, plus intéressantes & plus utiles. S'ils sçavent d'avance ce que nous avons écrit, ils en auront d'autant moins de peine à retenir ce que nous leur dirons.

La connoissance humaine s'étend de jour en jour & se perfectionne. Que faisons nous à présent? Ou nous apprenons ce que nos prédécesseurs ont ignoré; ou nous démontrons les erreurs qu'ils ont commises sur les choses qu'ils connoissoient. Nous laisserons le même travail à nos successeurs; & nos successeurs le laisseront aux leurs, & ainsi de suite, tant que les hommes se feront un étude de la nature. Il y aura donc ici & des choses fausses, & des choses omises; c'est le défaut de mon ouvrage; c'est le défaut de tous ceux qu'on a publiés avant moi, & ce sera le défaut de tous ceux qu'on publira dans les siécles qui suivront. Pour qu'il n'y eût aucune chose, soit omise, soit hazardée dans un traité de cette espece, il faudroit qu'il fût l'empreinte exacte & générale de la nature entiere; empreinte qui n'existe, & n'existera jamais que dans l'entendement divin. Tous nos efforts bien apréciés se réduisent à enlever avec la pointe d'une aiguille une goutte limpide d'un océan immense, sans limites & sans fond; & nous décorons des titres fasteux d'homme de génie, de génie créateur, d'homme inventeur, celui qui à une goutte enlevée en ajoûte une autre. C'est que par une heureuse illusion nous ne mesurons pas nos travaux à l'étendue infinie de l'objet qui nous humilieroit & nous laisseroit sans courage; mais que nous les raportons aux bornes étroites de notre durée, de notre bonheur & de nos besoins. En effet, qu'est-ce que nos facultés les plus ambitieuses, l'imagination & la curiosité, en comparaison de la somme générale des effets & des causes? rien, ou peu de choses. Nous n'imaginons que la moindre partie de ce qui est, & nous nous doutons à peine de ce qu'il y auroit à sçavoir.

J'espere qu'on me pardonnera cette digression. C'est l'Apologie des fautes des autres, & des miennes; & personne ne sent comme moi combien j'en ai besoin.

Il y a des corps qui se rencontrent aussi dans le sein de la terre, mais qui n'appartiennent pas moins aux régnes animal & végétal, qu'au minéral. L'exposition Méthodique des substances connues sous le nom de pétrifications, en augmentant beaucoup l'étendue de cet ouvrage, nous auroit conduits à l'examen des révolutions arrivées à notre globe, & des causes qui les ont amenées. Nous avons mieux aimé en faire l'objet d'un second ouvrage. Cependant pour répondre au desir de quelques naturalistes qui regardent les pétrifications comme appartenantes uniquement au régne minéral; nous en avons ajoûté par forme d'appendix, une division très-succincte. Le traité complet que nous en projettons sera suivi de l'exposition méthodique du régne végétal & du régne animal. Nous ne pouvons trop nous hâter de demander pour ces ouvrages l'indulgence & les conseils de nos collégues dans l'étude & le goût de l'Histoire naturelle.

Terminons ce discours préliminaire par une réflexion qui a dû se présenter naturellement à mon esprit, après la protection siuguliere dont le gouvernement a favorisé mes premieres entreprises. Le sçavant traducteur de Wallerius, & de plusieurs ouvrages utiles; cet homme généreux, qui se refusant aux douceurs de l'aisance & du loisir, dont son état lui offre & lui assure la jouissance; s'occupe depuis un si grand nombre d'années du travail pénible de transporter de la langue allemande dans la nôtre, des connoissances dont personne n'a mieux senti l'importance & notre besoin, désiroit qu'à l'exemple de plusieurs Souverains étrangers, notre Monarque accordât aux naturalistes une protection qui les mît en état de suivre leur zéle, de parcourir les provinces de la France, & de rechercher une infinité de matieres qui ſont vraiſemblablement ſous nos pieds, & que les autres peuples nous apportent en échange de notre or. Ce vœu d'un patriote éclairé d'une ame ſenſible & honnête, s'eſt accompli juſqu'à un certain point. Si nous avons pu faire quelques obſervations nouvelles ; ſi nous avons pu enrichir cet ouvrage de pluſieurs pages de nos journaux de voyage, c'eſt à la bienfaiſance du Miniſtere que nous le devons. Nous en avons du moins obtenu les facilités que les circonſtances malheureuſes d'un tems également funeſte à preſque toutes les contrées de l'Europe lui permettoient de nous accorder ? Puiſſe-t-il regarder l'Ouvrage que nous publions, & l'aveu ſincere que nous faiſons ici, comme une marque de la vérité de notre reconnoiſſance & de l'utilité de ſes ſecours.

TABLE DE *LA NOUVELLE EXPOSITION* DU REGNE MINERAL.

CLASSES.

MINERALOGIE

MINERALOGIE,

OU

NOUVELLE EXPOSITION *DU REGNE MINÉRAL.*

INTRODUCTION

A la Minéralogie, ou aux Connoissances nécessaires pour distinguer les différentes especes de fossiles.

ON nomme *Histoire naturelle*, la science qui s'occupe de l'énumération & de la description des différens corps que renferment les minéraux, les végétaux & les animaux. L'on nomme chacune de ces divisions, *Régnes.*

Il est du ressort du naturaliste de regarder, de recueillir & de ranger tous les corps qui existent dans la nature; de pouvoir dire de quelle maniere ils sont faits, soit au dedans, soit au dehors, & à quel régne, classe, ordre, espece & variété ils appartiennent.

On se borne à traiter, dans cet ouvrage, de ce qui concerne le régne minéral.

La minéralogie comprend l'énumération & la description des eaux, des fossiles, des minéraux, des demi-métaux, des métaux, & de toutes les ſubſtances qui ſe trouvent à la ſurface, ou dans l'intérieur de notre globe. Nous ne trouvons jamais dans leur pureté les élémens dont ces corps ſont formés : ils ſont communément mêlés à différentes ſubſtances qui les ont déja altérées.

En conſidérant les corps terreſtres en général, on trouve qu'il y en a de deux eſpeces. Les uns ſont organiſés, & les autres ne le ſont pas. On nomme organiſés tous les foſſiles qui ont eu autrefois la puiſſance, ou de ſe mouvoir, ou de croître, & qui ont appartenu, ſoit au régne végétal, ſoit au régne animal. Ceux qui, par leur tiſſu & leur compoſition, demeurent en repos, ſe nomment foſſiles non organiſés : telles ſont les différentes eſpeces de matieres qui appartiennent au régne minéral, & qui étant déja formées, s'accroiſſent, s'augmentent, & acquiérent du volume par *juxtapoſition*, c'eſt-à-dire, parce qu'une nouvelle matiere, toute ſemblable à celle qui eſt déja formée ou dépoſée, vient s'y unir, ſans ſe combiner autrement avec elle (*a*).

On diviſe les corps du régne minéral en dix claſſes principales, ſçavoir, 1° les eaux; 2° les terres; 3° les ſables; 4° les pierres; 5° les ſels; 6° les pyrites; 7° les demi-métaux; 8° les métaux; 9° les ſubſtances inflammables. La dixieme claſſe qui n'eſt qu'un appendice au ſyſtême minéral, contient les pétrifications, les pierres figurées & les calculs.

La premiere claſſe, qui traite des eaux [*Aquæ*,] ne renferme que celles que la nature nous fournit, & qui ſont, ou fluides ou concrétes, ou froides ou chaudes, ou ſimples ou compoſées.

La deuxieme des terres [*Terræ*,] dont les par-

(*a*) Voyez Baglivi, dans ſon *Traité de la végétation des pierres*; & Henckel, *de lapidum origine*; & Waller. *Miner. pag.* 2.

ticules ne ſont pas liées, & qui peuvent être délayées & diviſées par l'eau.

La troiſieme, des ſables [*Arenæ;*] ſubſtances qui appartiennent autant aux terres qu'aux pierres, & qui ſont plus ou moins compoſées, & dures.

La quatrieme, des pierres [*Lapides;*] corps ſolides & durs, dont les particules étroitement liées les unes aux autres, ne ſont point malléables, & ne peuvent être, ni diviſées, ni délayées par l'eau ou par l'huile, mais ſe briſer en pluſieurs morceaux ſous le marteau, & qui ont aſſez de fixité dans le feu.

La cinquieme, des ſels [*Salia;*] corps minéraux, ſolides, inflexibles, friables & tranſparens, dont les plus petites parties ont pluſieurs côtés taillés à facettes, & leurs extrémités taillées en angles ou en pointes, qui ont la propriété de ſe diſſoudre dans l'eau, & de produire de la ſaveur; de ſe cryſtalliſer, d'entrer en fuſion au feu, ou de s'y volatiliſer, &c.

La ſixieme, des pyrites [*Pyrites,*] qui ſont, ou ſulfureuſes & vitrioliques, ou arſenicales, ou métalliques.

La ſeptieme, des demi-métaux [*Semi-metalla;*] corps non ductiles, ni malléables, mais fuſibles, & ayant d'ailleurs toutes les propriétés des métaux.

La huitieme, des métaux [*Metalla,*] dont les propriétés générales ſont d'entrer en fuſion au feu, d'y prendre une ſurface convexe, d'avoir de l'éclat, d'être des corps ductiles & malléables, & les plus peſans de la nature.

La neuvieme, les ſubſtances inflammables [*Inflammabilia;*] tels ſont les bitumes & les ſoufres qui s'uniſſent aux huiles & qui s'enflamment dans le feu.

Enfin la dixieme claſſe, qui eſt compoſée de foſſiles étrangers à la terre, [*Heteromorpha;*]

telles sont les différentes especes de végétaux, de coquilles & autres animaux changés en pierre. On y comprend aussi les calculs [*Calculi*,] & les pierres figurées [*Figurata*,] que l'on appelle Jeux de la nature, & qui ne sont que des especes de concrétions, qu'on trouve accidentellement formées dans des endroits où on ne les soupçonnoit pas.

PREMIERE CLASSE.

EAUX. [*AQUÆ.*]

ON appelle *Hydrologie* la connoissance de toutes les eaux naturelles, en distinguant celles qui sont simples, d'avec les composées.

Quoique toute eau soit la même; qu'il ne se trouve aucune différence réelle entre les parties qui la composent; que celles qu'on y remarque, soient purement accidentelles; on a cependant cru devoir observer, pour cet élément, un arrangement méthodique, ainsi qu'on se le propose à l'égard des autres classes, sans néanmoins s'engager à donner aux eaux des noms empruntés des endroits où elles se trouvent: ce caractere seroit trop universel, & pourroit passer pour une simple nomenclature; mais on s'attachera aux propriétés générales & aux caracteres particuliers.

L'eau est un corps sans couleur, transparent, très-fluide, volatil, rarescible, insipide, inodore, & qui a la propriété de mouiller tout ce qu'il touche. Ses différences sont d'être froides ou chaudes, simples ou composées, concrétes ou liquides.

L'état le plus naturel de l'eau est d'être froide

& liquide : ce n'est que par accident qu'elle devient chaude, ou qu'elle se trouve dans un état de solidité (*a*).

Dans le premier cas, on l'appelle eau thermale, lorsque l'art n'a point de part à son changement ; dans le second, elle prend le nom de glace, de neige, de grêle, suivant le degré de consistence qui résulte de la liaison plus ou moins forte de ses parties.

On dit de l'eau, qu'elle est simple, lorsqu'elle ne contient aucune substance étrangere à celles qui la constituent élément aqueux : il n'y a gueres que l'eau, que l'on puisse regarder comme telle ; encore les chymistes trouvent-ils que, dans l'analyse qu'on en fait, elle laisse toujours quelque résidu : ce qui doit faire conclure que la simplicité qu'on lui attribue, est une simplicité purement relative.

L'eau, au contraire, est dite composée, lorsqu'elle tient quelque corps en dissolution, ou que ses parties sont unies intimement avec celles de quelques substances qui ne contribuent en rien à sa nature.

Sous ce rapport, les eaux sont ou savonneuses, ou sulphureuses, ou bitumineuses, ou alumineuses, ou vitrioliques, ou muriatiques, ou métalliques, &c. ainsi qu'on le verra par les détails suivans.

On compte presque autant d'especes d'eaux, qu'il y a de matieres que l'eau peut tenir en dis-

(*a*) L'eau est fluide à un degré de chaleur très-modéré ; alors elle est humide & elle mouille ; mais, lorsqu'il fait froid, elle se change en un corps solide, crystallisé & feuilleté ; & on l'appelle glace. Dans l'un & l'autre état, elle souffre une évaporation ou une diminution continuelle : elle est sujette à la putréfaction, & enfin se change en une terre pure. Ce n'est pas d'aujourd'hui qu'on sçait que l'eau produit de la terre : le desséchement des lacs & des marais a fait dire à Ovide, dans ses Métamorphoses, *factas ex æquore terras*, Liv. XV, vers 163 & suiv.

solution, soit par elle-même, soit au moyen de quelque corps qui serve d'intermede.

On divise encore l'eau, en eau douce & en eau salée; on oppose par-là les eaux de pluie, de fontaines, de puits, de rivieres, de lacs, à celles de la mer & à quelques autres qui ont une saveur âcre & sensible; mais la division la plus générale & celle que nous adoptons ici, est de ranger les eaux sous deux divisions; sçavoir, 1° les eaux simples, 2° les eaux composées.

On reconnoît toutes les eaux, par leur goût, par leur limpidité, & plus encore, par les épreuves que les chymistes ont inventées à cet effet (*a*).

Les chymistes font de l'eau un des premiers principes des corps qu'ils nomment *phlegme*, sans qu'ils ayent pourtant aucune preuve certaine de l'entiere inaltérabilité de ses parties. L'eau entre dans la combinaison de beaucoup de corps, tant composés que principes secondaires: elle est seulement exclue de celle des métaux; elle n'est qu'interposée entre leurs parties, & ne peut absolument contracter avec eux aucune union intime, On ne nie pas que la composition de ces eaux ne soit très-difficile à remarquer; mais il n'en est pas moins vrai que ses effets considerés en eux-mêmes & dans d'autres corps, nous donnent lieu de présumer qu'elle change de nature: les

(*a*) On peut prendre connoissance de la nature des eaux de trois manieres différentes, 1° par les sens extérieurs, c'est-à-dire, par la vue, par le goût, & par l'odorat; 2° par les essais physiques, c'est-à-dire, par la voie de la balance hydrostatique; 3° par les épreuves de la chymie, c'est-à-dire, par la dissolution d'argent, ou par l'huile de tartre par défaillance, ou par la dissolution du sel de plomb, ou par l'esprit de sel ammoniac, ou encore par la teinture de noix de galle: cette troisieme méthode est la plus sûre. On trouvera, à la fin de la classe des eaux, une table qui réunit ces trois moyens, pour procéder à l'examen des eaux les plus ordinaires. On peut d'ailleurs consulter *Urbanus Hiærne*, *Respons. sect.* 1, & le Traité des eaux de France, par M. Duclos.

unes servent dans certains arts & métiers, d'autres dans la cuisine & la brasserie, parce que telle espece d'eau dissout un corps, & n'en dissout point un autre. Il reste à sçavoir si les particules de l'eau ne s'alterent point du tout par leur mélange avec des corps étrangers, comme il arrive aux sels, aux métaux, &c. Ainsi l'eau doit être considerée relativement à sa mixtion, & non à sa couleur, ni même à son goût.

Les propriétés physiques de l'eau sont en général, celles de tous les fluides, & en particulier, celles d'être imperceptibles, comme toutes les autres liqueurs, & néanmoins, de pouvoir être dilatées à un point qui passe l'imagination.

Une goutte d'eau, exposée à un degré de chaleur un peu plus grand que celui de l'eau bouillante, occupe, en se convertissant en vapeurs, un espace quatorze mille fois plus grand que celui qu'il occupoit sous sa forme de liqueur : on a fait usage de ce principe, dans les pompes à feu & dans plusieurs machines ingénieuses, dont on peut voir l'utilité & la description dans les livres de physique.

Toutes les eaux, tant simples & fluides que concrétes, s'échauffent jusqu'au degré d'ébullition : elles ne peuvent outre-passer ce degré, quelque violence de feu qu'on leur fasse éprouver, parce qu'alors elles se dissipent en vapeurs, lesquelles peuvent bien, dans leur expansion, acquerir un degré de chaleur beaucoup plus grand.

La fluidité de l'eau est reconnue dans toutes ses parties, puisqu'elle s'accommode à toutes sortes de figures : on pourroit ajoûter qu'elle doit être extrêmement poreuse, puisque d'une part, elle transmet la lumiere, & que de l'autre, elle contient une quantité d'air considérable, & qui y est encore sous sa forme d'air élastique ; elle est moins pesante que le mercure, qui pese quatorze fois plus qu'elle ; elle est plus coulante que l'huile, puisqu'elle se détache bien de l'air ; elle est plus solide que l'air, puisqu'elle dissout les sels ; mais elle est composée de particules plus fines & plus déliées, puisqu'elle pénetre au travers de certains corps, tels que le bois tendre, le cuir, au travers desquels l'air ne passe pas ; elle pese huit cent quarante fois plus que l'air ; elle n'est point compressible, mais extrêmement dilatable : nous venons de dire qu'elle acquiert, au moyen du feu, une expansion, & par conséquent, une élasticité presque infinie, puisque poussée à une certaine violence, elle brise avec explosion les vaisseaux dans lesquels on la tient renfermée.

C'est encore en vertu de sa fluidité & de la propriété qu'ont toutes les parties de sa surface, de se tenir à une égale distance du centre de la terre, qu'elle nous offre un moyen facile pour niveller les terres, d'où l'on peut conclure que toutes les parties de l'eau sont si homogenes, que l'on ne remarque aucune différence entr'elles ; leur grandeur, densité, pesanteur & leurs autres propriétés demeurent toujours les mêmes.

C'est par sa volatilité & rarescibilité, qu'elle s'éleve concurremment avec les particules aëriennes, & ignées dans l'atmosphere pour y former les nuées, les brouillards, la rosée, la pluie & les autres météores de même nature.

Enfin, c'est par une circulation continuelle, que cet élément humecte l'air & la terre, & la met en état de contribuer à la production des minéraux, à la formation & à l'entretien des fontaines, des rivieres, des lacs, à la végétation des plantes & à la conservation de la vie des animaux.

PREMIERE CLASSE. EAUX. [*AQUÆ*,] pag. 4.

ORDRES. [*ORDINES.*] (1)	Pag.	SOUS-DIVISIONS. [*SUBDIVISIONES.*]	GENRES. [*GENERA.*]	Pag.		ESPECES.	[*SPECIES.*]	Pag.
I. Eaux communes, ou Eaux simples. [*Aquæ communes, dulces & simplices.*] . . .	9		I. Eaux de l'air. [*Aquæ communes aëreæ.*] . . .	10	I.	Eaux du ciel coulantes, ou Pluies.	*Aquæ aëreæ fluentes. Pluviæ.*	11
					II.	Eaux du ciel congelées.	*Aquæ aëreæ conglaciatæ.*	13
					III.	Grêle.	*Grando.*	14
			II. Eaux terrestres. [*Aquæ terrestres.*]	16	IV.	Eaux terrestres vives.	*Aquæ terrestres vivæ.*	17
					V.	Eaux de puits.	*Aqua putealis.*	20
					VI.	Eaux de riviere.	*Aquæ fluviatiles.*	21
					VII.	Eaux stagnantes.	*Aquæ stagnantes.*	23
					VIII.	Eaux des lacs.	*Aquæ lacustres.*	24
					IX.	Glace ou Eau glacée.	*Glacies. Aqua conglaciata*	26
II. Eaux minérales ou composées. [*Aquæ minerales compositæ.*] . . .	28		III. Eaux minérales froides. [*Aquæ minerales frigidæ.*]	28	X.	Eau minérale terreuse. . . . . . ;	*Aqua terrea sensim lapidificans.*	29
					XI.	Eau ammoniacale.	*Aqua ammoniacalis.*	30
					XII.	Eau vitriolique.	*Aqua fossilium vitriolica.*	31
					XIII.	Eau chargée de sel commun. . . .	*Aqua muriatica.*	33
					XIV.	Eau alcaline naturelle.	*Aqua alcalina nativa.*	35
					XV.	Eau qui contient du sel neutre. . . .	*Aqua neutralis.*	36
					XVI.	Eau savonneuse ou Eau smectique.	*Aqua saponaria. Aqua smectis.*	37
					XVII.	Eau bitumineuse.	*Aqua bituminosa.*	Ibid.
			IV. Eaux minérales, ou Eaux thermales. [*Aquæ minerales calidæ thermæ.*]	38	XVIII.	Eaux thermales simples & pures. . .	*Thermæ simplices puræ.*	39
					XIX.	Eaux thermales spiritueuses.	*Thermæ simplices spirituosæ.*	40
					XX.	Eaux thermales, vitriolico-martiales.	*Thermæ minerales, vitriolico-martiales.*	40
					XXI.	Eaux chaudes sulfureuses.	*Thermæ sulphureæ.*	41

(1) *N. B.* Les chiffres qui précedent chacune des nomenclatures indiquent le nombre ou des Ordres, ou des Sous-divisions, ou des Genres; ceux qui succedent marquent la page.

Nous n'en dirons pas davantage sur les propriétés générales de l'eau ; il n'est pas de notre objet de les faire connoître : il convenoit seulement, d'en donner quelques notions préliminaires, pour être en état de parcourir historiquement chacune des eaux dont nous avons parlé, en nous arrêtant sur ce que chaque espece peut offrir d'intéressant relativement à l'histoire naturelle, dont cet élément fait une des parties assez considérables, puisque quelques auteurs en ont fait un quatrieme régne.

PREMIER ORDRE OU DIVISION.

Eaux communes, ou Eaux simples.

[*Aquæ communes* AGRICOLÆ. *Aquæ dulces. Aquæ simplices* WALLERII.]

CE sont les eaux qu'on trouve par-tout, & à qui l'on ne reconnoît ni odeur ni couleur sensibles, & dont l'usage est universel : elles sont, ou fluides, ou glacées ; le pied cube de ces eaux, les plus legeres, pese 70 livres.

Wallerius dit qu'on donne à l'eau l'épithete d'insipide ou sans goût, lorsqu'en la buvant, elle ne fait point sur les organes du goût une impression caractérisée ; mais il est impossible, comme nous l'avons déja dit, de trouver une eau absolument simple, & qui soit entiérement privée de quelque principe différent de ce qui la constitue élément aqueux ; elle n'est jamais parfaitement pure, ou dégagée de parties hétérogenes ; elle fait toujours une sensation legere à ceux qui sont dans l'usage de boire beaucoup d'eau ; elle fournit par l'analyse chymique quelque portion, soit de terre, soit de sel, soit de soufre. Aussi M. Marcgraff a-t-il prouvé qu'une eau rendue claire par la distillation la plus cohobée, transparente, sans couleur, sans odeur, sans goût, & libre en apparence de tout mélange de parties étrangeres, étoit encore composée de terre subtile & d'une substance fluide & mobile.

Les eaux simples se divisent selon les genres & especes suivantes.

GENRE I.

I. Eaux de l'air.

[*Aquæ communes, aëreæ. Aquæ aëreæ.* WALL.]

ON nomme ainsi toutes les eaux qui tombent du ciel : l'eau de l'air est la plus douce, la plus limpide, & la plus pure de toutes les eaux ; quand elle est mêlée avec l'eau terrestre, elle paroît un peu trouble & blanchâtre ; elle s'échauffe facilement au feu, & se refroidit très-promptement ; elle dissout bien le savon & en peu de tems, & est la meilleure de toutes, pour tenir suspendues les molécules des terres employées dans nos manufactures ; elle n'est point propre à appaiser la soif des hommes, ni des animaux ; mais elle a la propriété de contribuer singuliérement à l'accroissement de tous les végétaux : c'est à cette espece d'eau, que nous sommes redevables de l'extrême salubrité de l'air, en ce qu'en tombant, elle le purge des corps hétérogenes qui y étoient suspendus, & qu'elle entraîne avec elle.

Voici les especes & les variétés des eaux de l'air.

ESPECE I.

Eaux du ciel coulantes, ou Pluies.

[*Aquæ aëreæ fluentes. Pluviæ. WALL.*]

LA pluie est la premiere des eaux simples, & la plus pesante de toutes les eaux du ciel, sur-tout en été, que l'air est chargé de parties hétérogenes. Elle tombe en gouttes, plus ou moins larges, & avec plus ou moins de fréquence ; ce qui lui fait prendre différens noms. Si on conserve la pluie dans un verre, elle se corrompt facilement. On observe qu'elle commence par se troubler, ensuite devenir visqueuse, puis fétide, & qu'elle finit par déposer un sédiment verd.

On a,

1. La pluie. [*Pluvia.*]

C'est l'eau qui tombe par gouttes & en grande quantité, lorsque le ciel est couvert.

2. La pluie fine ou bruine. [*Stillicidium*, *Psetas. WALL.*]

Elle ne tombe pas de fort haut : elle est en petites gouttes serrées, & tombe doucement.

3. La grande pluie. [*Imber. Hyëtos. WALL.*]

Elle tombe de fort haut, en grosses gouttes, en grande abondance, & avec rapidité : elle est quelquefois accompagnée d'un vent violent & impétueux ; ce qui étend davantage les gouttes, comme on en voit en Afrique, dans la Négritie, où elles ont jusqu'à un pouce de diamétre. Cette eau s'apelle pluie d'orage. La pluie en thrombe perpendiculaire, ou en tourbillon, est celle qui tombe par masses & en grand volume. On l'appelle *procella.*

4. La rosée. [*Ros. Pluvia guttulis rarioribus, cœlo sereno, decidens. WALL.*]

Ce sont des gouttes d'eau fort déliées, qui, dans l'été, tombent le matin & le soir du ciel, lorsqu'il est serein, & d'une façon presqu'imperceptible. Cette rosée est produite, de même que toutes les eaux du ciel, par les vapeurs qui se sont élevées dans l'air, en maniere de brouillards insensibles, y ont demeuré suspendues, se sont ensuite condensées, rapprochées, & ont par conséquent été obligées de descendre, par leur pesanteur spécifique, plus grande que celle de l'air. Alvarez (Description de la Mauritanie,) fait voir de quelle utilité est la rosée pour la nourriture des végétaux, sur-tout dans certains endroits de l'Arabie, où il ne pleut jamais (*a*).

C'est ainsi que les eaux du ciel tombent sur notre globe, coulent à sa surface, & vont se rendre dans les rivieres, les étangs, & dans une infinité d'autres lieux bas & profonds. Elles pénétrent les endroits poreux de notre sol, s'infiltrent dans la terre jusqu'au tuf. La pente naturelle des conduits souterrains les détermine à s'écouler & à se répandre ensuite, en maniere de source, dans divers cantons : mais elles ne sourdent plus dans leur premier état : elles sont alors impregnées des substances qu'elles ont arrosées dans leur trajet souterrein, & dépouillées d'une partie de celles qu'elles avoient précipité de l'atmosphere avec elles ; ce qui les rend plus ou moins pénétrantes & détersives.

(*a*) Wallerius dit qu'il ne faut pas confondre la rosée avec le miélat, dont nous traiterons dans le régne végétal, & qu'on trouve ordinairement, le soir & le matin, en été, sous la forme de gouttes, attaché aux feuilles des plantes, & sur les herbes. Bien des personnes se proposent des choses singulieres avec l'eau de rosée, en croyant ramasser la rosée pure ; mais souvent ils ne ramassent que de la rosée, & du miélat qui a suinté des plantes : quelquefois même ils ne recueillent que le miélat pur. C'est par cette raison que les chymistes indiquent des produits de la rosée si différens les uns des autres. On ne doit point ramasser la rosée sur des plantes, pour l'avoir pure ; il la faut recevoir dans un vase exposé à l'air dès le couchant du soleil.

ESPECE II.

Eaux du ciel congelées.

[*Aquæ aëreæ conglaciatæ. Auct.*]

CETTE eau eſt la plus legere & la plus pure de toutes les eaux naturelles connues ; elle eſt preſque inaltérable, dépoſe peu, ne devient trouble qu'au bout de pluſieurs années. « Wallerius » prétend que c'eſt à ſa pureté qu'on doit attri- » buer la propriété qu'elle a de diſſoudre une plus » grande quantité de ſel que les autres eaux : c'eſt » auſſi (dit-il) pour la même raiſon, qu'elle eſt » fort bonne pour blanchir & donner de l'éclat » au linge, & peut être employée, ſans inconvé- » nient, dans les braſſeries : c'eſt même à cette » eau que la biere de Mars doit ſa préroga- » tive ſur les autres ; dans ce mois, la plûpart » des eaux étant, ou neige, ou fort mêlées de » neige.

Cependant, quelque pures que ſoient ces eaux concrétes, on obſerve qu'en général, elles ſont mal-ſaines, étant fondues, à cauſe de leur extrême fraîcheur, & l'uſage en eſt plus nuiſible que celui de l'eau coulante du ciel. La plûpart des habitans du Tirol & de la Suiſſe en font une funeſte expérience. Ils prétendent que c'eſt l'uſage d'une telle eau qui leur donne les goîtres & les enflures de gorge, auxquels ils ſont ſujets ; & l'on ſçait que toutes les montagnes de la Suiſſe ſont couvertes de neiges qui, par leur réſolution, fourniſſent les eaux de cette contrée, néceſſaires aux beſoins de ces peuples. Ceci fait une grande objection au paragraphe précédent, qu'il ne nous appartient pas de réſoudre.

On a,

1. Le givre, ou gelée blanche. [*Pruina autumnalis.*]

C'est une espece d'eau, qui tombe dans le commencement & à la fin de l'hiver, & qui a la propriété de s'attacher étroitement aux feuilles des végétaux ou à d'autres corps, & de s'y congeler.

2. Le verglas. [*Pruina hibernalis.*]

Ce sont des vapeurs de l'air, qui en se déposant sur des corps terrestres, &c. s'y attachent fortement, & s'y congelent comme de la glace.

3. La neige. [*Nix.*]

Les physiciens prétendent qu'elle est formé par des vapeurs élevées dans la moyenne région, & qui se sont gelées par la température de l'air: elle est composée de plusieurs rayons plus ou moins épais, paralleles, durs & pointus, ou rectangulaires; il y en a, dont les flocons sont hérissés, ou triangulaires, quadrangulaires, pentangulaires, sexangulaires, enfin jusqu'à dix-huit rayons: il y en a encore plusieurs autres, dont on trouvera la description dans *Kundmann, Rariora naturæ & artis, p. 543. Tab. XV*; & *Muschenbroëck, Elementa physices, Tab. XXIV.*

Ces différentes especes peuvent toutes se réduire à des cristaux d'une forme hexagone, c'est-à-dire, à des flocons de neige à six rayons velus, pleins en roue, suivant les différentes formes qu'ils ont pris en se réunissant: chaque flocon est souvent composé comme autant de petites branches garnies de feuilles & de fleurs legeres; c'est un amas de petites lames glacées, confusément couchées les unes sur les autres, qui observent cependant un ordre assez régulier, par rapport à l'arrangement de leurs parties, ce dont nous ignorons l'ætiologie, quant à présent, à moins qu'on n'admette la neige comme un corps composé, alors la diversité de ces figures sera le résultat de la modification de ses parties constituantes. Cependant, quoique la neige la plus ordinaire soit d'une figure indéterminée, on peut dire, en général, que ses flocons ressemblent communément, ou à des plumes, des poils, des filets, ou à des petites bosses ou tubercules; c'est ce qu'on peut reconnoître, en recevant de la neige sur une toile cirée, & en l'examinant dans un lieu frais (*a*).

ESPECE III.

Grêle. [*Grando. Auct.*]

LA grêle est une eau de pluie, qui s'est condensée & crystallisée par le froid en passant dans la moyenne région, avant de tomber sur notre sol; elle est en crystaux plus ou moins gros, & qui ont différentes formes: les uns sont en petits grains, totalement durs, semblables à de la glace & rarement sphériques, toujours irréguliers, anguleux; d'autres sont d'un côté à moitié transparens, concaves ou à noyau, & de l'autre part farineux, comme si c'étoit de la neige; d'autres enfin, sont en grains

(*a*) Quelques personnes attribuent la froideur de la neige à des corpuscules nitreux qu'ils font entrer dans sa composition. Ce seroit sans doute ce qui contribueroit tant à l'engrais des terres & à l'accroissement des végétaux, en les préservant des gelées séches; car l'on a observé que les montagnes où la neige sembloit être perpétuelle, etoient couvertes de plantes les mieux nourries & les plus vertes. Ces eaux concrétes procurent aux Lapons des moyens faciles de faire de longues courses dans leur *Pulcka*, avec une vîtesse sans égale. La neige qui couvre pendant plus des deux tiers de l'année presque tout le pays qu'habitent ces peuples, les oblige à se pratiquer des habitations souterreines, pour se préserver des rigueurs du froid excessif qu'on y éprouve.

coniques ou pyramidaux. Cette inégalité des figures est sans doute dûe, moins au degré de froid, qu'aux frotemens que les gouttes d'eau éprouvent en gelant : plus elles tombent de haut, plus elles grossissent ; ce qui accélere la chute, & produit des chocs réciproques : tout enfin dérange la symmétrie de la crystallisation.

La grêle ne conserve pas long-tems sa forme & sa solidité ; elle se resout en liqueur aussi-tôt qu'elle est tombée sur la terre, dont la température est bien opposée à celle d'où elle nous parvient (*a*).

GENRE II.

II. Eaux terrestres.

[*Aquæ terrestres.* WALL.]

C'EST l'eau commune & insipide qui se rencontre par-tout sur notre globe, dans des canaux ou cavités : elle est, ou stagnante, ou coulante, & d'un usage indispensable dans la vie, & en même tems, la plus saine, la plus savoureuse & la plus propre à appaiser la soif de tous les animaux vivans : elle devient blanchâtre & trouble, quand on la mêle avec de l'eau du ciel : elle est aussi plus pesante, plus long-tems à s'échauffer, à bouillir & à se refroidir : elle ne dissout pas aisément le savon, & ne forme point d'écume avec lui, d'où il faut conclure qu'il doit y avoir nécessairement dans cette eau une substance *salino-terreuse*, & par con-

(*a*) Comme l'eau ne se crystallise ainsi, que dans les tems où la chaleur de l'atmosphere diminue jusqu'à un certain point qui est toujours déterminé, cela a fait croire à quelques-uns que l'eau n'est que la glace rendue fluide par la chaleur ; mais nous avons déja insinué que l'état le plus naturel de l'eau est d'être liquide : sa solidité est accidentelle.

féquent une différence réelle entre les eaux terreſtres & les eaux du ciel.

ESPECE IV.

I. Eaux terreſtres vives. Eaux de roche.

[*Aquæ rupeïdales. Aquæ terreſtres vivæ. Aquæ vivæ* WALL.]

ON appelle eaux vives, des eaux qui ſont toujours coulantes, claires, tranſparentes, les plus legeres & les plus épurées de toutes les eaux terreſtres : on remarque qu'elles dépoſent toujours, après l'évaporation, un ſédiment plus ou moins conſidérable, & qu'elles peuvent être gardées aſſez long-tems, avant que d'entrer en putréfaction ; plus elles ſont pures, & plus elles approchent de l'eau du ciel, par leur legéreté & par leurs effets dans la cuiſſon des légumes farineux, des viandes, des infuſions théiformes & des fermentations.

Il y a,

1. L'eau de fontaine ou de ſource. [*Aqua fontana. Aqua viva, perpetuò ſcaturiens.* WALL.]

Les eaux de fontaine ſont celles qui ſortent d'un lieu ſouterrein, où ſe rendent, par diverſes filieres, des petits ruiſſelets d'eau, qui coulent ſans interruption également en hiver & en été : quelquefois elles ſortent en quantité, tantôt plus, tantôt moins grande, & s'augmentent ou diminuent à proportion du plus ou du moins d'eau qui tombe du ciel (*a*).

(*a*) On a un exemple en France d'une telle ſource, au bourg Saint-Andéol, en Vivarais, à deux lieues du Pont-Saint-Eſprit. Elle fournit ordinairement aſſez d'eau pour faire tourner trois moulins. Cette eau eſt limpide, inodore, & ſort des Cévennes par pluſieurs iſſues du même côté. Elle augmente en tems de pluie, & diminue en tems de ſéchereſſe. Il n'eſt pas encore rare de trouver des ſources qui ſe déchargent par une iſſue double & deux écoulemens directement oppoſés. On en trouve ſouvent de cette eſpece ſur de hautes montagnes & dans les champs.

On remarque, que les ſources qui coulent dans le voiſinage des buttes de ſable, fourniſſent l'eau la plus pure, enſuite celles qui ſortent d'une terre argilleuſe. Il eſt évident que ces eaux doivent avoir des propriétés relatives aux ſubſtances qu'elles ont arroſées ou pénétrées dans leur trajet ſouterrein ; auſſi ſont-elles plus ou moins ſalutaires, étant ſuſceptibles d'être crues & indigeſtes.

2. Eau de ſource qui coule périodiquement. [*Aqua periodica. Aqua viva periodicè ſcaturiens.* WALL.]

On nomme ainſi celle qui ne coule que dans de certains tems de l'année, ou à certaines heures du jour ou même de la nuit, & qui ne jaillit point : pluſieurs auteurs croient que, la cauſe immédiate en eſt attribuée à des eaux formées par des fontes de neiges ou de glaces, qui pénetrent la terre, ſe raſſemblent dans les creux ou fentes des montagnes ; & quand ces réſervoirs ſont remplis, elles débordent & commencent à ſortir : c'eſt ainſi qu'elles coulent par intervalles, depuis le printems juſqu'à l'automne, c'eſt-à-dire, tant que le ſoleil a aſſez de force pour fondre la neige ou la glace ; & elles ceſſent, lorſque toute la neige eſt fondue, ou lorſque le ſoleil n'a plus la même force. Il s'en trouve beaucoup de cette eſpece dans la Suiſſe. Voyez Scheuchzer, *Itin. Alpin. p.* 23, 173, 315.

On appelle encore les fontaines où cette eſpece d'eau ſourd, fontaines *intercalaires*, fontaines *horaires*, fontaines *intermittentes.* On remarque que dans les intervalles où l'eau ne coule pas, la fontaine eſt à ſec : telle eſt, 1° la ſource appellée *Nucquio*, dans le Pérou, ſur le mont Piro ; 2° la fontaine du lac de Bourguet, en Savoye ; 3° la ſource nommée *Bullerborn*, ou *Polterbon*, en Weſtphalie, qui ſourd en bouillonnant ; 4° la fontaine d'Engſtler, en Suiſſe, que Scheuchzer a citée dans son *Iter Alp. p.* 404 & 483. Il y a encore d'autres especes d'eaux qui sont périodiques irrégulieres, c'est-à-dire, qui n'observent point de tems réglé, mais qui coulent ou cessent de couler, suivant les saisons & les tems.

3. Eau vive, qui suit les variations des tems. [*Aqua viva aërea. Aqua viva, ad motus aëris variabilis.* WALL.]

On remarque des altérations singulieres dans cette eau. Quoique froide comme de la glace, elle ne laisse pas de bouillonner & d'imiter le mouvement qu'elle auroit sur le feu : telle est la fontaine nommée *la Ronde*, à deux lieues de Pontarlier. La cause de ce phénomene pourroit bien n'être qu'un air raréfié, renfermé sous terre, & poussé continuellement à la surface de l'eau. Ces eaux s'alterent encore d'une autre maniere : quelquefois elles deviennent troubles, immédiatement à l'approche des mauvais tems ou de la pluie, & reprennent leur limpidité au retour du beau tems. Ne pourroit-on pas attribuer ce phenomene, tantôt au plus grand volume d'eau qui s'amasse, & dont le mouvement devient plus rapide, tantôt à une sorte de fermentation qui se fait dans les parties constituantes de l'eau ; fermentation qui rend sensibles les portions de terres ou de sels à base terreuse qu'elle tenoit en dissolution ?

On remarque encore qu'il y a des eaux vives qui, comme celles de la mer, sont sujettes à un flux & reflux. On trouve des fontaines de cette espece en Suéde, autour du lac Wetter, sur les frontieres de la Gothie orientale & de la Westgothie. Voyez *Tiselius, Description de la Suéde.* Elles ont vraisemblablement communication avec des lacs sujets au même mouvement, peut-être même avec la mer. Quelques personnes ont inféré de-là, que de telles eaux devroient alors être salées ;

mais on ſçait que la Seine a flux & reflux à ſon embouchure, l'eſpace de vingt à trente lieues, ſans en être moins douce dans le cours de cet eſpace. A la vérité, il y a des fontaines ſalées : ces eaux peuvent être produites par celles de la mer, qui ont des conduits ou des routes ſouterreines, par où elles ſe rendent à des réſervoirs, d'où elles ſortent enſuite; mais on ne remarque pas dans ces eaux un flux & un reflux qui réponde à celui de la mer, pas même de phénomene différent des fontaines qui ſont entretenues par les pluies. Voyez les mots *Fontaines*, & *Géographie phyſique de l'Encyclopédie.*

ESPECE V.

II. Eau de puits.

[*Aqua putealis. Aqua viva, ſub terra fluens. WALL.*]

C'EST une eau ſouterreine qu'on rencontre en creuſant dans différens endroits de la terre, & dont les propriétés varient beaucoup; elle eſt plus ou moins limpide, d'une ſaveur pierreuſe, froide, crue, peſante, indigeſte, & en général, malſaine; elle contient ordinairement de la ſélénite : celles dans leſquelles on reçonnoît des ochres ou du vitriol, doivent être regardées comme *ſources minérales;* elles ont alors un goût acerbe, & elles ſont très-propres à donner, par leur aſtriction, plus d'intenſité aux couleurs rouges qu'on imprégne ſur les corps mollaſſes, tels que la toile, le coton, la futaine, &c.

Les eaux de puits ne tariſſent guères, étant continuellement remplacées par celles qui étant au-deſſus, ſe raſſemblent dans le creux ou puits que l'on a fait, pour les recevoir.

ESPECE VI.

III. Eau de riviere.

[*Aqua fluvialis. Aqua viva, intrà alveum fluens. Aqua fluviatilis.* WALL.]

CETTE eau, qui coule dans des lits ou canaux disposés en pente à la surface de la terre, est formée par des ruisseaux [*Rivus*] qui tirent leur origine des fontaines & sources que nous avons décrites. Cette eau est ordinairement impure, en ce que dans son cours elle se charge, tant des impuretés qu'on y jette, que de celles qu'elle entraîne naturellement, & qui toutes alterent ou sa transparence, ou la propriété qu'elle a de s'unir à de certains corps; mais comme elle se trouve élaborée dans les différentes sinuosités qu'elle est obligée de parcourir, qu'elle coule à l'air libre, & qu'elle est continuellement exposée à la chaleur du soleil, elle se trouve corrigée; elle s'épure ou se clarifie ensuite, & devient enfin très-potable. Parmi les eaux de rivieres, on regarde comme bonnes à boire, les meilleures à appaiser notre soif & à préparer nos alimens, celles qui coulent avec rapidité & sur un lit sableux; elles sont plus legeres, & conviennent mieux à délayer ou préparer, dans les arts, un grand nombre de matériaux. L'eau de riviere, qui coule lentement sur un lit argilleux, est au contraire poissonneuse, terrestre & pesante; celles qui passent sur un terrein pierreux & rempli de substances minérales, sont dures ou crues, & indigestes. Les eaux de rivieres sont, de toutes les eaux terrestres, les plus propres à l'usage des blanchisseuses; elles dissolvent mieux le savon, nettoient plus à fond le linge; elles sont moins cruës, plus douces, plus onctueuses, & ont plus de facilité à s'unir aux parties du savon,

& à les réduire en maniere d'écume ; elles ſont même préférables à l'eau de puits, pour pénétrer & étendre les couleurs tant vertes, que bleues & jaunes ; en un mot, elles ſont plus aiſément paroître le fond de la teinture.

On obſerve qu'en général, plus il y a de montagnes dans un pays, plus il ſort d'eau de ces réſervoirs ; ce qui multiplie les ruiſſeaux, accroît les rivieres, & forme enfin les fleuves [*Amnis :*] tels ſont, le Rhin, le Pô, le Danube & pluſieurs autres qui prennent leur ſource dans les Alpes. Il y a auſſi des rivieres produites par des lacs ; tels ſont le Nil, le Wolga, &c. Elles ſont toutes conſidérablement augmentées par les eaux du ciel. Ces inondations annuelles forment en un inſtant des torrens [*Torrens*] qui ſe précipitent en caſcades ou en cataractes [*Cataracta*,] font déborder les rivieres, les fleuves, &c. Une des choſes qui contribuent tant aux fameuſes inondations, eſt quand l'abondance des eaux du ciel tombe dans un changement de ſaiſon : alors la fonte des neiges qui s'y joint, fait conſidérablement enfler les eaux de ſources ; de ſorte qu'il ſe rend plus d'eau dans les lacs, dans les rivieres, que leur lit n'en peut contenir. C'eſt-là le cas du lac de Zaire, dans lequel le Nil prend ſa ſource ; ce fleuve, ainſi que le Niger en Afrique, la Plata au Bréſil, le Wolga dans le royaume d'Aſtracan, débordent ordinairement, tous les ans, au mois de Mai, par des fontes de neige ; c'eſt de cette maniere que le Gange & l'Indus débordent dans les mois de Septembre, d'Octobre & de Novembre, par des pluies. Voyez *Varrenii Geograph. gener. pag.* 305.

Les rivieres, en proportion de leur largeur & de l'étendue qu'elles parcourent, ont une utilité plus générale que toutes les autres eaux ſimples ;

les unes, comme celles des Gobelins, ſont d'une reſſource ſinguliere pour les arts ; les autres, comme la Loire & la Seine, facilitent la navigation & le commerce : toutes répandent, ſur les lieux voiſins de leur cours, des vapeurs qui concourent à la végétation de ce qui nous eſt le plus néceſſaire.

ESPECE VII.

IV. Eaux ſtagnantes.

[*Aquæ ſtagnantes. Aquæ terræ ſtagnantes. WALL.*]

ON appelle eau ſtagnante celle qui s'eſt ramaſſée dans un endroit creux, d'où elle n'a point d'iſſue, pour s'écouler ; ce qui la fait appeller quelquefois eau tranquille ou eau morte : elle eſt ordinairement fort épaiſſe & ſi trouble, qu'elle paroît griſe, rarement claire, d'une odeur vapide & d'un goût bourbeux ; c'eſt la plus peſante de toutes les eaux terreſtres : elle acquiert en peu de tems cette qualité, en ſe chargeant d'une portion du limon qui ſe forme dans ſa profondeur, & qui provient ou de la deſtruction des plantes, des poiſſons & autres animaux qui y vivent, ou des courans d'eau, qui y apportent des terres glaiſeuſes, dans l'état d'une extrême ténuité, par conſéquent faciles à être ſuſpendues au moindre mouvement dans les molécules de l'eau. En effet, ſi on laiſſe ſéjourner cette eau dans un verre, on remarquera qu'elle dépoſe beaucoup de ſédiment composé de pluſieurs ſubſtances différentes ; elle ſe corrompt d'autant plus facilement, qu'elle a déja un commencement de putréfaction ; telle eſt l'eau de mare, l'eau d'étang & toutes celles qui ſe deſſéchent communément en été, ou au moins diminuent tant, qu'elles reſſemblent à l'eau bourbeuſe, c'eſt-à-dire, à un mélange de terre & d'eau.

L'eau d'abîme n'eſt qu'un étang ou une mare, dont la profondeur eſt toujours ſi conſidérable, qu'elle ne tarit point en été, à moins qu'elle ne ſoit formée par la neige ou par la pluie ; telle eſt celle du lac de Czirnitz dans la baſſe Carinthie, où, ſelon les différentes ſaiſons de l'année, l'on peut y pêcher, aller à la chaſſe, moiſſonner du bled, recueillir du foin, &c. Voyez *Wallerius*, *Hydrologie*, *pag.* 54.

Les eaux de marais [*Aqua paludoſa*] ſont auſſi des eaux ſtagnantes ; elles ne ſe trouvent point dans les endroits creux ou profonds de la terre, mais dans ceux où elle eſt unie & comme ornée de buiſſons & de mouſſes ; telle eſt l'eau marécageuſe & l'eau bourbeuſe, qui recouvrent toujours une terre argilleuſe : ces eaux, quoique les plus mauvaiſes de toutes, & comme évidemment nuiſibles aux hommes, ne laiſſent pas d'être d'une grande utilité, en ce qu'elles ſont la retraite d'une infinité d'inſectes, qu'elles ſont les plus propres à être employées, dans les bâtimens, pour le mortier & pour former des terres combuſtibles ou tourbes, par la pourriture des plantes qui y végetent, &c. Les eaux ſtagnantes ont encore la propriété de produire de bonnes teintures, comme on le remarque dans les eaux de la mer de Haarlem en Hollande, où, plus il ſe trouve de matieres hétérogenes, & meilleures elles ſont pour ces uſages.

ESPECE VIII.

V. Eaux des lacs. [*Aquæ lacuſtres. Auctor.*]

CETTE eau, quelquefois coulante & ſtagnante en même tems, participe de la nature de ces deux eſpeces d'eaux, & tient un milieu entr'elles, quant à la peſanteur ; elle approche cependant plus des propriétés générales de l'eau de riviere, en ce qu'on s'en sert pour les mêmes usages, qu'elle ne se corrompt pas plus que toute autre eau coulante, & qu'elle dépose toujours un sédiment fort analogue à celui que donne cette espece d'eau; elle paroît néanmoins claire & pure, excepté dans l'été; elle a pour lors un œil verdâtre; ce qui peut provenir de la réflection des feuilles des végétaux qui s'y trouvent communément dans le fond, ou de la pourriture de ces substances qui, se dégorgeant alors, alterent l'eau & font en même tems mourir quantité de poisson.

La plûpart des lacs reçoivent des eaux qui s'en écoulent ensuite: on en voit qui dépensent plus d'eau qu'ils n'en reçoivent, & d'autres qui en reçoivent plus qu'ils n'en dépensent. Ceux de ces lacs, qui ont un écoulement considérable, & qui forment une riviere ou un courant, sans qu'on puisse appercevoir de diminution sensible, reçoivent des eaux souterreines, qui nécessairement le doivent remplacer; tels sont les lacs de Wolga & d'Odojum, &c. Ceux des autres lacs, qui reçoivent quantité d'eau par des rivieres, ruisseaux & courans, qu'on ne voit point augmenter, & à qui l'on ne reconnoît aucun écoulement que celui qui doit se faire, moins par l'évaporation, que par des dégorgemens ou conduits souterreins, au travers du sol qui est toujours poreux & spongieux, sont, le lac de Geneve & la mer Morte, dans laquelle le Jourdain se jette.

On remarque souvent, dans le changement des saisons, que les eaux du lac de Domletscherthal en Suisse & autres, mugissent comme une mer agitée, sans que le tems paroisse orageux. On peut conjecturer que ce phenomene est produit par la raréfaction de l'air extérieur, qui permet à l'air comprimé dans le fond de l'eau, de jouir de son élasticité, c'eſt-à-dire, de chercher une iſſue, de s'élever ſans obſtacle, de traverſer l'eau, de former des eſpeces de thrombes ou bulles ſouterreines, qui font du bruit, en ſe dilatant & ſe mêlant avec l'air ambiant; ce qui fait en même tems que l'eau s'éleve au-deſſus de ſes bords. Si ce phénomene eſt produit à l'approche de la pluie, les eaux deviennent troubles, ou paroiſſent ſous des aſpects extraordinaires: l'on y croit remarquer des phantômes qui, en s'évanouiſſant ſenſiblement, font voir qu'ils ne ſont formés que par des vapeurs & des exhalaiſons condenſées. Il n'en eſt pas de même des lacs dont les eaux deviennent quelquefois rougeâtres comme du ſang; tel qu'on l'a obſervé en 1603, près de Zurich, & en 1703, près de Délitz. Ce phenomene n'a pu être occaſionné par le moyen des inſectes & des laitances de poiſſons, mais par des terres d'ochre rouge de fer très-atténuées, ou des ſubſtances bitumineuſes, détachées & charriées par des courans d'eau qui vinrent s'y jetter, & ſe mêlerent alors aux eaux des lacs: ces mêmes terres pouvoient être interpoſées dans deux couches du fond des lacs, dont il y en a une de mobile, c'eſt-à-dire, dans des lacs à double fond, comme on en remarque en Suéde, dans le Jemteland, dont l'un s'éleve en certains tems, couvre tout le lac, & s'affaiſſe en un autre tems (*a*).

ESPECE IX.

VI. Glace, ou Eau glacée.

[*Glacies. Aqua conglaciata. Auct.*]

LA glace eſt une eau ſimple devenue compacte,

(*a*) M. Elshotz, *Ephem nat. cur. T. VI*, *p.* 127, *obſ.* 79, parle d'une eau rouge qui ſe trouve dans un foſſé de la vieille ville de Berlin, & qui ne ſe mêle pas à l'autre eau. Elle ſourd de tems en tems; & il dit l'avoir comparée aux laques, aux extraits, à

dure & rude au toucher, par l'action du froid ; elle se forme d'autant plus promptement, que l'eau qui est soumise au froid, est plus pure ; elle ne se corrompt pas aisément ; elle est plus ou moins épaisse, poreuse, transparente & pesante, selon le degré & la durée du froid qui l'a rendu solide, & qu'elle contient plus ou moins de bulles d'air : elle a la propriété de réfracter & de réfléchir les rayons du soleil, comme feroit un morceau de crystal.

On observe que plus il gele, & plus la glace augmente de volume, & cependant diminue de poids ; ce qui est au contraire des autres corps. L'eau exposée proche du feu augmente de volume, tandis que la glace y diminue : celle-ci peut nager & demeurer suspendue dans l'eau même ; ce qui démontre, en cet état, sa legéreté : ainsi l'air donne à la glace la porosité, la legéreté, le volume, lui ôte son entiere transparence, & la fait casser.

La glace se divise toujours en colonnes cannelées, irrégulieres, quoique formées en apparence par feuillets, ou par couches horizontales, appliquées les unes sur les autres à la surface de l'eau ; étant fondue, on lui reconnoît les mêmes propriétés qu'à l'eau de pluie ou de neige. Wallerius rapporte une observation qui se trouve dans les *Acta Hafniens. Vol. IV*, *pag.* 107 & *suiv.* c'est que la glace d'Islande est d'un odeur désagréable, & qu'elle brûle dans le feu. Scheuchzer pense que cette eau congelée d'Islande est semblable à celle qui se trouve dans les glacieres ou montagnes des glaces des Alpes. Voyez *Itinera Alpina*, *pag.* 185 ; mais ces sortes d'eaux ne donnent le phenomene de l'inflam-

du sang ; qu'elle ressembloit plus à de l'eau chargée de laque. Elle précipitoit comme elle, & vers le milieu du jour se recoloroit jusqu'à trois jours, au bout desquels le sédiment étoit verd, & ne recommençoit plus. Il pencheroit à croire que ce sédiment seroit la terre adamique, ou une terre martiale.

mabilité, qu'à cause du bitume qu'elles contenoient.

II. ORDRE OU DIVISION.

Des Eaux minérales ou composées.

[*De Aquis mineralibus. Aquæ compositæ. Auct.*]

ELLES ont, en général, une couleur, une odeur & une saveur qui leur sont tout-à-fait étrangeres, & par lesquelles on en distingue les principales propriétés. Ces eaux, qui ne se rencontrent pas indifféremment en tous lieux, sont plus ou moins claires & transparentes, tantôt froides, tantôt chaudes, & d'un usage particulier; au lieu que celles dont nous avons parlé jusqu'ici, sont d'un usage général, & toujours froides; elles sont composées de substances ou terreuses ou salines, ou bitumineuses ou métalliques, dont on les sépare, soit par l'évaporation, ou la filtration, ou la précipitation.

GENRE III.

I. Eaux minérales froides.

[*Aquæ minerales frigidæ. Aquæ minerales. WALL.*]

ENTRE les eaux minérales froides, on appelle ainsi celles qui participent de quelque substance plus ou moins pesante & fixe, appartenante au régne minéral, qui sont très-froides, sur-tout en été, &

auxquelles on remarque cependant en hiver un peu plus de chaleur accompagnée de bulles & d'écume, c'eſt-à-dire, de cet eſprit éthéré, qu'on nomme *Spiritus æthereo elaſticus*, ou l'*ame* de l'eau minérale.

Voici les eſpeces & les variétés de cette diviſion.

ESPECE X.

I. Eau minérale groſſiere ou terreuſe.

[*Aqua terrea, ſensìm lapidificans. Aqua mineralis cruda. Aqua foſſilium tophacea. Aqua gypſea.* WALL.]

ELLE eſt la plus peſante de toutes les eaux; elle contient des ſubſtances minérales, fixes, groſſieres, de différente nature, plus ou moins mélangées, & propres à former les incruſtations & les ſtalactites; ce qui fait que l'uſage n'en eſt pas bon pour la ſanté, qu'il eſt même ſouvent pernicieux. Les particules terreuſes dont cette eau eſt chargée, ſont ordinairement calcaires; elle les a détachées, en s'infiltrant & en arroſant des terres ou pierres de cette nature: c'eſt ainſi qu'en les charriant rapidement, elle leur fait éprouver un frotement qui les comminue, les atténue plus ou moins, ſelon que ſon cours eſt plus long, le choc plus fort, & le frotement plus répété; alors la matiere pierreuſe, amenée au point d'une extrême diviſion, peut être ſuſpendue dans les molécules de l'eau, ſans altérer, pour ainſi dire, ſon entiere limpidité. Si on laiſſe cette eau ſéjourner dans un vaſe, elle y formera une eſpece de ſédiment; & lorſqu'elle coule, elle incruſtera la ſurface des corps qui ſe rencontrent dans l'eſpace qu'elle parcourt, comme on l'obſerve à Arcueil près Paris, à Meaux, à Albert, à Clermont-Ferrand, à Carlsbad en Boheme, à Gryta dans la province d'Upland en Suéde, à Furstenbrunn près de Jena en Saxe, &c. Quelquefois elle pénetre seulement dans les pores du corps qui y est trempé, & y dépose ses particules terrestres, comme il s'en voit en France, au-dessus de Moulins, à Saint-Pourçain en Allemagne, près d'Afeld, dans le village de Langenhaltensée & dans plusieurs autres endroits. Il suffit de dire que c'est à la nature des différentes substances dont ces eaux sont chargées, qu'est dûe la formation des résidus, des ostéocolles, des stalactites, des tufs, des corps changés en pierre plus ou moins durs, & dont nous parlerons dans le corps de cet ouvrage.

Espece XI.

II. Eau spiritueuse, volatile, alcaline, urineuse, ou Eau ammoniacale.

[*Aqua spirituosa, alcali-volatili-urinosa.* WALL. *Aqua ammoniacalis.*]

CE sont des eaux que Wallerius, *Hydrologie, pag.* 71 & 72, dit contenir un sel urineux, qui se manifeste quelquefois par son odeur fétide : c'est ce qui fait nommer cette eau, *eau puante*; mais on la reconnoît facilement par la propriété qu'elle a de donner une teinture bleue au cuivre dissous dans l'acide nîtreux. Il y en a une source qu'on nomme *Faul-Brunné*, qui est près de Francfort sur le Mein. On fait usage de ses eaux ; elles purgent violemment : leur odeur est très-desagréable, & ressemble à celle que donne la pierre-porc, quand on l'a fortement frotée. Henckel a démontré la même chose dans le livre qui a pour titre, *Bethesda Portuosa*, où il cite en exemple les eaux de Lauchstad & de Giesshubel en Allemagne.

ESPECE XII.

III. Eau vitriolique.

[*Aqua fossilium vitriolica. Aqua vitriolica.* WALL.]

C'EST une eau chargée de vitriol, dont le goût est astringent, & l'odeur très-volatile; ce qui la rend très-aisée à reconnoître. Comme elle est toujours chargée de parties métalliques, il doit nécessairement y en avoir de plusieurs especes; mais toutes doivent se réduire à celles qui vont être décrites: car entre les métaux, il n'y a que le fer, le cuivre & le zinc, qui puissent être mis en dissolution, & sous une forme saline, par un acide vitriolique peu concentré.

On a,

1. L'eau alumineuse. [*Aqua aluminaris. Aqua aluminosa.* WALL.]

C'est une eau blanchâtre, souvent chaude, naturellement chargée d'alun, dont le goût est styptique, & qui donne, après qu'on l'a évaporée jusqu'à siccité, un résidu blanc qui se gonfle au feu. On dit qu'il y a en Sibérie un lac tranquille & froid, au bord duquel se forme de l'alun en beaux crystaux.

2. L'eau vitriolique martiale. [*Aqua vitriolica martialis. Auct.*]

On s'assure qu'elle contient un vitriol de mars, par la propriété qu'elle a, en cet état, de noircir ou de prendre toujours la couleur pourpre, lorsqu'on y verse de l'infusion de noix de galle, ou de feuilles de chêne, ou du bois d'aune, & d'autres plantes astringentes; elle a un goût d'encre, & dépose toujours une ochre jaunâtre.

3. L'eau vitriolique de cuivre ou de cémenta-

tation. [*Aqua vitriolica cupri. WALLER.*]

On est certain qu'elle contient du vitriol de cuivre, lorsqu'on y trempe un morceau de fer bien poli, sur lequel le cuivre se précipite, avec la couleur rouge qui lui est propre : c'est ce cuivre qu'on nomme vulgairement *cuivre de cémentation.* On trouve de l'eau de cette espece dans les mines de cuivre : tout le monde connoît celles de Neusol en Hongrie, de Saint-Bel en France, qui sont thermales : on a encore un exemple dans ce que rapporte G. F. Loew, de la source de Binkafeld en Hongrie. Voyez *Acta nat. cur. Tom. IV, app. pag.* 5.

4. L'eau vitriolique de zinc. [*Aqua vitriolica zinci. WALL*].

On reconnoît que cette eau contient de la couperose blanche, ou du vitriol de zinc, moins par son goût vitriolique & astrigent, qui lui est commun avec les précédentes, que par la teinture jaune qu'elle donne au cuivre, lorsqu'on met la terre qui en a été précipitée, en cémentation avec lui. Gmelin assure que la fontaine de Teinach contient du vitriol de zinc (*Disputat. de acidul. Teinacensib.*) Il n'est pas encore décidé si ces eaux sont saines & propres à faire des cures. Voyez les *Réflexions de Linder* à ce sujet, & l'*Epreuve des eaux, par Hiærne, pag.* 10. Il s'éleve quelquefois, à la surface de ces eaux vitrioliques, une vapeur subtile, communément invisible, d'une odeur sulfureuse & suffocante ; elle a la propriété d'étouffer & de faire mourir tout ce qui a vie, par la vapeur forte & élastique qui en part : on l'appelle *vapeur ou eau empoisonnée ;* c'est une mouffete, dont les effets sont semblables à celles des mines : c'en est une de cette espece, qui s'éleve de la mer Morte.

ESPECE

ESPECE XIII.

IV. Eau chargée de ſel commun.

[*Aqua muriatica. Aqua foſſilium ſalis communis* WALL.]

L'EAU chargée de ſel commun, eſt la plus abondamment répandue dans le monde ; on y remarque toujours une legere portion de bitume.

Il y a,

1. L'eau de la mer. [*Aqua muriatica marina. Auctor.*]

L'eau marine eſt celle de l'ocean & de toutes les mers ; elle eſt peu limpide ; ſa couleur eſt d'un bleu verdâtre fort leger, d'un goût âcre, amer, très-ſalé, d'une odeur marécageuſe, & ſi flatueuſe, qu'elle provoque les nauſées ; elle eſt très-froide & très-peſante : ſa peſanteur ſpécifique eſt à l'égard des eaux ſimples, ce qu'eſt ſoixante-treize à ſoixante-dix, c'eſt-à-dire, qu'un pied cube d'eau marine peſe ſoixante-treize livres. C'eſt à cauſe de cet excès de peſanteur dûe aux parties de ſel marin dont elle eſt chargée, qu'elle ne gele point, & qu'elle s'évapore à l'air moins promptement que les eaux douces, & qu'un vaiſſeau prend une hauteur d'eau moins conſidérable dans la mer que dans un fleuve. Cependant il ſe trouve en certains endroits des mers, dont l'eau eſt plus ou moins chargée de ſel ; & les navigateurs atteſtent que, dans la mer du ſud, ſous l'équateur & dans les pays méridionaux, il y a plus de ſel en pleine mer, & l'eau y eſt plus froide que vers le pays du nord & vers les poles de la terre. La mer des côtes de Hollande donne un neuvieme de ſel ; celles des côtes d'Eſpagne & de la Méditerranée en portent bien davantage. En Suéde, près de Carlscroon, l'eau de la mer ne contient qu'un trentieme de sel; plus loin, elle est si peu chargée de sel, qu'elle gele en quantité (*a*).

La couleur différente qu'ont les eaux de la mer en certains endroits, n'est qu'un suite de la profondeur de cet élément qui absorbe les rayons de la lumiere : la mer Rouge n'a été ainsi nommée que parce que l'on apperçoit au travers de cette eau claire le sable rougeâtre qui est au fond. La mer Verte des côtes d'Afrique, abonde en fucus & autres plantes marines qui sont verdâtres.

2. L'eau de Fontaine, avec du sel commun. [*Aqua muriatica fontana. WALL.*]

Cette eau est plus pure que l'eau de la mer, & le sel qu'on en tire est beaucoup plus clair; mais il il n'a pas autant de force : on voit de ces sources en Franche-Comté, en Bourgogne, à la Trauliére en Bourbonnois, dans le Cominge, le Bigorre, le Languedoc & à Moutterstat près de Manheim. On observe que les fontaines salantes occupent la partie supérieure du terrein sur lequel les couches sont portées : M. Hartwiss. *Ephem. nat. curios. nov. obs.* 26. *p.* 40. *Tom.* v. cite des eaux salées qui sont près d'un bourg nommé *Scoll*, & que la noix de galle jaunit : elles crevent les bouteilles où on les renferme; elles contiennent un alcali fixe & un sel de nître qu'on retire par l'évaporation : elles ont une odeur urineuse, & font un dépôt blanc dans les bouteilles.

(*a*) La nature du sel marin est très-connue des chymistes; mais ils n'ont encore pu trouver les grands moyens de dessaler entiérement l'eau de la mer; & il seroit à desirer que par leurs procédés si ingénieux, ils pussent faire ce présent au genre humain, moins pour le progrès de la physique, que pour l'utilité réelle, dans les navigations de long cours.

ESPECE XIV.

V. Eau alcaline naturelle.

[*Aqua alcalina nativa. Aqua fossilium alcalina.* WALL.]

C'EST une eau dont la propriété alcaline se reconnoît à son effervescence avec tous les acides, & à la teinture en verd qu'elle donne au syrop de violettes ou à la teinture de tournesol (*a*) : il ne faut pas la confondre avec les eaux qui contiennent simplement une terre calcaire [*Aquæ terreæ calcareæ*] qui déposent communément & forment les incrustations dont nous avons parlé ci-devant (*Espece* 10.). Ces dernieres eaux sont pour l'ordinaire tellement chargées de parties pierreuses & calcaires, quelles produisent quelquefois un leger mouvement d'effervescence avec les acides ; mouvement qui sera plus fort, si c'est avec la terre précipitée : telle est celle de Freyenwald ; mais on ne peut point former de sel neutre avec cette terre, comme on en fait avec l'eau alcaline pure.

Quelquefois ces especes d'eaux sont alcalines & calcaires tout à la fois ; alors ces eaux & leurs résidus, après l'évaporation, font effervescence avec les acides : les eaux de Bollersbad dans le pays de Wirtemberg, & celles de Carlsbad, quoique thermales, sont de cette nature.

A Andernack, à Coblentz & en d'autres endroits, le long du Rhin, l'on distribue dans des bouteilles de grès, bouchées comme le vin de liqueur, une espece d'eau fraîche, très-claire, volatile, d'une odeur acidule & d'un goût savou-

(*a*) On a pour exemple les eaux de Tœplitz, qui ne contiennent ni substance vitriolique ni calcaire, mais seulement une matiere alcaline. Ces eaux sont toujours chaudes. Wallerius les appelle *eaux thermales alcalines simples*.

reux : elle bouillonne beaucoup, quand on l'agite ; & pour peu qu'on en verse sur du vin du Rhin, qui, comme on le sçait, contient beaucoup d'acide, il se produit alors un mouvement d'effervescence assez fort : lorsqu'on boit cet hydro-vin, l'on sent au visage une infinité de petits jets d'eau très-visibles ; on dit que cette eau vient de Nassau-Orange : elle paroît contenir du sel alcali naturel & sur-tout de l'esprit éthéré par la perte subite du poids qu'elle fait à l'air libre. Les eaux de Seltz [*Acidulæ Selterranæ*] dont on fait tant d'usage en Hollande, pour se désaltérer paroissent être aussi de cette espece : elles ne contiennent visiblement aucune substance ferrugineuse, calcaire ou saline ; mais elles font seulement effervescence avec les acides.

ESPECE XV.

VI. Eau qui contient du sel neutre.

[*Aqua neutralis. Aqua fossilium, salis neutri.* WALL.]

CETTE eau qui ne fait aucune effervescence, ni avec les acides, ni avec les alcalis, contient naturellement un sel neutre qui approche beaucoup du sel admirable de Glauber : on peut conclure que cette eau dont on voit une source à Ebshom en Angleterre, & une autre à Egra en Boheme &c. est le résultat de deux différentes eaux souterreines, l'une chargée d'acide vitriolique & l'autre de l'alcali du sel marin, qui s'étant rencontrées se sont unies & combinées ensemble. (*a*).

(*a*) Les eaux de Bath & de Buxtonwels en Angleterre, [*Bathonensia & Buchostenienfia*,] pourroient bien être de cette espece. Voyez Lister, *de Fontib. medic. Angliæ, p* 43 & 45 ; & Wallerius, *Tentamina physic. chym. p.* 188, 204, 288. L'eau qui se trouve près de la ville d'Umea, pourroit encore être de cette

ESPECE XVI.

VII. Eau ſavoneuſe, ou Eau ſmectique.

[*Aqua ſaponaria. Aqua ſmectis.*]

L'EAU ſavonneuſe eſt celle qui, par le moyen de quelque ſel, tient en diſſolution des ſoufres naturels, foſſiles ou végétaux, ou qui eſt unie à une grande quantité de terres ſmectiques; telle eſt l'eau ſavonneuſe de Plombieres. Ces ſortes d'eaux ont un œil louche, laiteux; graſſes au toucher; ne deviennent que peu limpides, même long-tems après avoir dépoſé leurs particules hétérogenes, qui ſemblent être autant de feuillets terreux happans à la langue en maniere des bols, mais qui, comme un ſavon ſe diviſent dans l'eau, de façon à faire croire qu'ils éprouvent une eſpece de diſſolution: les eaux ſavonneuſes different des eaux minérales ordinaires, parceque celles-ci ſont toujours formées dans le ſein de la terre, au lieu que les eaux ſmectiques peuvent devenir telles à leur ſurface: elles ſervent au beſoin à dégraiſſer & à blanchir les étoffes, comme il ſe pratique en divers lieux d'Angleterre, à Acqs dans le comté de Foix, & autres endroits où il ſourd de cette eſpece d'eau.

ESPECE XVII.

VIII. Eau bitumineuſe.

[*Aqua bituminoſa. Aqua foſſilium bituminoſa.* WALL.]

LA ſubſtance minerale, graſſe, volatile & inflammable qui ſe trouve dans cette eau, n'eſt qu'un ſuc bitumineux, ou un naphte très-clair dont les

eſpece. Voyez les *Mémoires de l'académie royale de Stockolm*, 1740, p. 145.

molécules ſont très-diviſées au moyen de l'eau qui eſt toujours en action : on appelle les ſources qui la produiſent, *Fontaines brûlantes* ; il y en a de cette eſpece près de Cracovie en Pologne : Voyez *Thummig. vers Part.* 1, *pag.* 26 ; près de Neidelbad en Suiſſe : Voyez *Scheuchzer Hydrograph. pag.* 311 ; & dans le Prieuré de Trémolac en France : cette eau eſt de différentes couleurs ; elle a la proprieté d'être amere & de faire mourir tous les animaux vivans. Quand le goût de cette eau eſt acide, c'eſt un indice du vitriol qui y exiſte & qui ſe dépoſe communément, ſous la forme d'une ochre graſſe, dans les conduits par où elles paſſent : l'eau de la fontaine de Locka en Wermeland eſt de cette eſpece. M. Klauney, *Ephem. nat. cur. nov. T. III*, *p.* 107, *obſ.* 64, dit qu'on a enfin trouvé dans la Siléſie, à Werſingaſſ, une fontaine qui ſourd d'un fonds bitumineux ; elle eſt graſſe au toucher, ſent le ſoufre & le nître, dépoſe un peu de terre, noircit l'argent, & rouille le fer : elle ne gele jamais : elle verdit les teintures de violette & de galle, jaunit la diſſolution d'argent & les cendres gravelées, rend laiteuſe le ſublimé corroſif ; les alcalis fixes & les alcalis volatils la troublent, & l'eſprit de nître y excite une grande ébullition.

GENRE IV.

II. Eaux minérales chaudes. Eaux thermales.

[*Aquæ minerales calidæ. Thermæ. Auctor.*]

CE ſont des eaux qui, la plûpart, ſont composées, & deviennent ſurcompoſées dans leur trajet souterrein : elles sont plus ou moins limpides, pesantes & colorées : elles contiennent, en général, des corps, non seulement éthérés & spiritueux, mais encore des substances étrangeres, appartenantes au régne minéral ; telles sont les eaux de Bagnoles en Normandie, de Bourbon-l'Archambault, d'Aix en Provence, &c. Ces eaux ont naturellement un degré de chaleur plus ou moins considérable, & toujours plus grand que les autres eaux, quand même elles ne feroient que tiédes (*a*). Il y a cependant quelques eaux thermales dans lesquelles on ne peut reconnoître aucune mixtion : c'est pourquoi on considere ces eaux en eaux thermales simples, & en eaux thermales composées, ou grossieres.

ESPECE XVIII.

I. Eaux thermales simples & pures.

[*Thermæ simplices puræ.* WALL.]

L'EXPERIENCE a prouvé que ces eaux ne contiennent ni sels, ni soufre, ni vitriol, ni aucune vapeur minérale, à l'exception cependant d'une substance éthérée ; elles sont insipides, très-legeres, très-pénétrantes : nous avons un exemple de pareilles eaux dans les eaux thermales de Pfeffer en Suisse [*Thermæ*

(*a*) Les sentimens sont partagés sur la cause de ce phénomene, qui, peut-être, ne dépend que de la proximité entre l'endroit où l'eau a sa sortie, & celui où réside la cause de la chaleur ; car les eaux peuvent avoir été chaudes dans les souterreins, & paroître froides à l'issue. En effet, on sçait que les eaux thermales qui coulent, ou dans le voisinage des mines de charbon, ou des amas de pyrites sulfureuses, ou de terres alumineuses, ou de volcans, sont plus chaudes que celles qui en sont éloignées : toutes ces matieres sont même un indice qu'il doit y avoir des eaux thermales dans les environs ; & quand on en veut faire la recherche, on observe les endroits où la terre est poreuse & spongieuse, & où il se trouve des montagnes à filons dans le voisinage, composées de pierre à chaux & de craie.

piperinæ, vel fabarienses.] Voyez *Scheuchzer Itin. Alp.* 1704. *p.* 149. Wallerius dit que celles de Schlangerbad dans le landgraviat de Hesse, sont de la même espece.

ESPECE XIX.

II. Eaux thermales spiritueuses.

[*Thermæ simplices spirituosæ. WALL.*]

CES eaux different des précédentes, en ce qu'elles ont de la saveur, & contiennent un esprit de vitriol volatil, qui agit sensiblement sur l'infusion de noix de galle : telles sont les eaux de Pise, de Tettuciani, de Nocarini, &c. en Italie.

ESPECE XX.

III. Eaux thermales vitriolico-martiales.

[*Thermæ minerales vitriolico-martiales. Thermæ martiales. WALL.*]

LES eaux thermales de cette nature, ainsi que les suivantes, décelent dès leur source, ou par le goût, ou par l'odeur, ou bien par la voie de la précipitation, les substances minérales dont elles sont chargées, quoique plus pesantes que les eaux thermales simples : elles deviennent peu-à-peu plus legeres, à mesure qu'elles séjournent dans un vaisseau ; elles y déposent une ochre jaune, & noircissent l'infusion de noix de galle : telles sont les eaux de Passy, de Forges, &c. Quelquefois ces eaux vitriolico-martiales contiennent du sel marin : telles sont les eaux de Wisbade, où elles sont alcalino-martiales, telles sont celles d'Ems, où elles sont neutres-martiales ; c'est-à-dire, contiennent aussi du sel neutre : telles sont les eaux thermales de Bade en Suisse, dont parle Scheuchzer *in Ephemer. nat. curiosor. vol. II. App.*

ESPECE XXI.

IV. Eaux chaudes sulfureuses.

[*Thermæ sulphureæ. Auctor.*

CES eaux contiennent, d'une maniere bien sensible, du soufre, puisque, 1° elles en ont l'odeur; 2° elles déposent sur les parois du sol où elles coulent, un sédiment qui donne une flamme bleue, quand on le brûle, & qui, avec le sel de tartre forme de l'*hepar sulphuris*; 3° on reconnoît encore ces eaux à la propriété qu'elles ont de noircir l'argent lorsqu'il est pur : leur couleur tire communément sur celle du girasol.

On remarque qu'elles sont aussi alcalines : les fameux bains d'Aix-la-Chapelle, de Hirschberg sont de cette espece : la terre par où coulent ces eaux est pleine d'excavations, faites en maniere d'entonnoir ; ces excavations sont ornées de belles fleurs de soufre jaunâtres pâles (*a*), & laissent échapper dans plusieurs endroits des exhalaisons pernicieuses aux hommes & aux animaux qui les respirent ; ces exhalaisons se font sentir jusqu'à cinq de nos lieues, ainsi que l'expérience le fait voir sur les eaux d'*Aqua zolfa*, qui sont situées entre Rome & Tivoli. Ces eaux ont été soumises aux expériences analytiques des plus fameux chy-

(*a*) Scheuchzer, *Meteor. p.* 14, dit que toutes les poudres jaunatres contenues dans ces eaux, ne sont pas toujours du soufre. C'est, dit-il, une poussiere jaune, fort déliée, de quelques pins, sapins & autres arbres, ou les étamines de quelques plantes. Il en est de même des prétendues pluies de soufre, qui ne sont produites que par la poussiere des étamines de quelques fleurs d'aune, de noisetier [*Corylus*,] du *Mucus terrestris clavatus*. Voyez la note de M. Schmider, dans les *Ephem. nat. cur. nov. T. II*, *p.* 187, *obs.* 180 ; & celle de M. Elshotz, *Ephem. nat. cur. T. V*, *p.* 19.

mistes de l'Europe, tous y ont reconnu une surabondance de soufre ; mais ils n'ont pu déterminer la cause immédiate de leurs divers degrés de chaleur, ni de toutes les autres eaux thermales ; & nous en sommes toujours aux premiers systêmes du feu central & actuel, & aux conjectures peut-être trop hazardées des fermentations constantes & perpétuelles.

II. CLASSE.

TERRES. [*TERRÆ.*]

On nomme proprement terres, des substances fossiles simples, peu compactes, séches de leur nature, qui n'ont point d'odeur ni de saveur, composées de particules impalpables, & qui ne sont point liées les unes aux autres, s'amollissant & se gonflant dans l'eau, sans y être solubles & sans contracter une forte adhérence entr'elles, résistant au feu, & n'étant mêlées d'aucuns corps étrangers : *Terræ particulis impalpabilibus leviter cohærentibus constant, per aquam affusam pastam præbent.* WOLSTERDORF.

Comme les terres que nous trouvons sur notre globe, ne sont point simples & élémentaires, qu'elles sont entre-mêlées de particules pierreuses, salines, bitumineuses, sulfureuses ou inflammables & métalliques, ce qui produit une grande différence entr'elles, on ne peut les considérer que comme des corps mixtes & composés, & en marquer les différences, que relativement à leurs mélanges.

Les anciens divisoient les terres, & les pierres en terres, d'usage en médecine & aux ouvriers:

TABLE

QUI indique les Résultats des divers Essais qu'un Naturaliste peut faire sur les Eaux *.

C

Division	*et Dénomination des Eaux.*	*Par la Vue.*	*Par le Goût.*	*Par l'Odeur.*	*Et par quelques Expériences chymiques.*
EAUX SIMPLES.	Eaux fluides.				
	— pures	Claires & transparentes	Douces & agréables	Inodores	Laissent un peu de terre au fond des cucurbites, & ne précipitent rien avec les précipitans.
	— de pluie	D'un clair plus sale	Un peu crues	*Idem*	Précipitent beaucoup.
	— de fontaine	Très-limpides	De diverses saveurs	*Idem*	Varient pour le précipité.
	— de puits	D'un clair matte	Très-crues & fades	*Idem*	Précipitent abondamment de la sélénite, &c.
	— de riviere	Sujettes à variation	Douces & savoureuses	*Idem*	Ne précipitent que peu ou point.
	— de marais	Sales & louches	Nauséabondes.	Puantes	Développent un alcali volatil, & donnent un précipité coloré.
	— de lac	Un œil verdâtre	Variables	Variables	Variables.
	Eaux concretes.				
	— de l'air	Blanches & transparentes	Froides & un peu piquantes	Inodores	S'évaporent sans feu, déposent un peu de terre très-legere, & ne donnent que rarement un précipité.
	— terrestres	*Idem*	*Idem*	*Idem*	*Idem.*
EAUX COMPOSÉES.	Eaux froides.				
	— gypseuses	Elles sont très-chargées de terre blanchâtre, mais elles ont beaucoup de limpidité.	Fades & lourdes quand on les a bues	Inodores	Déposent naturellement une terre blanche, la précipitent par l'alcali du tartre.
	— acides	Leur transparence est comme blanchâtre.	Aigrelettes	Piquantes legérement, quand on les agite.	Alterent les couleurs bleues qu'elles rougissent, font une legere effervescence avec les alcalis.
	— alumineuses	*Idem*	Fades & saccharines	Inodores	Donnent leurs crystaux d'alun & beaucoup de terre, par la précipitation.
	— vitriolico-martiales	Quelquefois verdâtre ou jaunâtre	Un goût d'encre	Un montant désagréable	Déposent de l'ochre, noircissent avec la noix de galle.
	— vitriolico-cuivreuses	*Idem*	Goût styptique	Inodores	Précipitent une terre métallique, qui devient bleue avec le sel volatil ammoniac.
	— vitrioliques de zinc	Quelquefois purpurine	*Idem* & un peu sucrée	*Idem*	Précipitent une terre demi-métallique, qui, mise en cémentation avec le cuivre, rend ce métal jaune.
	— marines	D'un verd bleuâtre	Nauséabondes, âcres & salées	Odeur de poix	Donnent des crystaux de sel marin, & un résidu bitumineux & ochracé.
	— ammoniacales	Un verd obscur	Un goût ammoniacal	Une odeur fétide & urineuse	Rendent un sel ammoniacal avec les acides, & développent leur odeur par les alcalis volatils, & déposent de la terre.
	— alcalines naturelles	D'une limpidité louche	Salées & lixivielles	Inodores	Donnent du natron & une lessive qui rend, avec les acides, des sels à base marine.
	— neutres	*Idem*	Salées & terreuses	*Idem*	Tiennent ordinairement du sel de Glauber, quelquefois du sel marin.
	— savonneuses	Œil louche & laiteux	Un goût de savon ou lixiviel	Une odeur fade	Déposent des feuillets terreux, gras & bolaires; ne s'éclaircissent jamais entiérement.
	— bitumineuses	Toujours chargées	Ameres, âcres	Odeur de styrax	Elles rendent pour l'ordinaire les produits d'une pyrite sulfureuse décomposée.
	Eaux thermales.				
	— presque pures	Louches, quand elles sont chaudes	Fades	Odeur de l'eau en vapeurs	Elles précipitent une terre de base marine, & rendent, avec l'alcali, une legere odeur d'œuf.
	— thermales spiritueuses	Transparentes & parsemées de petites bulles.	Piquantes & vineuses	Odeur vineuse	Elles donnent un sel de Glauber à la crystallisation.
	— thermales martiales	Limpides	Styptiques	*Idem*, melée d'odeur d'encre	Elles donnent de l'ochre & assez souvent un vitriol tout pur.
	— sulfureuses	Quelquefois blanchâtres	Ameres & fades	Odeur d'œufs pourris	On y trouve par l'évaporation une masse qui sent le foie de soufre, & qui indique l'alcali naturel.
	— colorées	Rouges ou brunes	Terreuses	Inodores	L'ochre de fer en est précipitée naturellement.

* *N. B.* Nous n'avons voulu qu'indiquer ici les expériences les plus simples & les plus naturelles; l'analyse des eaux minérales en demande beaucoup d'autres qu'on trouve dans les ouvrages des hydrologistes. Il ne s'agit que de celles dont le concours précis permet au naturaliste de juger sur le champ une eau, sans être obligé de la transporter dans son laboratoire. Quant aux essais physiques qui se font par la voie de la balance hydrostatique, on s'appercevra de reste, combien il eût été difficile de leur assigner des caracteres constans, la pesanteur spécifique des eaux étant sujette à varier, à proportion des mélanges : nous dirons seulement que le pied cube des eaux simples pese en général 70 livres, & celui des eaux composées 71 à 73 livres. Nous en avons cité des exemples dans l'histoire des eaux & les diverses autres propriétés qu'elles ont généralement, & en particulier, &c.

cette méthode de ne les considérer que par leur surface & leurs qualités extérieures, étoit fort défectueuse.

M. Sthal les a divisées en terres vitrifiables & alcalines, cette division est trop générale; presque toutes les terres alcalines ou calcaires, sont aussi vitrifiables, quoiqu'elles le soient plus difficilement.

MM. Bromel & Linnæus ajoûtent à ces deux classes les terres apyres; mais cette division n'est pas plus exacte : presque toutes les terres *blanches non métalliques*, aussi bien que les terres *calcaires*, *gypseuses*, *argilleuses & vitrifiables*, sont apyres : c'est-à-dire, ne se laissent point mettre en fusion par elles-mêmes, pas même dans un feu des plus violens.

Suivant M. Pott, il y a quatre especes de terres primitives, différant réellement entr'elles par leurs qualités intérieures & auxquelles la plus grande partie des terres peuvent se rapporter, étant toutes composées de divers mélanges de ces quatre primitives; ce n'en sont que des especes très-peu différentes, soit par les divers mélanges, soit par les varietés que peuvent porter dans quelques-unes les vapeurs métalliques, minérales & sulfureuses : cet auteur les divise, 1° en terre alcaline ou calcaire; 2° en terre gypseuse; 3° en terre argilleuse; 4° en terre vitrifiable, plus proprement dite, *strictiùs sumpta*.

A la rigueur, toutes les terres sont vitrifiables & se laissent changer en un corps transparent, ce qui démontre la possibilité de la clarification totale du globe opaque de notre terre; mais les trois premieres especes demandent une plus grande addition de sels ou d'autres matieres pour être vitrifiées, que la terre qu'il appelle spécialement *vitrifiable*.

M. Wolterdorf, (*obſerv.* 2) dit que ces quatres terres primitives ne ſont pas ſi ſimples qu'elles ne puiſſent jamais être réduites à une plus grande ſimplicité ; elles ſont deja mêlées , & avec le tems on pourra les réduire à une ſimplicité plus grande. Quoi qu'il en ſoit, leurs différences ſpécifiques ſont aiſées à déterminer ; mais, comme nous venons de dire, on ne rencontre point de couche qui ſoit compoſée d'une ſeule terre ſimple & pure : tous les lits contiennent un mélange de différentes eſpeces de terre, ainſi que nous l'avons reconnu dans l'analyſe que nous avons faite des terres argilleuſes & gypſeuſes, qui paſſoient pour être les plus pures ; c'eſt pourquoi nous nous aſtraignons à les conſidérer par leurs propriétés principales ; &, comme hiſtoriens, la pureté que nous attribuons ici aux terres, n'eſt que dans l'hypotheſe, que les hétérogénéités y ſont comme cachées & anéanties par l'eſpece prédominante, qui compoſe le mixte que nous décrivons.

En conſidérant les propriétés générales des terres, nous les diviſerons en deux ordres, c'eſt-à-dire, en terres argilleuſes, & en terres alcalines.

1° Les terres argilleuſes, [*Terræ argilloſæ*,] ne ſont point attaquées par les acides ; elles s'endurciſſent au feu : [*Terræ argilloſæ in acidis non ſolubiles, igne uſti duriores evadunt. WOLSTERD. claſſ.* I.]

2° Les terrres alcalines [*Terræ alcalinæ*,] produiſent un mouvement d'effervefcence avec les acides, s'y diſſolvent, & pouſſées au feu, forment de la chaux : [*Terræ acidis ſolubiles, alcalinæ, in igne uſti in calcem abeunt. WOLSTERD. ibid.*

On rapporte à ces deux ordres les ſous-diviſions ſuivantes, ainſi que leurs différens genres, leurs eſpeces & leurs variétés.

SECONDE CLASSE. TERRES. [TERRÆ,] pag. 42.

ORDRES. [ORDINES.]	SOUS-DIVISIONS. [SUBDIVISIONES.]	GENRES. [GENERA.]		ESPECES.	[SPECIES.] D	Pag.
Pag.	Pag.	Pag.				
	I. Terres en poussiere. [Terræ macræ dissipabiles.] 45	V. Terre franche ou Terreau. [Humus.] 46	XXII.	Terre commune noire des jardins, ou Terreau.	Humus atra hortensis.	47
			XXIII.	Limon ou Tourbe limonneuse, ou *Humus* poreux.	*Humus limosa.*	48
			XXIV.	Tourbe proprement dite, ou terres végétales des vallées.	*Turfa vegetabilis.*	49
			XXV.	Tourbe composée de parties végétales & animales.	*Lutum vegetabile & testaceum.*	50
			XXVI.	Terre animale.	*Humus cæmeterii.*	51
I. Terres argilleuses. [*Terræ argillosæ.*]... 45	II. Terres grasses. [*Terræ tenaces.*] 52	VI. Argille proprement dite. [*Argilla.*] 53	XXVII.	Argille blanche, &c.	*Argilla alba & apyra.*	54
			XXVIII.	Argille à poitier.	*Argilla figulina.*	Ibid.
			XXIX.	Argille colorée.	*Argilla colorata.*	55
			XXX.	Argille bleue marbrée.	*Argilla plastica.*	56
			XXXI.	Argille qui se gonfle dans l'eau. . . .	*Argilla aquosa intumescens.*	57
			XXXII.	Argille à foulons.	*Argilla fullonum.*	58
			XXXIII.	Argille stérile. Pierre pourrie. . . .	*Argilla soluta.*	59
			XXXIV.	Tripoli.	*Terra Tripolitana.*	60
			XXXV.	Argille pétrifiable.	*Argilla in aëre lapidescens.*	61
			XXXVI.	Bols ou Terre bolaire.	*Terra sigillanda.*	62
	III. Terres minérales ou composées. [*Terræ minerales compositæ.*] 66	VII. Terres métalliques, ou Ochres. [*Terræ pictoribus inservientes.*] 67	XXXVII.	Ochre de Zinc, ou Terre calaminaire.	*Ochra zinci, aut Terra calaminaris.*	68
			XXXVIII.	Ochre de fer.	*Ochra ferri.*	Ibid.
			Bis XXXVIII.	Terre rouge de montagne.	*Humus rubra.*	69
			XXXIX.	Terre d'ombre.	*Terra umbriæ.*	71
			XL.	Ochre noire.	*Ochra atramentaria.*	72
			XLI.	Ochre de cuivre.	*Ochra cupri.*	Ibid.
			XLII.	Le Tuf ochreux, ou l'Ochre tuffiere.	*Tophus humoso-ochraceus.*	73
		VIII. Craie, terre calcaire. [*Creta, terra calcarea.*] ... 74	XLIII.	Craie blanche.	*Creta subrupestris alba.*	76
			XLIV.	Craie blanche d'Angleterre.	*Creta alba Anglicana.*	77
			XLV.	Craie d'un blanc sale.	*Creta terrestris alba.*	Ibid.
			XLVI.	Agaric minéral.	*Agaricus mineralis.*	78
			XLVII.	Craie coulante.	*Creta fluida. Guhr.*	80
II. Terres alcalines. [*Terræ alcalinæ.*] . . 74		IX. Marne. [*Marga.*] . . . 82	XLVIII.	Marne pure.	*Marga pura friabilis.*	83
			XLIX.	Terre à porcelaine.	*Marga porcellana.*	Ibid.
			L.	Terre à pipe.	*Cimolia alba, &c.*	84
			LI.	Marne crétacée.	*Marga cretacea.*	85
			LII.	Marne à foulons.	*Marga fullonum.*	Ibid.
			LIII.	Marne qui se décompose.	*Marga in aëre deliquescens.*	86
			LIV.	Marne pétrifiable.	*Marga lapidifica.*	87
			LV.	Marne vitrifiable.	*Marga fusoria vitrificans.*	88

Les terres argilleuſes comprennent en trois ſous-diviſions,

Les	1° Terres en pouſſiere ou *Humus*, 2° Terres graſſes, 3° Terres minérales,	qui empâtent la langue.

Les terres alcalines renferment dans un ſeul ordre,

Les	1° Terres farineuſes en pouſſiere, 2° Terres compactes & abſorbantes,	qui happent à la langue.

PREMIER ORDRE OU DIVISION.

Terres argilleuſes.

[*Terræ argilloſæ. Auct.*]

CE ſont celles qui, en général, ne ſouffrent que peu ou point d'altération dans les acides & dans le feu, & qui ont néanmoins différentes figures, conſiſtances & propriétés particulieres ; ce qui nous oblige à en faire trois ſous-diviſions. La premiere eſt compoſée des terres en pouſſieres [*Terræ diſſipabiles ;*] la deuxieme, des terres graſſes [*Terræ glutinoſæ ;*] & la troiſieme, des terres minérales [*Terræ pictoriæ.*]

PREMIERE SOUS-DIVISION.

Terres en pouſſiere.

[*Terræ macræ. Terræ diſſipabiles.* WALL. *Terræ diſſolutæ* AGRICOLÆ & SCHEUCHZERI. *Terra nova nonnullorum.*]

M. WALLERIUS nomme Terres en pouſſiere, celles qui ſont en poudre ou peu compactes, & dont les parties ſont ſi détachées les unes des autres, & tellement rudes, graveleuſes & ſéches au toucher, que quand on les détrempe dans de l'eau & qu'on veut les pétrir avec les mains, on n'en peut former aucune figure qui puiſſe ſe conſerver, à cauſe du peu de conſiſtance & de liaiſon qu'elles ont, *vix cohærentes.* Ces eſpeces de terres, dont cet auteur fait le texte de ſes deux premiers genres, ſous le nom d'*humus* & de terre *calcaire*, ont une nomenclature qui cadre très-bien avec les effets qu'elles produiſent : on obſerve ſeulement que les terres *calcaires* ou *farineuſes*, ſtrictement dites, ſont plus arides, plus ſimples, & plus homogenes que celles appellées *humus :* au reſte, l'un & l'autre ne prennent aucun corps, & ne ſe vitrifient point au feu ſans addition ; toutes les terres de cette même claſſe ſouffrent un degré de feu plus ou moins violent, ſans ſe changer ni en verre, ni en chaux (*a*).

GENRE V.

I. Terre franche, ou Terreau.

[*Humus. Auct.*]

ON remarque que les particules les plus fines de cette terre ſont communément rudes au toucher, inégales, groſſieres, poreuſes, friables & un peu graſſes : ſi l'on vient, après l'avoir calcinée à un feu aſſez violent, à en faire le lavage, les parties les plus fines ſe dépoſent ; on leur reconnoît tant d'élaſticité dans l'eau, qu'elles s'y étendent & s'y gonflent plus qu'aucune autre eſpece de terre :

(*a*) Wallerius, p. 5 & 7, regarde ces terres comme la matiere primitive des pierres ; & pour former ces pierres, il ne faut qu'une matiere propre à les durcir & à les lier.

telles sont les especes de terreaux, appellées *Humus particulis spongiosis friabilibus.* WOLSTERDORF.

Ces terres, qui servent d'enveloppe à notre globe, dont elles couvrent la surface jusqu'à demi-pied d'épaisseur, sont formées en grande partie par la décomposition des substances qui appartiennent à d'autres regnes, communément par la pourriture des végétaux, quelquefois par la destruction des animaux : elles ne font effervescence avec aucuns acides ; elles blanchissent ordinairement au feu, où y reçoivent des nuances de couleurs, dont l'intensité & les propriétés sont le résultat de leur composition : leur couleur naturelle varie aussi beaucoup ; ces terres sont très-propres à la production des plantes & du plus grand nombre des végétaux.

ESPECE XXII.

I. Terre commune noire. Terreau. Terre noirâtre des jardins, ou Terre franche.

[*Humus atra hortensis. Humus communis atra.* WALL. *Humus vegetabilis communis.* LINN. 6. *Humus nigrescens hortorum.* WOLSTERD. *Humus pura.* CARTH. *Terra nigella.* WOODWARD. *Terra dædala. Terra fertilis nigra.*]

NOUS venons d'insinuer dans le dernier paragraphe, que la couleur & la propriété des terreaux ne sont pas toujours les mêmes ; la couleur est tantôt noirâtre, d'autresfois jaunâtre, & tire sur celle de la rouille ou autrement, selon l'addition des corps apportés par des pluies (*a*) ; ces eaux, en se retirant, font

(*a*) La terre noire des jardins, appellée *Humus*, contient un grand nombre de particules ferrugineuses. Celle qui est jaune & argilleuse, en contient encore davantage ; c'est ce que prouve la fameuse expérience de Becher.

que la terre se seche, se resserre, devient plus compacte en vieillissant, & reçoit différentes modifications de l'air & de ses vicissitudes ; ou si elle tire son origine de la destruction des végétaux & des animaux, elle augmentera tous les jours en qualité & passera, peu-à-peu, à l'état de glaise ou d'argile grasse. Ceci une fois admis, on seroit en droit de renverser l'opinion de Woodward & Scheuchzer, qui pensent qu'avant le déluge, le globe étoit tout couvert de cette espece de terre, à laquelle ils attribuent sa grande fertilité.

ESPECE XXIII.

II. Limon ou Tourbe limoneuse, ou *Humus* poreux.

[*Humus limosa. Humus vegetabilis aquatica.* LINN. 27. *Humus vegetabilis lutosa.* WALL. *Humus uliginosa. Humus palustris. Turfa Auctorum. Turfa lutosa. Torvena* LIBAVII. *Lutum.*]

CETTE tourbe limoneuse est un terre détrempée & divisée par l'eau ; elle n'est produite que par des racines pourries de plantes qui croissent en maniere de bruyeres sur la superficie de landes marécageuses : telle est la tourbe de plusieurs endroits du Brabant & de quelques autres lieux où l'on en prépare pour l'usage de la Hollande & des pays circonvoisins, où l'on ne brûle point de bois : il y a certains cantons où cette terre est plus dense & ne se trouve que rarement à la superficie de la terre : il faut la chercher, jusqu'à quinze & dix-huit pieds de profondeur ; mais de quelque maniere qu'elle se trouve, elle est toujours placée horizontalement & par couches, de même que les autres tourbes & toutes les substances inflammables du régne minéral.

On

On a,

1. La Tourbe limoneuſe ſans odeur. [*Humus paluſtris in igne non fœtens.* WALL.]

Cette tourbe eſt aſſez poreuſe, elle brûle dans le feu, après avoir été ſéchée, & s'enflamme aiſément ſans répandre une odeur deſagréable ; elle conſerve ſa chaleur long-tems, & produit, ainſi que toutes les tourbes, une cendre legere.

2. La Tourbe limoneuſe fétide. [*Humus paluſtris in igne fœtens.* WALL.]

Cette eſpece de tourbe répand une odeur très-diſgracieuſe : telle eſt celle qu'on uſe en Zélande, & que les Hollandois appellent *Darris ;* elle ſe trouve près de la mer ; elle eſt compacte, pétille ſur le feu, & s'enflamme difficilement : c'eſt ſans doute le ſel marin & le mélange des matieres animales qu'elle contient, qui occaſionnent ce bruit & l'odeur deſagréable.

3. La Tourbe limoneuſe noire, ou la terre noire de marais. [*Turfa limoſa atra. Humus paluſtris nigra.* WALL. *Humus atra paluſtris ſeu paludoſa,* WOLSTERD. *Humus limoſa aquatica.* CARTH.]

Cette terre eſt noire, peſante, d'un goût acerbe, & brûle auſſi long-tems que la terre charbonneuſe : c'eſt pourquoi les Suédois s'en ſervent pour chauffer l'acier : on préfere celle qui contient le moins de parties de ſable : elle differe beaucoup de la terre bitumineuſe, dont on ſe ſert auſſi pour chauffer & cuire les alimens, aux environs de Grenoble, &c. & dont nous parlerons dans la claſſe des bitumes.

ESPECE XXIV.

III. Tourbe proprement dite, ou Terre végétale des vallées.

[*Turfa vegetabilis. Humus paludoſa, radicibus*

intertexta. LINN. 2. *Humus vegetabilis turfaceo-fibrosa.* V ALL. *Humus densa, radicibus vix mutatis intertexta.* CARTHEUS. *Cespes. Turfa ericea. Cespes bituminosus. Carbonaria terra è cespitibus.* KENTMANN. *Mottenæ* LIBAVII.]

CETTE espece de tourbe, qui se trouve toujours à la surface de la terre, n'appartient qu'en partie au régne minéral; elle est tellement entremêlée de plantes ou de racines non dénaturées, qu'elle a l'apparence de fibres ou filets unis & entrelacés les uns dans les autres; sa couleur est assez variée, noire, brune, &c. Elle brûle au feu sans faire de charbon : on la trouve dans les lieux marécageux dont le sol est plane : c'est en quelque sorte la seule espece des *Humus*, qui ne s'étende point dans l'eau, & la seule des tourbes qui se reproduit facilement dans le lieu qu'on en avoit épuisé : lorsque cette tourbe contient quelque peu de bitume, on la nomme d'apres Wolsterdorf, [*Bitumen rude terreum cespitibus intertextis.*]

ESPECE XXV.

IV. Tourbe composée de parties végétales & animales.

[*Humus conchacea. Turfa animalis cinerea. Lutum vegetabile & testaceum.*]

C'EST une espece de tourbe limoneuse, grisâtre, compacte, friable, pesante, entre-mêlée de racines & de coquilles, tant fluviatiles que terrestres, & plus ou moins altérées : elle brûle difficilement, & exhale quelquefois une odeur animale, fétide : le petit mouvement d'effervescence qu'elle produit étant arrosée d'un acide, est dû à la partie calcaire des coquilles; car pour la terre, elle gresille complettement. On en trouve communément dans le premier lit des tourbieres de la Ferté-Milon & de toute la Picardie : il ne faut pas confondre la terre tourbe coquilliere du Helsingland, avec celle dont nous venons de parler, & qui est un peu combustible ; celle du Helsingland est presqu'entiérement calcaire : elle ne brûle point, & convient assez à faire de la chaux ; sa couleur est ou blanche ou violette : elle ressemble beaucoup à une argille remplie de *tritus* de coquilles (*a*).

ESPECE XXVI.

V. Terre animale.

[*Humus animalis. Humus cæmeterii.* WALL.]

C'EST une espece de terre produite par la putréfaction de toutes sortes d'animaux qu'on enfouit, [*Humus animalis brutorum*, LINN. 8,] & qui se trouve plus abondamment dans les cimetieres [*Humus animalis humana*, LINN. 9,] laquelle, selon Wallerius, devient invariable & inaltérable, après que la substance animale est dénaturée ; mais ce n'est qu'après un certain laps de tems qu'on peut obtenir une pareille terre, encore n'est-elle pas élémentaire ; elle est toujours mêlée à des corps étrangers : ce qui peut y faire naître des variétés, lorsqu'on la soumet à l'action du feu.

On a,

1. La terre animale pure, [*Humus animalis terrificata.* WALL.]

Telle est celle qui reste d'un animal enfermé & mort dans un vase, après son entier & par-

(*a*) Lentilius dit dans les *Act. nat. cur. T. I, p.* 228, *obs.* 115, que les tourbes servent à engraisser les terres. On les mele aux excrémens, & des gens faits pour cela goûtent quand elles sont en état de servir à fumer.

fait changemenr en terre, & à laquelle on reconoît toujours le caractere propre au régne animal.

2. La terre animale non changée, [*Humus animalis non terrificata.* WALL.]

Cette substance n'est pas entiérement terreuse; elle contient encore une quantité de particules calcaires, ou de *tritus* d'os qui sont proprement du regne animal: c'est ce que prouve son effervescence dans les acides, & sa réduction en chaux.

II. SOUS-DIVISION.

Terres grasses.

[*Terræ tenaces. Terræ glutinosæ.* AUCTOR. *Terræ pingues.* AGRICOL. & SCHEUCH. *Terræ non dissipabiles.* AGRICOL. *Terræ dissolubiles.* CARTH.]

ON comprend sous ce nom les glaises & toutes les terres grasses qui ne sont point friables, mais qui sont composées de particules molles, tenaces, ductiles, glissantes & grasses au toucher, pesantes & compactes. [*Terræ particulis lubricis tenacibus.* WOLSTERD.]

Ces terres (a) qui s'étendent & se gonflent moins dans l'eau que les terres séches en poussieres, y acquierent cependant une telle glutinosité & liaison, qu'on peut aisément leur donner différentes formes sur le tour, & qu'elles conserveront pour la plû-

(a) Cartheuser dit que la ténacité de l'argille est dûe à une certaine matiere inflammable, dont on peut la dépouiller, au moyen d'une lessive d'alcali fixe; après quoi, l'argille est friable, aride, & tombe en poussiere. M. Eller a fait le premier cette observation, dans des recherches sur la fertilité des terres. Voyez les *Mémoires de l'académie royale des sciences de Prusse*, année 1749.

part, quand elles seront séchées & durcies. Cette sorte de terre nuit en général à la fertilité des champs ; mais en revanche, elles est très propre aux usages méchaniques.

L'on met dans la division de ces terres le genre, les espèces & les variétés suivantes.

GENRE VI.

Argille. [*Argilla. Auctor.*]

Les argilles proprement dites, sont composées de particules cubiques, molles, unies, ductiles, dont la surface est glissante, plus ou moins tenaces, de couleurs différentes ou mélangées, qui ont la propriété de s'amollir dans l'eau, sans se gonfler sensiblement, mais de se lier les unes aux autres, & d'êtres propres à être travaillées avec l'eau & avec la main : elles ne font effervescence avec aucuns acides, resistent au feu, en y devenant plus dures : c'est-là leur caractére spécifique (*a*) ; mais comme il est rare de trouver une argille pure, qu'elle est toujours graveleuse & chargée de parties sableuses ou métalliques, ce qui fait que la plûpart des argilles se vitrifient au feu en pétillant, & produisent un verre plein de bulles & d'écumes ; on entend décrire ici celles qui approchent le plus de ces caracteres, & que l'on reconnoît communément dans les marnes. (*b*).

(*a*) M. Cramer, dans sa *Docimasie*, range l'argille parmi les terres vitrifiables. Boyle dit que c'est un sable très-fin ; mais le sable ne se laisse jamais travailler à la roue, & n'acquiert point au feu plus de dureté qu'il n'en a.

(*b*) Henckel appelle l'argille *Mergel*, marne ; mais il a tort. Voyez notre description des marnes, dans les terres alcalines. Les gens qui travaillent aux mines appellent ordinairement *Letten* les terres argilleuses qui se trouvent bien avant dans la terre & parmi les minéraux plus ou moins pénétrées d'exhalaisons

ESPECE XXVII.

I. Argille blanche, ou Argille fine (*a*).

[*Argilla alba & apyra. Argilla alba vix vitrescens, in igne colorem retinens, indurata.* WALL. *Argilla subtilis, tactu pinguis, colore vario, tenuis. Porcellana.* WOLST.]

CETTE argille est fine, grasse au toucher, blanche ou grise, & la plus pure de toutes celles qu'on connoît; elle est comme réfractaire, conserve sa couleur dans le feu, & acquiert de la dureté par la calcination, au point de donner des étincelles avec le briquet. On trouve cependant des argilles colorées, qui ont absolument les mêmes propriétés & qui, selon Wolsterdorf, sont également terres à porcelaines, telles que l'argille réfractaire pâle qu'on trouve en Angleterre, l'argille réfractaire brune de France, & l'argille réfractaire noirâtre de Hesse.

ESPECE XXVIII.

II. Argille à Potier.

[*Argilla figulina. Argilla tessellata.* LINN. 3. *Argilla figulis inserviens.* WOLST. *Argilla testacea.* WALL. *Creta figularis.* AGRICOL. *Argilla vitrescens tessulata. Figulina.*

CETTE argille séchée se divise en cubes; elle se travaille plus aisément que l'argille bleue: ses parties sont plus liées & plus fines. Le peu de gon-

minérales. La même argille est appellée *Bestieg* par d'autres; mais elle differe des argilles ordinaires, qui se trouvent, pour la plûpart, à la surface de la terre.

(*a*) Les argilles fines ou glaises qui se trouvent dans les cantons crétacés, sont ordinairement blanches, rouges, bleuâtres, veinées, quelquefois noirâtres. Elles se levent souvent par feuillets, comme si elles étoient des schites qui ne fussent pas durcis.

flement dont elle eſt ſuſceptible, conſerve aux vaſes la forme réguliere qu'on leur a donnée ſur le tour: on eſt ſouvent obligé dans certains pays où cette eſpece d'argille a une ſorte de friabilité, d'y porter divers ſables plus ou moins fins & nets, auxquels on donne de la conſiſtance avec l'eſpece de marne appellée *terre à pipe*.

ESPECE XXIX.

III. Argille colorée.

[*Argilla colorata. Argilla nivea, hinc inde incarnata*, LINN. 5. *Argilla vitreſcens, colorata, in igne colorem perdens, rubens, aut nigreſcens*, WALL. *Argilla igne vitreſcens, metallica, aut ſemi-metallica. Argilla venarum* CARTH.]

CETTE eſpece d'argille a différentes couleurs, excepté le blanc & le bleu; pouſſée à un feu violent, elle ſe vitrifie pour la plus grande partie & ſe change en un verre totalement noir; elle contient preſque toujours une ſubſtance martiale, dont on peut la dépouiller en verſant deſſus de l'eau forte; alors elle devient blanche (*a*).

On a,

1. L'argille jaunâtre. [*Argilla colorata flaveſcens*. WALL.]

2. L'argile rougeâtre. [*Argilla colorata rubeſcens*. WALL. *Argilla incarnata*, LINN. 5.]

On en trouve auſſi de brune, de verdâtre, &c.

(*a*) Cartheuſer, *Claſſ.* 1, *ſpec.* V, *p.* 6, penſe que les veines métalliques ou demi-métalliques, qui ſe remarquent dans cette argille, ſont produites par des particules pyriteuſes, ochracées, & quelquefois par des ſubſtances métallo-arſénicales. On ſçait, à n'en pas douter, que les argilles colorées, comme briques, tuiles, terres ſigillées rouges, ſont, en général, plus ou moins chargées de particules de fer, & ſouvent marneuſes & ſableuſes: étant calcinées, elles deviennent quelquefois blanches.

ESPECE XXX.

IV. Argille bleue marbrée.

[*Argilla plastica. Argilla cærulescens*, LINN. 4. *Argilla vitrescens rudis.* WALL. *Argilla vulgaris. Lutum cæruleum.*]

CETTE argille est ordinairement d'un bleu pâle, & devient grise en se séchant ; quelquefois elle est d'un bleu marbré de rouge ; l'une & l'autre commencent par devenir rougeâtres au feu & finissent par s'y vitrifier aisément : on les travaille sans peine ; elles sont mêlées avec un sable plus ou moins fin & à des parties de fer (*a*).

On a,

1. L'argille bleue grossiere. [*Argilla plastica particulis crassioribus.* WALL. *Argilla rudis martialis multo sabulo mixta, aut limus* WOLSTERD. *Argilla rudis arenosa martialis* CARTH.]

Elle est tellement composée de parties grossieres & martiales, qu'elle en est rude au toucher ; elle se précipite entiérement au fond de l'eau : on fait en Angleterre & ailleurs, avec cette espece de terre, des tuiles & briques, qui sont très-compactes & des plus dures (*b*). Sa couleur est quel-

(*a*) L'argille bleue est la terre qui se trouve le plus communément dans les couches. Elle sert de base aux ardoises. Elle paroît fournir le lien qui unit ensemble différentes especes de pierres dans ces couches : elle est souvent mêlée de pierre calcaire, de sable & de fer. C'est encore cette terre argilleuse, qui, dans les couches, est la matrice la plus ordinaire des métaux, & qui sépare les différens lits les uns des autres. Elle affecte volontiers, dans les plaines mêmes, une position parallele à l'horizon.

(*b*) On peut voir, dans les Actes de l'académie royale des sciences de Suede, 1739, *Vol. II*, *p.* 118, quelle est la meilleure espece d'argile dont on peut faire des tuiles. Dans ce même ouvrage, p. 158, on trouvera un Traité des tuiles, par C. Polhem. On reconnoît ordinairement une bonne tuile, par sa legéreté, par le son qu'elle donne, quand on la frape, & lorsque les injures de l'air ne la font ni casser ni éclater.

quefois jaunâtre, elle fait effervefcence avec les acides. (*a*).

ESPECE XXXI.

V. Argille qui fe gonfle dans l'eau (*b*).

[*Argilla aquofa intumefcens. Argilla mixta, arenacea,* LINN. 8. *Argilla rubens, aquâ intumefcens, eamdemque diu retinens.* WALL. *Argilla fermentans.*]

CETTE terre qui eft décrite dans M. Wallerius, *p.* 35, *efp.* 20, eft rougeâtre & mêlée avec une terre qui a la propriété d'abforber, de fe gonfler, & de retenir toute l'eau qu'on y mêle pendant très-long-tems : quand l'eau vient à s'évaporer en tout ou en partie, elle diminue confidérablement de volume, fe refferre & s'affaiffe en féchant; elle fe durcit très-aifément & forme une croûte à la feule furface, enforte que des perfonnes qui croient marcher fur terre folide, font comme englouties, parce que la croute s'ouvre : on lit encore dans M. Wallerius, qu'il y a beaucoup de terre de cette

(*a*) M. Pott dit que quand le limon contient de la marne, il fait une affez forte effervefcence avec les acides. Lavé & féparé du fable, il fait la même effervefcence; mais il devient plus tenace, fe laiffe mieux former, & devient parfaitement compacte à un feu modéré, plus même que nos argilles ordinaires. On pourroit en former toutes fortes de vafes, mais n'y point verfer d'acides. Il donne, à un feu violent, un *verre verdâtre*, tirant fur le jaune, & un peu poreux. Ce verre, pulvérifé & remis au feu, fe fond, devient encore verdâtre, tirant fur le jaune, & plus opaque qu'auparavant : il refte encore un peu écumeux, fi on ne le laiffe pas long tems repofer dans le creufet; mais il fait toujours feu contre l'acier.

(*b*) Cette efpece fait une exception à un des caracteres généraux que nous avons donnés aux argilles, lorfque nous avons dit qu'elles ne fe gonfloient point fenfiblement dans l'eau. Le peu de ténacité & l'extrême porofité dont celle-ci eft fufceptible, feroit préfumer, avec affez de vraifemblance, qu'elle n'eft qu'une terre grainelée, comme les terreaux, & mêlée à un peu d'argille.

espece dans la Dalécarlie & dans le Nortland, & que les exemples des personnes qui s'y sont enfoncées & perdues, ne sont pas rares. Les bâtimens, dit-il, qu'on éleve sur de pareilles terres, ne sont jamais solides : ils se haussent en automne, d'un pied & demi, & dans l'été ils redescendent à leur premiere place.

ESPECE XXXII.

VI. Argille à foulons.

[*Argilla Fullonum. Argilla fissilis*, LINN. 2. *Argilla pinguis, in bracteas dehiscens, & in aëre deliquescens.* WALL. *Argilla subtilis, pinguis, in aquâ citò liquescens.* WOLSTERD. *Smectis subtilis, cum acidis non effervescens.* CARTH. (a). *Argilla crustacea. Terra cimolia* (b).]

CETTE espece d'argille est fine, savonneuse & feuilletée dans la carriere : elle y est disposée par lits horizontaux ; mais étant séchée, elle a perdu l'abondance de son *gluten* : elle se divise par feuillets,

(*a*) Le smectis, ou la terre savonneuse, dont parle Wormius, se trouve en Angleterre, au détroit de l'isle de Swectis. La couleur en est variée, de même que les qualités, qui consistent à dégraisser plus ou moins bien les étoffes. Celle que l'on appelle Terre à foulons est aussi de cette nature : elle est d'un verd jaunâtre. Celle qui vient de l'isle de Cornouailles, porte le nom de Terre cimolée : elle est d'un blanc cendré. Il en vient du même endroit, sous le nom de Terre noire de Tripoli : elle est un peu noirâtre. Le smectis des Isles de Fer est assez dur, verd, approchant beaucoup de la pierre tendre [*Morochtus.*] La terre cendrée de Tournay est une smectite, qui devient au feu d'un blanc merveilleux.

(*b*) On nomme encore *Terre cimolée des ouvriers*, le *Moulard*, ou *Moulée*, qui se trouve dans le fond des auges des couteliers ou rémouleurs, & qui est produite par le frotement du fer & du grès, lorsqu'ils aiguisent leurs ustensiles sur la roue. Cette matiere est d'un grand usage chez les teinturiers, les corroyeurs & les peaussiers. On l'emploie aussi comme astringent en médecine.

se décompose, perd toute sa liaison à l'air, & produit alors un leger mouvement d'effervescence avec les acides : elle est composée de particules si peu tenaces, qu'on ne peut presque pas la travailler ; réduite en petits morceaux & battue dans de l'eau, elle se divise promptement & en parties très-fines (*a*) ; alors elle donne de l'écume & forme des bulles comme le savon, dont elle a quelquefois les propriétés (*b*) : on se sert en divers pays, où la marne à foulons est rare, de cette argille pour fouler les étoffes : il y en a de plusieurs couleurs, de blanche, grise, jaune & brune.

ESPECE XXXIII.

VII. Argille stérile. Pierre pourrie.

[*Argilla macra, sterilis, dissipabilis, apyra. Argilla parum cohærens, exsiccata, farinacea.* WALL. *Argilla soluta.*]

ON donne ce nom à l'argille qui a perdu totalement son *gluten* ou le lien qui unissoit ses parties, de sorte qu'humectée, on n'en peut former aucune pâte qui ait de la liaison : elle retombe en poussiere, à mesure qu'elle se seche ; on trouve souvent cette argille dans la carriere, disposée par

(*a*) C'est précisément par ce moyen qu'on peut la séparer des terres étrangeres & grossieres auxquelles elle est mêlée. Les Galénistes désignent cette propriété, en disant que cette terre se fond dans la bouche comme du beurre : d'autres ajoûtent la propriété de teindre les mains, ce que dément l'expérience ; & M. Pott est de cet avis : en effet, elle est de différentes couleurs ; mais elle n'est point friable.

(*b*) La vraie pierre savonneuse [*Terra saponaria*,] a, de plus que la terre à foulons, les propriétés, le goût & tous les caracteres du savon. Elle ne produit aucun mouvement d'effervescence avec les acides. Elle est toujours en masses grasses au toucher, marbrées & non feuilletées : telle est celle qu'on trouve en Suede, en Angleterre, à Plombieres en France. Il nous en vient aussi de la même espece, de Sicile, de Rome, de Naples, & même de la Chine.

lits comme la précédente, & feuilletée. Les ouvriers appellent Pierre pourrie fine, celle qui eſt d'une conſiſtance tendre & très-friable, très-douce au toucher : ſa couleur eſt griſe ; mais lorſqu'elle eſt graveleuſe & dure, ils l'appellent Pierre pourrie groſſiere : cette terre a beaucoup de rapport par ſa compoſition avec les ſtéatites ; elle conſerve la trace du métal ſur lequel on la frote : on s'en ſert pour adoucir les petites inégalités des ouvrages fins.

ESPECE XXXIV.

VIII. Tripoli.

[*Terra tripolitana. Glarea indurata, cohærens; aſpera.* WALL. *Argilla ſubtilis, macra, uſibus mechanicis aut politoriis inſerviens.* WOLSTERD. *Tripela* CARTH. & MERCAT. *Alana & ſamius lapis nonnullorum. Tripela. Creta flaveſcens.*]

LE tripoli eſt une terre maigre, deſſechée, plus ou moins friable, poreuſe ou compacte, & rude au toucher, happant à la langue, tachant les mains, tantôt en rouge, tantôt en jaune, reſſemblant fort à un ſablon mêlé d'argille & de parties de fer endurcies : le tripoli devient au feu plus compacte, & y acquiert une couleur brune plus foncée ; il y prend quelquefois, à raiſon de ſon mêlange, une ſurface vitreuſe, ou ſe vitrifie totalement, ſi le feu eſt continu & violent. Son uſage eſt purement méchanique ; on le trouve, dans ſes carrieres, à Menna en Auvergne, & à Poligné en baſſe Bretagne, en Allemagne, à Tripoli, en Afrique, &c. par lits ou couches dont la poſition eſt indéterminée : il eſt alors tendre ; mais à meſure qu'il ſe ſeche, il prend une eſpece de ſolidité, qui eſt quelquefois ſuſceptible du poli. On n'eſt pas encore certain de l'origine du tripoli : on lit cependant dans le troiſieme volume des Sçavans étrangers de l'academie royale des ſciences, qu'il doit ſa formation à des végétaux détruits : il y en a de différentes couleurs, de blanc, de gris, de jaunâtre, de rouge, de noirâtre, de veiné, &c. Le meilleur, au jugement des lapidaires, des orféves & des chauderonniers, eſt celui qui a une couleur jaunâtre iſabelle ; il polit & blanchit mieux leurs ouvrages.

ESPECE XXXV.

IX. Argille pétrifiée.

[*Argilla in aëre lapideſcens. Argilla lapidifica.* WALL.]

C'EST une eſpece d'argille griſâtre, feuilletée, ſemblable à l'eſpece N° 32, & qui, au bout d'un certain, tems devient dure à l'air comme une pierre.

Il y a,

1. L'argille pétrifiable ſubtile. [*Argila lapidifica ſubtilior & ſilices referens.*]

2. L'argille pétrifiable ſablonneuſe. [*Argilla lapidifica arenoſa.* WALL.]

On a des exemples dans les paragraphes antécédens, que les argilles éprouvent des altérations par la ſeule impreſſion de l'atmoſphere : ce changement n'eſt probablement qu'un développement des matieres conſtituantes qui étoient maſquées par un *gluten* ; ce qui pouvoit alors faire ſoupçonner que ces eſpeces d'argilles ne ſont argilles qu'à l'extérieur. Pour ce qui regarde l'argille pétrifiable, nous avons trouvé dans les carrieres à plâtre de Charonne près Paris une couche horizontale de glaiſe feuilletée, dans laquelle ſe forment, en maniere de *ſtalagmite*, des eſpeces de concrétions qui ſemblent être alors de la même nature que leur matrice; ſorties de la montagne & expoſées en un endroit ſec, elles ſe durciſſent tellement dans l'eſpace d'un an, qu'on les peut prendre pour un *ſilex ;* tant eſt grand le rapport entre les proprietés, la configuration & les autres caracteres de cette terre durcie avec le *ſilex* ou pierre à fuſil.

ESPECE XXXVI.

X. Bols, ou Terre bolaire.

[*Bolus. Terra ſigillanda. Argilla ore liqueſcens*; *LINN.* 7. *Argilla pinguis. Bolus. WALL. Argilla medicis inſerviens. WOLST. Argilla ſubtilis, aquâ in maſſam unctuoſam diſſolubilis. CARTH. Terra ſigillata AUCTOR.*]

C'EST une terre extrêmement fine, & douce au toucher, d'une ſaveur ſavonneuſe : quoique ſolide, elle eſt cependant fragile, tendre, plus poreuſe que l'argille commune, laiſſant, après qu'on l'a frotée, une trace luiſante, tachant les mains, ſe diviſant facilement dans la bouche, en empâtant la langue; elle s'imbibe aiſément des fluides, & ſe diſſout preſque dans l'eau; elle ſe travaille à la roue comme l'argille ordinaire, (malgré l'opinion de Bromel, contredite par M. Pott, 98 :) elle ſe durcit au feu comme une pierre & en la maniere des argilles pures & blanches; ce qui fait ſoupçonner que les bols ne ſont qu'une glaiſe ou une argille très-pure; mais comme on en trouve rarement de blancs, qu'ils ſont toujours différemment colorés par des parties métalliques ferrugineuſes, &c. on ne doit pas être surpris, s'il y en a qui produisent un leger mouvement d'effervescence avec les acides, & qui se vitrifient, si on les pousse à un feu violent.

Quantité de terres bolaires contiennent du sable, des terres talqueuses & piriteuses, dont on les dépouille, en les lavant dans l'eau : ensuite on les passe au travers d'un tamis fin, & par la dessication, on obtient un bol lavé qu'on marque avec un cachet ; c'est ainsi que se fait la terre sigillée : le *glimmer* ou mica très-fin, la marne, la craie & la terre calcaire, ne s'en séparent pas par ce moyen ; ils restent mêlés aux argilles, & y portent des différences spécifiques.

On a,

1. Le bol blanc. [*Bolus alba. WALL. & WOLST. Terra melitæa alba nonnullorum.*]

On en trouve en Moravie, à Striegau, à Goldberg, à Florence, &c. Ce bol est le plus pur, & d'autant meilleur, qu'il est plus blanc : on l'appel Bol occidental ; on en fait quelquefois des vases & des figures.

2. Le bol gris. [*Bolus cinerea WALL.*]

Telle est la terre de Patna dans le Mogol, dont on fait dans le pays des bouteilles & des vases si legers. Cette terre tire un peu sur le jaune ; cependant on en trouve qui est un peu blanchâtre, à Lignitz, à Massel & à Lauback (*a*).

3. Le bol jaune. [*Bolus flava WALL. Argilla subtilis, pinguis, colore luteo, WOLSTERD.*]

(*a*) La terre blanche de Goldberg, appellée Axunge de la lune [*Axungia lunæ* ;] la terre de Striégau, appellée Moëlle des rochers [*Medulla saxorum, aut Axungia solis*,] n'ont point les qualites de bols, & ne doivent point être rangées dans cette espece, comme l'ont fait MM. Wallerius & Wolsterdorf. L'une & l'autre de ces terres sont presqu'entiérement calcaires. On en parlera ci-après.

Celui qui ſe rencontre en France, près de Blois & de Saumur, & qui ſert aux doreurs à faire leur aſſiette, eſt de cette eſpece : il eſt quelquefois un peu plus coloré, en morceaux longs & quarrés. On l'appelle *bol en bille*.

4. Le bol rouge. [*Bolus Armena. Bolus rubra.* WALL. *Bolus ſubtilis, pinguis, colore rubro,* WOLSTERD. *Rubrica Lemnia aut abſtergens.*]

Les bols d'Armenie, de Boheme, ceux qu'on trouve près d'Annaberg & d'Eiſleben ; celui du Wirtemberg, qui ſe vend chez les droguiſtes & beaucoup d'autres, également ſurchargés de fer, ſont de cette eſpece. On n'appelle bol de Cappadoce ou d'Armenie [*Bolus Armena*,] que celui dont la couleur eſt d'un rouge ſafrané, quelquefois marbré, gras, luiſant, très-poreux, toujours compacte, peſant & happant fortement à la langue : on s'en ſert pour nettoyer des étoffes rouges, gâtées de ſuif : il eſt auſſi d'un uſage familier en médecine. On peut travailler cette eſpece de terre avec de l'eau, & en former ſur le tour des uſtenſiles qui mis à cuire dans un four de potier de terre, n'imitent pas mal les vaſes de *Boucarot* : c'eſt encore avec une terre ſemblable, qu'on fait ces vaſes ſi communs dans l'Amérique Eſpagnole, & qui, ſelon la tradition du vulgaire, doivent communiquer d'excellentes propriétés aux liqueurs qu'ils contiennent.

5. Le bol couleur de chair. [*Bolus orientalis. Bolus colore carneo,* WALL. *Terra Lemnia Officinarum.*

C'eſt cette terre, ſi fameuſe en médecine ; elle eſt très-douce & très-fine au toucher ; elle ne differe de la terre bolaire des anciens, qu'en ce qu'elle eſt plus ou moins colorée, & différemment empreinte ; elle nous vient en paſtilles ou en pains

convexes

convexes d'un côté, & applaties de l'autre, par l'impression du cachet (*a*) que chaque souverain

(*a*) C'est-là le caractere sous lequel les anciens désignoient le bol oriental [*Bolus orientalis.*] On a même eu une si grande vénération pour cette terre, qu'on l'a décorée des titres les plus grands, par les noms specieux de Terre de Lemnos [*Terra Lemnia*,] de Terre bénite de saint Paul, ou Terre de Malte [*Terra Melitaa*,] de Terre de Constantinople [*Terra Turcica*,] & particuliérement de Terre sigillée [*Terra sigillata*,] au mot grec *σφραγῖδα αἰγὸς*, *id est*, *SIGILLUM CAPRÆ*, *vulgò*, le sceau de la chevre, parce qu'ils y faisoient graver dessus Diane, sous la figure d'une chevre, par le prêtre des prêtres de Venus. L'on peut même voir dans Pierre Bellon, avec quelles cerémonies superstitieuses on tiroit les bols de la terre, du tems d'Homere, d'Hérodote & de Dioscoride, jusqu'aux tems de Galien. Dès qu'on avoit une quantité déterminée de terre bolaire, on commençoit par la comminuer; ensuite on l'arrosoit du sang d'un jeune bouc, qu'on tuoit exprès; & immédiatement après avoir fait toutes les cérémonies requises, on en formoit des petits pains, qui étoient des talismans par excellence. Mais du tems de Bellon, on inventa de nouveaux exercices, de nouveaux cultes solemnels. C'étoit, au rapport de cet ecrivain, le sixieme jour d'Août, après que les prêtres Grecs & les Calohiers avoient célébré une liturgie & fait des prieres, en présence des premiers de l'isle, soit Grecs, soit Turcs, &c. qu'on ouvroit la veine de la terre bolaire, & qu'on en prenoit la juste quantité, necessaire pour cette année-là; ensuite on la refermoit & on la recouvroit aussi-tôt de terre : tant étoit grande la superstition, qu'il étoit défendu aux habitans, par les loix les plus sévéres, d'ouvrir cette veine dans tout autre tems.

Wallerius dit que les ouvrages des Lythographes sont remplies de descriptions fastidieuses des différentes especes de bols; mais aucun de ces auteurs ne s'est donné la peine de faire quelques recherches exactes sur cette matiere. Ils ont donné le nom de bol à toutes les terres qui happoient indistinctement à la langue, ou qui éprouvoient dans l'eau une espece de dissolution. Ils ont au contraire fait naître les moyens à des charlatans d'apposer un sceau contrefait sur une pâte crétacée ou ochracée, & colorée par une teinture végétale, ou par une sanguine, pour tirer partie de la crédulité des hommes, qui lui attribue toujours des vertus singulieres en médecine. Et Henckel, dans son Traité de l'origine des pierres, p. 453 de la traduction françoise, dit, à l'occasion des terres & des substances minérales qui forment le calcul humain, que les médecins augmentent cette disposition que les hommes ont à engendrer des pierres, par les terres qu'ils font prendre à leurs malades, & sur-tout par celles qui sont insolubles. Il en est de même du talc que les Chinois brûlent & qu'ils mêlent avec du vin, qu'ils emploient comme un remede capable de prolonger la vie.

du lieu où il se trouve aujourd'hui des bols, y fait apposer, moyennant un tribut, ce qui lui conserve le nom de terre sigillée.

6. Le bol verd. [*Bolus viridis.* WALL. *Terra sigillata.* MUSÆOR.]

Telle est celle qu'on trouve près de Goldkron dans le margraviat de Bareuth.

7. Le bol noir. [*Bolus nigra.* WALL.]

Ce n'est vraisemblablement qu'une terre argilleuse, qui pourroit être regardée comme une variété de l'espece appellée par Wallerius, Terre noire (*Esp.* 4. *p.* 15.) Quelquefois sa couleur est peu foncée, elle tire sur le brun : telle est celle de Laubach & des Indes, dont on fait des pastilles marquées seulement sur la tranche, comme les écus François, & qui servent aux Brachmanes à faire des enchantemens. *Voyez* la citation de M. Valentin, dans les *Ephem. nat. cur. nov. T. I, p.* 384, *obs.* 179.

III. SOUS-DIVISION.

Terres minérales ou composées.

[*Terræ pictoriæ. Terræ minerales.* WALL. *Terræ compositæ.*]

NOUS désignons par le mot de Terres minérales, des terres mêlées à des minéraux, proprement dits. Voyez notre *Lexicon minéralogique.* Ces terres contiennent ordinairement des substances solubles dans l'eau ou dans l'huile, ou des matieres qui, comme tous les métaux, prennent après la fusion une surface convexe, & qui sont plus pesantes que la terre ordinaire.

Cependant nous ne parlerons point ici des terres

minérales, telles que les terres salines, bitumineuses, sulfureuses, &c. On les trouvera rangées dans la classe des sels & des bitumes; il ne doit être ici question, que des ohcres appellées dans le langage des ouvriers, *Terres colorées de montagne;* les autres terres tenant métaux, sont, à proprement parler, les minières de ces métaux, & doivent par conséquent se trouver rangées dans leur classe respective.

GENRE VII.

III. Terres métalliques, ou Ochres.

[*Terræ metallicæ.* WALL. *Terræ pictoribus inservientes.* WOLST. *Humus metallica, aut semi-metallica.* CARTH.]

LEs ochres sont des substances minérales, mélangées, grasses, pesantes, qui ont de la saveur & de la couleur, dont l'intensité s'augmente à la violence du feu; quelquefois elles y entrent en fusion : il n'y a, selon Wallerius, que les métaux qui peuvent être dissous par l'eau, qui donnent des ochres, chacun selon leur espece : c'est par la même raison, dit-il, qu'il y a différens vitriols : en effet, l'ochre n'est point un métal; mais c'est une décomposition, une terre métallique qui se sépare du vitriol, après qu'il a été dissous dans l'eau : il est d'une consistance terreuse, tant à l'intérieur, qu'à l'extérieur : l'origine en est probablement dûe à la décomposition d'une pyrite sulfureuse & martiale. On trouve les ochres dans quelques sources d'eaux minérales : elles troublent d'abord ces eaux, ensuite elles se déposent au fond des couloirs ou des baſſins, ſous la forme d'une rouille : on rencontre encore l'ochre dans les terres bolaires, dans la marne, &c. Nous n'entendons parler ici que des ochres ſtériles ou pauvres.

Voici les eſpeces différentes des ochres & leurs variétés.

ESPECE XXXVII.

I. Ochre de zinc, ou Terre calaminaire.

[*Ochra zinci, aut Terra calaminaris.* WALL.]

C'EST une terre qui contient du zinc & communément du fer : on en parlera, en traitant des demi-métaux.

ESPECE XXXVIII.

II. Ochre de fer.

[*Ochra. Ochra ferri*, SILVII. *Ferri Terra precipitata, non-mineraliſata.* WALL.]

C'EST une terre ferrugineuſe précipitée, qui n'eſt minéraliſée, ni par le ſoufre, ni par l'arſenic, & qui, lorſqu'elle n'a point été rouge auparavant, le devient au feu, qui, mêlée avec un phlogiſtique, peut être réduite en un fer caſſant à chaud : les ochres varient beaucoup de figures ; les unes ſont en pouſſieres, les autres ſont par croûtes placées les unes ſur les autres. Voyez *Baier oryctogr. Norica. cap.* 3, *p.* 21. Leur couleur eſt plus ou moins foncée.

On a,

1. L'ochre jaune. [*Terra lutea ſterilis. Luteum montanum* WOLSTERD. *Ochra lutea vulgaris Officinarum.*

Elle eſt friable, comme en pouſſiere, d'une couleur jaunâtre plus ou moins foncée. Lorſqu'elle ſe trouve jointe avec des pierres, on l'appelle pour lors *marne de pierre*, ou *écume de mer :* elle eſt d'une conſiſtance, tantôt ferme, tantôt friable ; elle a la propriété de tacher les mains : il s'en trouve dans le Berry ; on l'appelle dans le commerce, ochre jaune, jaune ſterile, terre jaune, jaune de montagne, &c.

2. L'ochre brune. [*Ochra flaveſcens fuſca. Offic.*]

C'eſt une terre ſemblable à l'ochre de rue ; ſa couleur lui vient de quelque ſubſtance étrangere : elle tache les mains & acquiert de l'intenſité au feu.

Quelques perſonnes regardent comme une ochre de cette eſpece la ſubſtance que l'on trouve au fond de l'auge des couteliers, dont nous avons deja fait mention, en parlant de la terre cimolée.

3. Ochre rouge. [*Ochra rubra non cretacea. WALL. p.* 419.]

Elle eſt friable & d'une couleur rouge pâle, qui devient plus foncée au feu : elle tache les mains, & ne peut être d'aucune utilité aux deſſinateurs, ne pouvant former des crayons ; elle ne fait aucune efferveſcence avec les acides.

4. Ochre d'un gris bleuâtre. [*Ochra cinerea cæruleſcens. WALL.*]

Il n'eſt pas encore certain ſi cette terre dont M. Henckel parle *dans le cinquieme volume des Ephemer. des cur. de la nat. p.* 325, & qui ſe trouve en Allemagne, entre Schneeberg & Eybenſtock, à la ſurface de la terre, doit être miſe au nombre des ochres ferrugineuſes : elle en a cependant beaucoup de caracteres.

ESPECE XXXVIII.

II. Terre rouge. Rouge de montagne.

[*Terra rubella ochracea, & humo mixta. Humus,*

rubra WALL. *Rubigo nativa* CARTH. *Terra anglica rubra* AUCTOR. *Terra zoïca. Terra adamica. Terra damascenica. Terra persica, seu almagra* AUCTOR.]

CETTE terre rouge est écailleuse & participe beaucoup du fer, elle acquiert différentes nuances par la calcination : nous la regardons comme formée par l'ochre rouge de fer précédente, qui a été précipitée dans une terre argilleuse blanche, très-tenue & très-délayée.

Il y a,

1. La terre d'un rouge pâle, ou rouge d'Inde. [*Rubrum indicum. Humus rubra pallide rubescens.* WALL.]

On en trouve de cette espece en Murcie dans l'Espagne, en Suéde dans le Helsingland, & près de Nuremberg en Franconie, & dans la Perse ; elle est séche, médiocrement dure : on s'en servoit autrefois pour en rougir les talons des souliers ; c'est le *brun-rouge*, dont les froteurs se servent en France pour mettre les chambres en couleur.

2. La terre d'un rouge foncé. [*Terra ochracea, fusca, rubescens artificum. Humus rubra obscurè rubescens.* WALL. *Rubrum montanum anglicum.* WOLSTERD.]

C'est la même terre que la précédente, qui a été plus calcinée, ou par la nature, ou par l'art ; on en trouve en Angleterre : les ouvriers l'appellent *rouge-brun*, & l'emploient également à l'huile ou à la détrempe : on l'appelle aussi *biauty* ; & l'on s'en sert, avec succès, pour polir les glaces.

3. La terre crétacée d'un rouge foncé. [*Ochra rubra cretacea cimolia purpurascens. Creta rubens fusca.* WALL.

La composition de cette espece d'ochre est fort singuliere : on y remarque, non-seulement du fer & de l'argille comme dans les précédentes, mais encore de la craie ; ce qui lui donne la propriété de faire un leger mouvement d'effervescence avec les acides, d'être plus douce au toucher, plus friable, de happer à la langue en l'empâtant : sa couleur est quelquefois brunâtre.

Espece XXXIX.

III. Terre d'ombre.

[*Umbra, aut Terra umbriæ* AUCTOR. *Humus nigro-brunea,* WALL. *Fuscum montanum,* WOLST. *Ochra ferri bituminosa. Creta umbriæ.*]

CETTE espece de terre est d'un brun foncé, très-tenue, fort legere, s'enflammant un peu dans le feu, en y répandant une odeur forte âcre ; elle devient blanche par une violente calcination : on l'appelle quelquefois ochre brune, ou brun de montagne. Nous la considérons comme une ochre jaune, très-maigre en fer, & masquée par des particules bitumineuses.

On a,

1. La terre d'ombre d'un brun clair. [*Umbra candidè fusca.* WALL.]

Telle est celle d'Italie & des mines de Salberg en Suéde : elle est quelquefois grise.

2. La terre d'ombre, d'un brun foncé. [*Terra Colonia. Offic. Umbra obscurè fusca.* WALL.]

Cette terre est mélangée, & ne s'imbibe pas facilement d'eau ; elle est d'un brun infiniment plus noirâtre que la précédente, & répand une odeur bitumineuse, bien plus fétide & desagréable ; c'est pourquoi Libavius l'a mise au rang des charbons de terre : on la nomme communément *Terre de Cologne*, parce qu'elle nous vient de cette ville : elle eſt fort utile aux teinturiers de Saxe, & aux peintres.

ESPECE XL.

IV. Ochre noire.

[*Ochra atramentaria. Humus nigra, pictoria*; *WALL. Atramentum ſciſſile.*]

C'EST une eſpece de terre ochracée, très-fine, très-legere, un peu tenace & preſqu'entiérement noire, qui, calcinée au feu, conſerve longtems ſa noirceur, & finit par y devenir rouge : on peut s'en ſervir pour écrire & pour deſſiner On préfere celle qu'on trouve maintenant en Suéde près Huneberg, dans la province de Weſtergillen, & qui s'étend auſſi aiſément que celle de la Chine.

ESPECE XLI.

V. Ochre de cuivre. [*Ochra cupri AUCTOR.*]

C'EST un cuivre précipité. Nous avons deja inſinué que les ochres, dont nous parlons ici, étoient celles qui étoient répandues en petite quantité dans la terre, ou mélangées : c'eſt pourquoi l'ochre de cuivre riche, qui eſt preſque un métal pur ou qui contient peu de terre, ſera décrite dans ſa claſſe reſpective.

On a,

1. La terre verte de montagne, ou la terre de Vérone, ou ochre verte. [*Terra viridis montana. Terra Veronenſis Officinar. Ochra cupri viridis. WALL. Viride montanum. WOLST.*

C'eſt une chryſocolle, ou un verd de montagne terreux, décomposé & reduit en poussiere; cette terre ochracée est verte, brune obscure, grasse au toucher comme de la glaise : elle contient très-peu de substance métallique.

2. La terre bleue de montagne, ou ochre bleue. [*Terra cærulea montana. Ochra cupri cærulea.* WALL. *Cæruleum montanum.* WOLST.

On en trouve près du Pui-de-Mûr en Auvergne : elle est séche & grainelée.

3. La terre mêlée de bleu & de verd. *Terra viridis, cæruleo mixta. Creta viridis.* WALL. *Creta Theodosiana, creta Smyrnensis.*

Cette matiere nous paroît être produite par la rencontre de deux ochres, l'une de cuivre bleuâtre, & l'autre de fer jaunâtre, précipitées & charriées dans un *Guhr* de terre crétacée : elle devient rouge par la calcination.

ESPECE XLII.

VI. Le Tuf ochreux, ou l'Ochre tuffiere.

[*Tophus humoso ochraceus.*]

CE tuf est par lits : il contient quelquefois beaucoup d'ochre ; on le trouve dans la deuxieme couche de la terre d'étang ou de prairie : quelquefois aussi il contient du sable ; alors on dit [*arenaceo-ochraceus,*] ou abondant en argille [*argillaceo-ochraceus* ;] ce tuf differe de celui qui est une stalactite : on le coupe facilement avec la béche, & il convient fort dans les engrais des terres.

II. ORDRE OU DIVISION.

Terres alcalines.

[*Terræ ſolidæ calcareæ, diſſipabiles. Terræ alcalinæ*, WOLST. *Terræ indiſſolubiles*, CARTH.

CE ſont de terres éparſes dans tout notre globe, qui ont une certaine conſiſtance, & dont les parties ſont farineuſes, friables & unies les unes aux autres ; elles ſont plus ou moins rudes & ſéches au toucher, ſe diviſent dans l'eau, & ne prennent de formes qu'accidentellement : elles ſont abſorbantes & calcaires, c'eſt-à-dire, produiſent un mouvement d'efferveſcence avec les acides : elles ſe réduiſent en chaux par l'action du feu ; elles ne ſe vitrifient point ſans addition, quoique dans un feu très-violent : telle eſt la différence des craies d'avec les marnes, celles-ci étant toujours mêlées d'argilles.

Les genres, les eſpeces, & les variétés de cette terre ſont :

GENRE VIII.

I. Craie, Terre calcaire.

[*Creta, Terra calcarea* AUCT. *Terra calcarea, lineas ducens. Creta, particulis farinaceis compactis, inquinantibus*, WOLST.]

LA craie ou terre calcaire eſt compoſée de particules legeres, déliées farineuſes, toujours blanchâtres ou d'un gris clair, séches & compactes, qui laissent facilement une impression aux doigts, lorsqu'on y touche ; elle est privée de saveur & d'odeur : elle se calcine sur le feu & est la base des marnes ; la craie varie beaucoup dans ses caracteres, selon qu'elle est plus ou moins pure : elle se dissout dans les acides, & s'étend considérablement dans l'eau, en lui donnant la couleur des terres crétacées : elle attire l'eau répandue dans l'air, &, selon M. Pott, l'acide, tant universel que particulier, renfermé dans la terre : elle s'en sature & devient un sel moyen, qui agit dans tous les régnes de la nature & dans toutes leurs productions (*a*).

(*a*) On ne sçait pas encore à quoi s'en tenir sur l'origine de cette terre. Henckel, dans son Traité *de lapidum origine*, regarde les montagnes de craie comme une terre primitive & de toute antiquité [*Terra primogænea.*] Neumann, dans son livre qui a pour titre *Prælectiones chymicæ*, pense que la craie est une décomposition de la pierre à fusil. D'autres naturalistes la croient un résultat des productions marines à polypes, & des testacées, & que c'est une terre marine. Il nous semble, sans décider la question, & sans nier la probabilité des deux premieres de ces opinions, que nous avons des preuves sensibles de la derniere, puisqu'on ne trouve pas de masses de craie qui ne contiennent, ou des coquilles, ou des madrepores, &c. La connoissance que la chymie nous donne de la nature des cendres végétales, de la corne de cerf brûlée, des coquilles d'œufs & coquillages, des coraux & des os calcinés, nous fait voir que la terre alcaline ou calcaire étant dissoute, sort du régne minéral, & passe immédiatement dans le régne végétal & dans le régne animal. C'est cette terre, qui étant liée par un *gluten* particulier, est le soutien des os [*Fulchrum*] dans les animaux. Elle conserve son caractere essentiel, même après que le *gluten* en a été chassé par la calcination. La même chose arrive dans le régne minéral, où le *gluten* accidentel cause la différence de la dureté dans les minéraux. C'est ainsi que, 1° la craie differe sensiblement du marbre, quoique la terre soit la même ; 2° que la pierre à chaux & le spath sont différens de la marne. La *pierre à chaux* ne se dissout pas si promptement & en si grande quantité dans les menstrues acides, que la chaux vive. Le *gluten* qui étoit dans la pierre ayant été chassé par le feu, employé à la préparation de la chaux, est la seule cause de cette différence. C'est encore ce *gluten* qui empêche l'action de l'eau forte sur l'yvoire, & même sur l'yvoire calciné.

ESPECE XLIII.

I. Craie blanche.

[*Creta Officin. Creta subrupestris , alba , LINN.* 1. *Creta cohærens , solida , WALL. Creta colore albo , WOLSTERD. Terra cretica , AGRICOL. Creta argentaria.*

C'EST une espece de terre compacte, serrée & friable, dont la couleur est toujours blanche.

On a,

1. La craie friable [*Creta non saxosa , WALL. Creta friabilis , CARTH. creta rara mollis KENTMANN.*]

Elle est si peu compacte, qu'on est dans l'usage de s'en servir pour écrire & pour dessiner ; elle venoit autrefois de l'isle de Crete ; mais aujourd'hui l'on en trouve communément dans la Normandie, & notamment dans la Champagne (*a*).

2. La craie dure. [*Creta dura , saxosa. WALL. Creta vulgaris CARTH. Creta dura KENTMANN.*]

Celle-ci est au contraire si dure, qu'il faut l'humecter un peu, avant de s'en servir pour écrire ou pour dessiner : elle vient de Bourgogne ; elle est, ainsi que la précédente, d'un blanc égal.

(*a*) Quelques personnes, en considérant l'abondance de craie qui se trouve dans la province de Champagne, ont avancé que la bonté singuliere des vins de cette contrée, venoit en partie de ce que les vignes sont cultivées sur des montagnes de craie. On en fait des petits pains, connus sous le nom de *Blanc de Troyes*, *Blanc d'Espagne*, & qui servent à nettoyer l'argenterie. On s'en sert aussi pour blanchir les plafonds, en les détrempant dans de l'eau, avec de la colle forte de mégissiers, un peu de noir de fumée, ou d'indigo, ou de bleu de Prusse. La plûpart des couverturiers de Pathay en Beausse se servent de cette composition de blanc, en place du soufre, pour blanchir les soies, certains gros draps, & même des couvertures de laine.

ESPECE XLIV.

II. Craie blanche d'Angleterre.

[*Creta alba anglicana. Creta aquâ frigidâ effervescens*, WALL. *Creta Bathensis. Creta balnei Bathensis*, BOYLE & BRUCKMANN.]

CETTE espece de craie que M. Wallerius cite, *Esp.* 9, *p.* 22, est blanche : elle a la propriété de faire une effervescence très-considérable avec l'eau froide, & de l'échauffer au point, qu'on pourroit, dit-il, y faire cuire des œufs. On la trouve à Bath en Angleterre.

ESPECE XLV.

III. Craie d'un blanc sale.

[*Creta fragilior, grossior, & rudis alba*, WALL. *Creta tophacea* KENTMANN. *Creta terrestris alba*, LINN. 3. *Lithomarga* AUCT.]

CETTE espece de craie qui se trouve abondamment en Suede, en morceaux détachés les uns des autres, dans les endroits bas & marécageux du Jemteland & de l'Ostergillen, est blanche, peu compacte, mais grossiere & grumeleuse, se dissolvant en partie dans les acides lorsqu'elle est friable, & n'y produisant rien, lorsqu'elle est grossiere, s'étendant très-peu dans l'eau : elle tire son origine de la pierre calcaire décomposée, c'est pourquoi cette craie se convertit quelquefois dans la carriere en une concrétion calcaire, fort dure & susceptible du poli.

On a,

1. La craie marneuse dure. [*Lithomarga pura non inquinans*, CARTH.]

Les parties de cette craie ſont tellement entrelacées, qu'on les reconnoît à peine.

2. La craie marneuſe tendre. [*Lithomarga cretacea inquinans.*]

Ses effets ſont oppoſés à ceux qu'on remarque dans la précédente.

ESPECE XLVI.

IV. Agaric minéral.

[*Agaricus mineralis Offic. Creta friabiliſſima, leviſſima, non cohærens, WALL. Stenomarga, AGRIC. Fungus petreus IMPERATI. Medulla KENTMANNI. Morochtus LUDWIG.*

C'EST une eſpece de craie très-fine & très-déliée, douce au toucher, fort blanche, legere & friable, dont les particules tiennent rarement les unes aux autres : on nous l'apporte communément d'Allemagne.

On a,

1. Le Lait de lune foſſile, ou Pierre de lait [*Lac lunæ ſubterraneum, WALL. Lac lunæ, GESNER, & SCHEUCHZER. Lithomarga. Morochtus levis, pulverulentus, CARTHEUS. Nihil album nativum. WOLST.*]

Cette terre, qui ſe trouve dans des ſources, & dans les fentes & creux qui ſont dans l'intérieur des montagnes, n'eſt, ſelon Scheuchzer, qu'une ſtalactite décompoſée & réduite en pouſſiere. Son tiſſu feuilleté reſſemble beaucoup à la rapure d'yvoire ; ſes particules ſont fines, legeres, blanchâtres, ſans tenacité & ſans liaiſon : cette eſpece de craie demeure toujours aride & farineuſe, ce qui fait qu'on n'en peut faire aucuns vaſes dont la forme ſe ſoutienne, après qu'ils ont été ſéchés, d'où il eſt aiſé de conclure que le lait de lune eſt bien oppoſé à la marne : quelquefois le lait de lune a une peſanteur conſidérable, & on remarque qu'elle n'eſt dûe qu'à des parties d'ochre de fer, ou de ſables qui y ſont interpoſées ; ce qui produit les *morochtus* colorés en jaune &c. dont parlent les auteurs, ſous le nom de *morochtus ponderoſus luteo flaveſcens, aut morochtus arenoſus, ſubgriſeus.*

2. Moëlle des rochers ou agaric mineral, ou écume de mer. [*Medulla ſaxorum aut agaricus mineralis Offic. Stenomarga.*]

Cette terre blanche, qui ſe trouve dans les cavités des rochers entre les lits des montagnes, n'eſt qu'un ſpath calcaire décompoſé ; elle ne differe de la précédente, dont parle Scheuchzer, que par ſon tiſſu & ſa ſolidité, qui ont beaucoup de rapport avec celles de l'agaric végétal : l'une & l'autre ſervent en médecine. L'on trouve quelquefois des morceaux d'agaric minéral, qui ont encore la figure d'un ſpath farineux, & poreux ; alors il eſt un peu compacte : dans cet état, comme dans le précédent, ſes particules ſont moins legeres, & plus rudes au toucher, que celles du lait de lune.

3. La farine foſſile. [*Farina foſſilis. Lac lunæ ſolare.* WALL.]

Cette eſpece differe de la précédente, en ce qu'elle eſt molaſſe, plus blanche & humide ; elle reſſemble aſſez à de la groſſe farine ; on la trouve dans les endroits caverneux, cependant expoſés à l'air, & où elle y a été apportée par le courant des eaux qui l'y ont dépoſée en s'évaporant. Bruckmann, [*Epiſtol. itiner. de farin. foſſil.*] rapporte que ce fut de cette terre que les gens du commun prirent pour une farine céleſte, mais qu'ils s'appercurent bientôt, aux dépens de leur vie, de la différence de cet aliment avec la vraie farine. Cependant M. Ludwig la regarde comme incapable de produire de mauvais effets. Voyez son Traité *de Terris Musæi regii Dresdensis. p.* 95.

Mais M. Pott l'a réfuté dans la seconde partie de sa Lithogéognosie, en parlant de la farine fossile de Walkenried : quelquefois cette terre est marbrée & mouchetée, alors elle prend le nom de *Terra miraculosa Saxoniæ*, &c.

ESPECE XLVII.

V. Craie coulante, ou Guhr de craie.

[*Creta fluida*, WALL. *Guhr. Medulla fluida*, KENTMANN. *Marga fluida*, AGRICOL.]

ON entend par le mot de *Guhr* une matiere aqueuse, blanchâtre ou grise, qui coule dans les montagnes : elle est composée de substances minérales ou terreuses, tellement attenuées, qu'elles peuvent être long-tems suspendues dans l'eau, avant de s'y précipiter : comme il n'y a point de *Guhr*, si simple, qui ne contienne quelque chose d'étranger à sa nature, on ne parlera ici que de celui qui est crétacé ou calcaire, & des variétés qui s'y trouvent : on observera seulement qu'il peut y avoir du *Guhr* de toutes especes : il y a, par exemple, le *Guhr métallique* [*Guhr metallicum*,] qui est propre à former à la longue un métal : aussi, lorsque les mineurs rencontrent ce *Guhr* coulant, ils ont lieu de se flater qu'ils trouveront aux environs sinon du métal, au moins une matiere propre à en former par la suite.

On a,

1. Le Guhr blanc. [*Guhr cretaceum vulgare.*

Guhr album. WALL. *Lac lunæ Betlehemicum* HENCKEL.]

Cette eſpece de Guhr eſt auſſi liquide que du lait; c'eſt une craie dont les particules ſont atténuées par le frotement & qui a été charriée ou dans le fond des mines & des ſouterreins, ou dans des lieux expoſés à l'air libre. Lorſque ce *Guhr* coule, ou eſt en repos, les parties de craie ſe dépoſent ou ſe précipitent, & forment ce qu'on nomme incruſtation ou oſtéocolle.

2. Le Guhr cendré. [*Guhr cinereum*, WALL.]

Cette eſpece ne differe de la précédente, que par la couleur & la conſiſtance, propriéte priſe dans l'évaporation & l'interpoſition des parties métalliques qui la rendent en effet griſâtre, épaiſſé comme de la bouillie de gruau : on pourroit croire que ce Guhr eſt une pierre à chaux réduite en pouſſiere & humectée par l'eau, &c.

3. La Fleur de chaux naturelle. [*Calx nativa*, WOODWARD. *Calx nativa aquis ſupernatans, vel mixta*, WALL. *Flos calcis* KUNDMANN. *Cremor thermis ſupernatans* HOFFMANN.]

Cette terre qui ne ſe trouve ordinairement que dans les eaux minérales, eſt toujours ou mêlée avec l'eau ou nageante à ſa ſurface ; c'eſt la même que la précédente, mais dont les parties métalliques ont été précipitées ; ce qui fait qu'on ne la rencontre gueres que dans les eaux thermales. La propriété phoſphorique qu'on y remarque alors paroît dûe aux parties animales qui ſe rencontrent communément dans la terre ou pierre calcaire.

4. Terres calcaires mélangées. [*Calx nativa humo mixta. Creta pulverulenta, humacea, alba vel cinerea*, WALL. *Terra Aceldema* NIEREMBERG.]

Il eſt aiſé de reconnoître cette eſpece de terre à ſes proprietés ; elle contient beaucoup plus de parties calcaires, que de terres grasses; elle est plus ou moins séche, compacte, grossiere & colorée.

GENRE IX.

II. Marne [*Marga* AUCTOR.]

LA marne est en général une terre blanchâtre, composée de craie, de sable & de glaise, c'est-à-dire, de terre fine argilleuse; ses particules les plus déliées, quoiqu'inégales, & plus ou moins rudes & grasses au toucher, sont ordinairement legeres, farineuses, friables & fines. *Marga particulis farinaceis levibus friabilibus* WOLTERSDORF.

Toute marne fait effervescence avec les acides, ce qui décele la présence d'une terre cretacée; cependant elle differe de la craie, non-seulement par la pesanteur & la ténacité de ses parties, mais encore parce qu'en la détrempant dans l'eau, on en distingue qui est capable de se lier & se laisser travailler, & d'autre qui ne peut l'être: elle differe aussi de l'argille par la subtilité & par d'autres circonstances, & sur-tout par la propriété qu'elle a de fertiliser les champs.

La propriété qu'a la marne de se durcir au feu & de donner des étincelles quand on la frape avec de l'acier, fait alors soupçonner une maniere de vitrification, comme dans quelques argilles, puisque la plûpart de ces terres se changent en un verre moitié transparent & moitié opaque, dans lequel on ne remarque presque point de bulles, mais qui est serré & compacte; cela dépend du plus ou du moins d'argille ou de glaise métallique qui y sont mêlées, de-là les différentes couleurs, ainsi que les différens degrés de pesanteur spécifique que nous lui remarquons.

ESPECE XLVIII.

I. Marne pure.

[*Marga pura, friabilis*, CARTH.]

ELLE est composée de craie très-fine, & d'argille blanche pure ; elle est blanchâtre, très-douce au toucher, & c'est la plus pure de toutes les marnes : elle est fort rare ; on remarque que celle qui est tendre durcit un peu au feu, tandis que celle qui est un peu dure y devient friable.

ESPECE XLIX.

II. Terre à porcelaine.

[*Marga porcellana*, WALL. *Argilla porcellana nonnullor. Terra calcarea Chinensis*, BROWN. Voyez VALENT. Mus. Tom. II, p. 7. *Argilla subtilis, nitida, igne in massam duram, vitream, semi-diaphanam aut opacam abiens*, CARTH.]

CETTE espece de marne, qui est tendre, blanche ou d'un gris clair, fort legere & molle au toucher, tient le millieu entre l'argille blanche & la marne pure : il est cependant rare de la trouver en cet état ; elle est communément assez compacte pour pouvoir être polie : alors elle est inégale, rude au toucher, brillante comme de petits crystaux de sable ; l'action du feu la change en un verre demi-transparent foncé & bleuâtre : tous ces caracteres se reconnoissent dans le Kaolin de la Chine, l'un des ingrédients de la porcelaine de ce pays : d'où l'on pourroit conclure que cette terre n'est que le résultat d'une matiere semblable, qui se seroit décomposée ; on en trouve dans les environs d'Alençon, parmi la pierre d'Artrey, qui est une espece de granite (*a*).

ESPECE L.

III. Terre à pipe (*b*).

[*Marga argillacea pinguedinem imbibens, calore indurabilis, WALL. Leucargilla PLINII. Terra Samia. Collyrium & Aster, seu Stella. Terra iluana. Calamita alba. Cimolia alba WOODWARD.*]

C'EST cette terre qui est liante, tendre & legere, & dont on se sert pour faire des pipes, ou la porcelaine commune ou la fayance; elle est douce & savonneuse au toucher; on la travaille aisément quand elle a été humectée; M. Wallerius dit qu'elle attire & absorbe la graisse, & blanchit au feu; mais elle ne s'y vitrifie pas entiérement: elle y prend

(*a*) Tout le monde sçait que la porcelaine est une demi-vitrification, c'est-à-dire, une matiere qui tient le milieu entre le verre & la terre cuite; que la porcelaine de la Chine est la meilleure de toutes: celle du Japon lui est inférieure. On en fait en Europe, à Saint Cloud & à Séve en France; à Vienne en Autriche; à Dresde en Saxe, qui sont très-agréables, à la vérité, par le choix des formes & de l'exécution; mais elles n'approchent pas de celles de la Chine, en ce qu'elles ne soutiennent point aussi-bien la violence du feu, &c. Ceux qui voudront avoir des détails intéressans sur ces diverses porcelaines, & la maniere d'en faire de fausses, c'est-à-dire, en verre recuit, pourront consulter les *Miscellanea de Breslau*, 1717, *mens. Octob. class. IV, art. p.* 243; les Mémoires de l'académie des sciences de Paris, par M. de Reaumur; & un livre publié en 1743, par ordre du collége royal du commerce de Suede, sous le titre de *Maniere de trouver dans le royaume des especes d'argilles dont on puisse tirer de l'utilité.*

(*b*) Les Hollandois ont été long-tems dans la réputation de connoître seuls la maniere de préparer la terre à pipe, & d'en posséder les meilleures mines, tandis qu'en effet ils n'avoient que le secret de la venir prendre où elle étoit, sans que les gens du pays se doutassent de son utilité. Ils venoient aux environs de Rouen avec de petites barques, & enlevoient la terre à pipe de ce canton, sous prétexte de prendre de quoi lester leurs navires.

seulement un vernis ou un enduit de verre.

Il y a,

1. La terre à pipes grise. [*Leucargilla cinerea*, WALL.]

Cette espece de terre n'est propre qu'à faire la porcelaine ou la fayance la plus commune & la moins durable, parce qu'elle contient trop de craie.

2. La terre à pipes blanche [*Leucargilla alba*, WALL.]

M. Wallerius dit que la terre de Samos dont on faisoit anciennement tant de vases, étoit de cette espece.

ESPECE LI.

IV. Marne crétacée.

[*Marga cretacea* SCHEUCHZ. *Creta dorætonica. Creta argentaria* PLINII.]

CETTE marne est très-susceptible des impressions de l'air : elle est mêlée d'une argille qui s'amollit & se durcit facilement, & ne se laisse pas travailler après avoir été humectée.

Agricola, dans son Traité *de Naturâ, fossil. l.* 2, *cap.* 19, pense que la *creta dorætonica* doit son origine à la terre calcaire décomposée ou tombée en efflorescence ; quoi qu'il en soit, elle differe beaucoup de la craie d'un blanc sale, en ce que celle-ci est compacte, grossiere & inégale, tandis que la marne crétacée est molle & mêlée avec de l'argille.

ESPECE LII.

V. Marne à foulons.

[*Marga fullonum, saponacea, lamellosa*, WALL. *Smectis* LUDWIG. *Creta fullonia. Steatites*,

Cimolia candida. Marga in bracteas dehiscens JONSTONI. Smectis subtilis. Terra cimolia. Creta fullonum, CARTH.

C'EST une espece de marne tendre, très-fine & très douce au toucher, d'une odeur limoneuse, qui se dissout dans l'eau & y fait de l'écume comme le savon; elle est feuilletée & ne se laisse point aisément travailler; elle se décompose peu-à-peu à l'air & se durcit au feu; elle semble avoir beaucoup de rapport avec le smectis dont nous avons parlé dans les terres argilleuses, ou avec la stéatite; mais elle en differe par la proprieté qu'elle a de faire une effervescence avec les acides, qui est foible dans le commencement & qui s'augmente ensuite.

On a,

1. La marne à foulons blanchâtre. [*Marga fullonum, albicans. Smectis candida, WALL. Cimolia candida nonnullor.*]

Elle se divise en lames, & happe autant à la langue qu'elle l'empâte.

2. La marne à foulons grise. [*Marga fullonum subalba. Smectis grisea, WALL. Glischomarga PLIN.*]

On lit dans les Actes de l'academie royale de Suede, *année* 1740, *Vol. I*, *p.* 202, un mémoire de M. Daniel Tilas, sur une espece semblable de marne à foulons du nord, & qui se trouve dans la Dalie orientale.

ESPECE LIII.

VI. Marne qui se décompose.

[*Creta argillacea, fissili-friabilis, LINN. 2. Marga in aëre deliquescens, pinguefaciens, WALL. Marga. Argilla indurata. Hepatites.*

CETTE marne a pour caractere d'être grisâtre,

compacte, dure, peu tenace & poreuse, de se décomposer également dans l'eau, à l'air & à la gelée & de ne pouvoir être travaillée, mais de fertiliser admirablement les terreins maigres ou ceux d'une nature opposée à ses proprietés (*a*). Wallerius en rapporte de neuf varietés prises dans toutes les couleurs & qui ont la propriété de se décomposer : les unes deviennent brunes comme le *Cowsturmale* des Anglois, les autres se délitent en feuillets, comme le *Papermale* des Anglois, ou marne de papier, que l'on trouve dans le voisinage des charbons terre & qui calcinée produit une espece de chaux.

ESPECE LIV.

VII. Marne pétrifiable.

[*Marga lapidifica. Marga in aëre lapidescens*; *WALL.*]

CETTE espece de marne qui a la propriété de se durcir à l'air est peut-être dans le même cas que l'argille pétrifiable ; en effet on y remarque beaucoup de particules quartzeuses & de terre feuille-

(*a*) La marne n'a la propriété d'engraisser les terreins maigres & sablonneux, 1° que par sa partie calcaire, 2° par la ténacité & la liaison de l'argille dont elle est composée ; ce qui donne des entraves aux substances & aux terreins disposés en pente. Voyez Agricola, *L. II*, *chap.* 10, *de Nat. fossil.* Columelle ; l'Agriculture & l'Œconomie rustique des Anglois. M. de Reaumur a aussi donné, dans les *Mémoires de l'académie royale des sciences*, la description d'une marne que l'on trouve en Touraine, & que l'on nomme *Faluniere* : elle n'est qu'un amas considérable de coquilles brisées & mêlées avec du sable : elle est d'une grande utilité pour engraisser les terres du pays.

Comme la véritable marne, (c'est-à-dire celle qui est employée par-tout pour engraisser les terres,) est principalement & essentiellement composée de parties qui font effervescence avec les acides, elle doit être rangée avec les terres alcalines. Henckel avoit donné le nom de marne à la terre argilleuse que MM. Pott & Woltersdorf restreignent à la terre calcaire, rude & friable. Pott, *Lith. p.* 96 ; & Woltersdorf, *obs.* 7.

tée qui happe à la langue ; l'argille pétrifiable contient peu de terre abſorbante calcaire.

On a,

1. La marne pétrifiable ſablonneuſe. [*Marga lapidifica arenacea, WALL. Marga arenacea PLINII.*]

Elle contient plus de craie que d'argille; mais elle abonde en ſable fin.

2. La marne pétrifiable qui devient tuf. [*Marga lapidifica tophacea, WALL. Marga tophacea PLINII.*]

Elle contient peu d'argille, mais beaucoup de craie & de ſable ſubtil : nous parlerons des tufs, avec les ſtalactites, dans la ſuite des ſpaths.

3. La marne pétrifiable figurée [*Dendrites margaceus. Marga lapidifica dendritica, WALL.*]

Wallerius rapporte que c'eſt une eſpece de marne fort dure, chargée d'empreintes qui reſſemblent à des buiſſons ou à des arbriſſeaux, & qu'on la trouve à Tiersheim & à Wonſiedel dans le marcgraviat de Bareuth (*a*).

ESPECE LV.

VIII. Marne vitrifiable.

[*Marga fuſoria. Marga fuſoria vitrificationem admittens, WALL.*]

CETTE eſpece de marne eſt blanchâtre, très-fine & a des propriétés communes avec l'argille vitrifiable, en ce qu'elle entre aiſément en fuſion, & que ſi l'on ſe contente de la calciner, elle perd ſa

(*a*) Agricola, *L. II, cap. 9, de Nat. foſſil.* dit auſſi que la marne ſe change en ſable & en pierre. La marne d'acier que les Anglois nomment *Steelmarle*, eſt demi-pierreuſe, & très-diſpoſée à ſe pétrifier. Elle ſe trouve communément au fond des galeries des mines. Elle ſe diviſe en cubes.

liaison & se remet en poussiere : on peut la travailler quand elle a été détrempée avec l'eau, & en faire des moules pour la fonte des métaux : on en trouve en Suede, dans l'Uplande près de Wiby ; près d'Upsal, aux environs des villages d'Enstad & de Hoga : on en trouve aussi près de Goslar, & qui a absolument toutes les mêmes proprietés. Voyez *AGRICOLA. l. 2, cap. 10, de Nat. fossil.*

III. CLASSE.

SABLES. [*ARENÆ.*]

Les sables sont en général des corps durs ; dont les molécules sont peu liées les unes aux autres.

Les naturalistes sont fort embarrassés d'assigner un rang qui convienne à la nature & à la proprieté des sables, attendu qu'on ne peut les regarder que comme des débris de plus grandes pierres, ou comme les premiers matériaux de la formation des pierres. Wallerius. *p.* 53, observe que le sable n'est qu'une petite pierre ; mais beaucoup de pierres telles que le grès & la plûpart des roches l'ont pour base ; & cet auteur les place dans la derniere division des terres, comme une substance mitoyenne entre les terres & les pierres, par les raisons suivantes : 1° par le moyen du sable, il se forme des pierres (proprieté qui lui est commune avec les terres.) 2° Le sable est ordinairement mêlé avec les autres especes de terres. Il semble que la nature les ait placés dans la même classe. 3° Il y a du sable si fin, tels que les sablons ou sables en poussiere, qu'on ne peut, en les regardant, les croire de la nature des pierres. 4° Les ouvriers des mines & les minéralogiſtes ſont dans l'uſage de mettre le ſable au rang des terres. Wolterſdorf a réuni le ſable au quartz. Il n'eſt proprement, dit-il, qu'un fragment de cette pierre. Eſt-il de la groſſeur d'une féve ou d'un pois? On l'appelle *Saburra ;* d'un grain de millet, *Sabulum ;* d'un grain de pavot, *Arena vulgaris ;* à peine palpable, *Arena farinacea.* Ce même auteur, *obſ.* 3, dit que les terres & les pierres ſont compoſées des mêmes parties ; cependant il n'admet de terres que les argilleuſes & les alcalines, & dit qu'il eſt encore incertain d'où viennent les terres vitrifiables & gypſeuſes : (Voyez *obſ.* 2 ;) & il ajoûte, *obſ.* 3, en parlant des quatre claſſes des pierres, qu'il eſt difficile de mettre entr'elles des limites préciſes, puiſque dans la compoſition des particules terreuſes, la nature procede par des degrés inſenſibles, depuis l'argille & la marne douce, juſqu'au diamant le plus dur. Il s'enſuivroit de-là, qu'il ſeroit égal d'appeller pierre molle ou terre durcie le *Lithomarga*, la craie, le ſtéatite.

M. Pott (*Lith. p.* 3 ;) ne fait point non plus des terres & des pierres, des ſubſtances réellement différentes, parce que, dit-il, les pierres ne ſont que des terres étroitement unies par un *gluten*, ou par l'action du feu, & que les terres miſes en fuſion actuelle deviennent pierres, comme les pierres réduites en poudres deviennent terres (*a*).

(*a*) Ces corps ſont les terres vitrifiables ſimples de M. Pott, c'eſt-à-dire, toutes ſortes de ſables, de pierres ſableuſes, moilons, pierres des champs, roches, *Saxum*, caillou, pierre à fuſil, pierre cornée, quartz, cryſtal, agathe, porphyre, jaſpe, calcédoine, & la plûpart des pierres précieuſes. Pour ce qui regarde les terres vitrifiables compoſées, cet auteur dit, *Lith. p.* 144, que c'eſt la ſeconde eſpece des terres & pierres vitrifiables, qui ſont déja ſenſiblement mêlées avec d'autres. Ces ſubſtances, dit-il, *p.* 150, ne ſont véritablement vitrifiables par elles-mêmes, que parce qu'elles ſont manifeſtement mêlées avec d'autres terres, telles que le ſpath fuſible, le limon, l'ar-

TROISIEME CLASSE. SABLES. [*ARENÆ*,] pag. 89.

E

ORDRES. [*ORDINES.*]	Pag.	SOUS-DIVISIONS. [*SUBDIVISIONES.*]	Pag.	GENRES. [*GENERA.*]	Pag.		ESPECES.	[*SPECIES.*]	Pag.
I. Sables. [*Arenæ, &c.*]...	9			X. Sable de pierres, &c. [*Arena lapidea.*]. . . .	92	LVI.	Gravier ou gros ſable.	*Saburra mixta.*	92
				XI. Sables vitrifiables. [*Arena vitrificationem admittens.*]	93	LVII.	Sable de ſilex	*Arena ſilicea.*	93
						LVIII.	Sable quartzeux ou perlé.	*Arena quartzoſa horaria.*	Ibid.
						LIX.	Sablon ou Sable en pouſſiere.	*Glarea.*	94
				XII. Sables calcaires. [*Arena calcarea.*]	96	LX.	Sable calcaire.	*Arena calcarea*	96
				XIII. Sable argilleux. [*Arena argilloſa.*]	97	LXI.	Sable des fondeurs.	*Glarea fuſoria.*	98
						LXII.	Sable brillant réfractaire	*Arena ſplendens refractaria.*	99
						LXIII.	Sable de Pouzzol ou Pozzolane. . . .	*Arena Pozzolana.*	101
				XIV. Sable métallique. [*Arena metallica.*] . . .	102	LXIV.	Sable métallique contenant de l'étain.	*Arena ſtannifera.*	103
						LXV.	Sable ferrugineux.	*Arena ferrifera.*	Ibid.
						LXVI.	Sable qui contient du cuivre.	*Arena cuprifera.*	104
						LXVII.	Sable qui contient de l'or.	*Glarea aurea.*	Ibid.

Cependant comme les ſables appartiennent autant aux terres par leur état de comminution, qu'aux pierres par leur aggrégation & que l'on s'eſt propoſé de décrire dans cet ouvrage les ſubſtances telles qu'on les trouve, l'on a cru devoir faire une claſſe particuliere de ces corps & les faire ſervir de paſſage des terres aux pierres, en obſervant toujours leurs diviſions ſyſtématiques.

PREMIER ORDRE OU DIVISION.

Sables.

[*Arenæ. Arena conſtans petris mineriſque pulveriſatis. Syſtem.* LINN. *p.* 208.

LES ſables ſont des corps graveleux, ſecs, durs & compactes, inégaux, communément rudes au toucher, inflexibles, qui ne ſe diſſolvent ni ne s'amolliſſent dans l'eau & ne contractent jamais aucune liaiſon; ils ſont compoſés de parties plus ou moins vitrifiables, ſelon la nature des pierres dont ils ſont les débris.

On rapporte à cette claſſe les genres ſuivans, ainſi que leurs différentes eſpeces & leurs variétés.

doiſe, la pierre-ponce, l'argille ordinaire, ou parce qu'elles contiennent quelques mélanges métalliques, ſur-tout, & le plus ſouvent, des mélanges martiaux, qui, dans de certaines circonſtances, cauſent la fuſibilité.

GENRE X.

I. Sable, ou Sable de pierres.

[*Arena. Arena lapidea. Arena littoralis nonnullor.*]

C'EST un mélange de petites pierres, dont les particules sont grossieres, dures, inégales; elles proviennent communément de la destruction de différentes masses de pierres, que l'on trouvera décrites dans la classe suivante: quelquefois elles sont formées par l'aggrégation de différentes petites masses de terres endurcies.

ESPECE LVI.

I. Gravier. Gros Sable.

[*Saburra mixta. Arena heterogænea.* LINN. 7. *Arena particulis grossioribus inæqualibus.* WALL. *Arena particulis dissimilibus.* CARTH.]

LES graviers sont des gros sables, composés de fragmens de spath dur, de quartz, de petits éclats de silex & de paillettes talqueuses qui s'y rencontrent sous des grosseurs & des proportions inégales: il se trouve sur le rivage, au pied des montagnes; l'eau de la pluie ne peut l'entraîner, à raison de sa grosseur. Agricola & Imperatus nomment *Sabulum masculum* le gros gravier, lorsqu'il est mêlé avec de l'argille, de même qu'on nomme *Sabulum fœmininum* celui que le frotement a davantage atténué. On se sert du premier de ces sables, pour donner du corps aux cimens que l'on emploie dans les grands chemins & chaussées, & du dernier, pour sabler les parterres & les bosquets.

GENRE XI.

II. Sables vitrifiables.

[*Arena vitrificationem admittens. Arenæ in acidis non solubiles.*]

LEs ſables de ce genre ſont, ou des fragmens de quartz, ou des ſilex déſunis de leurs maſſes, & plus ou moins arrondis par le frotement. Ils ſe vitri- ſans addition, & ne ſont point attaqués des acides.

ESPECE LVII.

I. Sable de Silex. [*Arena ſilicea*, CARTH.]

IL eſt compoſé de particules de ſilex plus ou moins groſſes & arrondies : on en trouve beaucoup en Angeleterre, dans les vallées du domaine de Buckingam-Shire, & dans quelques endroits du lit de la Seine.

ESPECE LVIII.

II. Sable quartzeux. Sable perlé.

[*Arena quartzoſa. Arena horaria*, WALL.]

C'EST un ſable vitreux, brillant, peu tranſparent, aſſez groſſier, dont la forme eſt plus ou moins ſphérique & unie : il s'en trouve de pluſieurs couleurs, de blanc, de gris, de jaune, de rougeâtre. Le plus beau, & qui reſſemble en quelque ſorte à un amas de pètites perles, ſe trouve ſur les bords de l'iſle de Bourbon.

On a,

1. Le ſable quartzeux rond. [*Arena quartzoſa, rotunda, æqualis*, LINN. 4. *Arena quartzoſa, particulis æqualibus rotundis*, WALL. *Arena groſſiuſcula quartzoſa, particulis rotundis*, CARTH.]

2. Le ſable quartzeux, anguleux. [*Arena inæqualis, candida. Arena quartzoſa tenuior particulis angulatis*, WALL.]

L'un & l'autre de ces ſables ſont composés de petites particules ſenſibles de quartz, qui ſont blanches. Le ſable anguleux eſt moins tranſparent que les grains de ſable rond ou proprement perlé : on les trouve dans de certaines contrées, ſur le bord de la mer, ou dans certaines rivieres ; on ſe ſert de celui qui eſt anguleux, pour nettoyer le verre, pour polir les marbres, les albâtres & toutes les pierres ſuſceptibles de poliment ; on l'emploie auſſi pour ſabler les granges, tenir le vin au frais : lorſqu'il eſt d'une groſſeur mediocre, on le fait entrer avec ſuccès dans la compoſition des fayances, des porcelaines, des glaces & du verre ; tels ſont ceux de Nevers, d'Etampes, de Haguenau, &c. On trouve encore du ſable quartzeux, jaunâtre & fin, repandu par couches dans le ſein de la terre, ou à ſa ſurface, & qui y a été porté par l'eau des ſources, tel qu'on le remarque en Scanie ; celui-là eſt le plus pur ; on l'appelle ſable volant, *Arena volatilis, arida*. On s'en ſert pour garnir les horloges de ſables (*a*), & pour le paſſer ſur l'écriture fraîche. Tel eſt le ſable de Wolfsbrunn, auprès de la forêt de Haguenau.

ESPECE LIX.

III. Sablon, ou Sable en pouſſiere.

[*Glarea* LINNÆI. *Arena pulverulenta*, WALL. *Pulvis* IMPERATI. *Pulvis lapidum, ſeu ſecunda ſpecies arenæ* WOODW. *Terra arenoſa, ſeu lutum lapidum arenariorum*, AGRICOL. *Terra ericea, ſeu humus ericea Agri-menſorum.*]

CE ſable quoique toujours ſec, dur & rude au

(*a*) En 1684 M. de la Hire fit voir de quelle utilité étoit cette eſpece de ſable fin & d'un grain égal. Il s'en ſervit pour faire des horloges horaires de ſable, ſi commodes dans les voyages de mer, pour marquer le ſillage.

toucher, eſt compoſé de particules ſi déliées, qu'on peut à peine les diſcerner à la vuë : il entre difficilement en fuſion au feu, ne fait point d'efferveſcence avec les acides, ne ſe gonfle que peu ou point dans l'eau ; encore ce phénomene n'eſt-il qu'une ſuite de la petiteſſe de ſes particules : c'eſt par la même raiſon qu'il paroît ſe mêler à l'eau, quoique l'eau ne le détrempe point : on en trouve cependant, qui eſt tellement en pouſſiere, qu'il nage ſur l'eau.

On a,

1. Le ſablon ſtérile. [*Glarea ſterilis*, LINN. *Arena impalpabilis*, *ſubſarinacea*, LINN. *ſyſt.* 1, *p.* 208. 2 *Muſ. Teſſ. Glarea mobilis vulgaris pulverulenta.*]

Il eſt compoſé de particules farineuſes & colorées, d'un grain égal. On le trouve preſque dans toutes les montagnes : il eſt fixe au feu & n'entre point en fuſion.

2. Sablon ou ſable mouvant. [*Glarea mobilis* LINN. *Arena impalpabilis quartzoſa* LINN. *Syſtem.* 2. *Glarea mobiliſſima*, *impalpabilis*, *fluida*, *albicans*, WALL. *Glarea fluida* AUCT. *Terra virginæa* HELMONT. *Sabulum*, *ſeu Arena bulliens*, HELMONT. *Arena ſubtilis*, *mobilis*, *levis*. CARTH.]

C'eſt une pouſſiere de ſable, blanche, diaphane & tellement atténuée, que le moindre vent l'emporte lorſqu'elle eſt ſeche : ce ſable eſt fluide & ne réſiſte point à la diviſion ; mêlé à l'eau, il y reſte long-tems ſuſpendu, avant que de retomber au fond : on ne trouve point le fond de ce ſable en enfonçant un bâton dans les fontaines & ſources, où il s'en rencontre en quantité, & l'on a des exemples frapans de pluſieurs perſonnes, qui, faute d'en être inſtruites, y ſont tombées & y ont été englouties comme dans l'argille bourbeuſe décrite, *Eſpece* 31.

C'eſt d'après ces propriétés, qu'on l'a appellé ſable coulant ou fluide, ſable mouvant, &c. Voyez la note dans Wallerius, *p.* 55 & 56.

GENRE XII.

III. Sables calcaires. [*Arenæ calcareæ.*]

CETTE eſpece de ſable eſt composée de particules plus ou moins dures, farineuſes &legeres ; elle a la proprieté de ſe diſſoudre dans les acides, & de ſe calciner au feu.

ESPECE LX.

I. Sable calcaire. [*Arena calcarea.*]

C'EST un ſable dont la forme des grains eſt aſſez inégale : on le trouve communément ſur le bord de la mer, ou dans les lieux qu'elle a habité autrefois ; on en peut faire de la chaux : il convient fort pour améliorer les terres par ſa propriété calcaire, & parce qu'il eſt toujours chargé de parties de ſel marin. Voyez la deſcription des Falunieres de la Touraine, que M. de Reaumur a donnée dans les Mémoires de l'academie royale des ſciences de Paris.

On a,

1. Le ſable ſpathique. [*Arena ſpathoſa.*]

Il eſt composé de particules de ſpath peu dures, ternes à l'exterieur, brillantes intérieurement ; on s'en ſert pour les mêmes uſages que du gravier ordinaire : quelquefois il eſt pelotonné, mais n'a point de ſolidité ; il y en a de différentes couleurs.

2. Sable ſpathique & gypſeux. [*Arena ſpathogypſoſa. Gypſum arenarium*, WALL. *Lapis arenarius*, EPISTOL. *itiner.* 47, 6, 14.]

Ce

Ce n'eſt qu'un aſſemblage de petits grains de quartz, de ſpath, & de gypſe, pelotonnés & liés enſemble, mais faciles à ſe déſunir : on le trouve à Vaugirard près Paris, entre un lit de marne qui ſe décompoſe, & un de craie terreuſe & legérement ferrugineuſe.

3. Sable de coquilles. [*Arena teſtaceorum*, *Arena animalis, aut conchacea*, *WALL.*]

C'eſt une eſpece de ſable compoſé de coquilles, quelquefois entieres, quelquefois détruites par le flux & le reflux de la mer ; tel eſt celui de l'Iſle-Bourbon. Il s'en trouve auſſi en pleine campagne, près de Nimegue, & ſur-tout en Touraine où on le nomme *Falun*. C'eſt un compoſé de débris de coquilles & de madrepores de toute eſpece, & même de cruſtacées : il ſe trouve encore, près de Pyrna, un ſable de cette nature : il contient auſſi beaucoup de particules quartzeuſes. Voyez *le Magazin d'Hambourg, Tom. IV & VI.*

GENRE XIII.

IV. Sable argilleux.

[*Arena argilloſa* *AUCTOR.*]

CETTE eſpece de ſable eſt compoſée de particules quartzeuſes, égales, communément mêlées à un peu d'argille ſéche & colorée ; mélange qui rend ce ſable propre à l'uſage des fondeurs : il ne fait point d'effervefcence avec les acides : il pétille un peu au feu ordinaire, & y blanchit : pouſſé à un degré plus violent, il s'y vitrifie ; mais il y en a quelques eſpeces qui ſont ſtériles, friables, comme farineuſes, d'autres, graſſes au toucher, & qui n'entrent pas en fuſion ſans addition : telles ſont les différentes eſpeces & variétés qui ſuivent.

ESPECE LXI.

I. Sablon terreux ou argilleux, ou Sable des Fondeurs.

[*Glarea terrea aut argillosa, aut Glarea fusoria.*]

LES parties de ce sable sont grossieres, très-aisés à distinguer, mais d'un grain égal ; ce qui le rend un peu plus doux au toucher.

On a,

1. Le sablon argilleux grossier. [*Glarea argillosa crassior. WALL.*]

2. Le sable argilleux fin. [*Glarea argillosa tenuior. WALL.*]

Ces sables sont plus ou moins colorés & doux au toucher : ils ont beaucoup de rapport avec le sable jaune des fondeurs, [*Arena lutea fusoria*,] qui est peu coulant, mêlé d'argille jaunâtre & ferrugineuse, & qui a la propriété de se sécher facilement : ni l'un ni l'autre ne fait effervescence avec les acides.

Les fondeurs de Paris vont chercher ces sables à Fontenai-aux-Roses : ils prétendent que ces sables sont si convenables à leurs ouvrages, qu'ils en envoient jusques dans les pays étrangers. Il y a une autre espece de sable des fondeurs, qui est plus aride, plus blanchâtre & sans aucun mélange de parties étrangeres : on le nomme sable stérile des fondeurs, [*Glarea sterilis fusoria.*] Toutes ces especes de sables sont, en général, très-propres à faire des moules : la terre sableuse, connue des fondeurs sous le nom de terre forte, [*Glarea, terra fortis dicta*,] a encore les mêmes propriétés (*a*) ; elle est également jaunâtre ou pâle,

(*a*) La terre qu'on remarque autour de ces grains sableux, les rend plus propres à se lier, & ; comme l'on dit, à se *taper*.

& en masses pelotonnées, friables & arides ; elle ressemble à de la terre.

La terre noire des fondeurs n'est que la jaunâtre, qui a deja servi & qui a acquis trop de propriété ; on est obligé de mêler de l'autre avec elle : il en est de même à l'égard du sable noir de ces ouvriers, & qui ne differe de la terre noire, que par l'abondance du sable (*a*).

ESPECE LXII.

II. Sable brillant réfractaire.

[*Arena splendens, refractaria. Arena micacea*, LINN. 6. *Arena micans*, WALL. *Arena nitida*, CARTH.]

C'EST un mélange de particules brillantes, réfractaires & d'une petite portion de sable anguleux, quartzeux ou de sélénite, ou de roche mélangée : il est de différentes couleurs.

On a,

1. Le sable brillant blanc. [*Arena micans candida*, WALL.]

Il est composé de particules de talc, blanches, brillantes, grasses au toucher : c'est un mélange de

La terre a quelque souplesse, & est capable de compression, ce qui la rend plus propre à s'accrocher, & à former ainsi un corps ; au lieu que les grains sableux étant arides, ils ne peuvent point prendre la consistance nécessaire pour qu'on y puisse former le creux de ce qu'on y veut mouler. Outre la propriété d'être liant, qu'a le sable de Fontenay-aux-Roses, il a encore celle d'être très fin, & en général celle d'être d'une égale grosseur dans ses grains ; ce qui n'occasionne pas, sur les piéces que l'on jette en moule, des inégalités, ni des félures : en un mot, ce sable procure des fontes parfaites.

(*a*) Il est encore incertain si la couleur & la consistance que l'on remarque à ces sables, quand on les détrempe dans l'eau, est dûe à des parties minérales ou végétales. On pourroit croire que la couleur provient de corps métalliques, mais que leur *gluten* émane de substances végétales, d'autant plus volontiers, qu'on y reconnoît l'une & l'autre de ces deux matieres.

mica blanc, appellé *argent de chat*, & d'une eſpece de ſélénite cryſtalliſée, dont on peut faire du plâtre : il y en a de cette eſpece, à Wenſen dans le pays d'Hanovre, & ſur les bords de quelques endroits du Rhin & de la Loire.

2. Le ſable brillant jaune. [*Arena micans lutea*, *WALL.*]

Il eſt preſque entiérement composé de *mica* jaune, qu'on appelle *or de chat*, & d'un petit ſable quartzeux jaunâtre; ce qui le rend rude au toucher : on le trouve dans le Rhin, dans l'Albanie, & en Smoland près de Majoë : il eſt poſſible de lui enlever ſa couleur jaune, au moyen de l'eau forte; mais on ne détruira pas le *mica* comme M. Wallerius le prétend, *Obſerv.* 1, *p.* 65 (*a*).

Le ſable brillant verd. [*Arena micans viridis*, *WALL.*)

C'eſt un composé de particules talqueuſes, verdâtres, ſemblables à la craie d'Eſpagne, & de petits fragmens de ſerpentine, tellement atténuées, que le total paroît doux & gras au toucher : on en trouve en Egypte. Voyez *WOODWARD. Catal. T. II, Foſſ. ad. p.* 3, 9, 1.

Le ſable brillant noir. [*Arena micans nigra*, *WALL.*]

Il eſt composé d'une couleur bleue, noire & brillante, & de ſable brun mobile : il y en a en Virginie,

(*a*) On trouve ſur une montagne, aux environs de Rome, près la porte de ſaint Pancrace, un ſable brillant, jaunâtre, doré & argenté, appellé par les Italiens *Arena gialla*. C'eſt un amas de particules talqueuſes, jaunes & blanches, avec un peu de terre & de ſable. On nomme le lieu où ſe trouve ce ſable *montagne dorée*. On en trouve encore à Pezaro, dans la Marche d'Ancône, vers la mer Adriatique, dont pluſieurs grains réfléchiſſent toutes les couleurs de l'iris. Ce ſable mélangé de paillettes talqueuſes, eſt infiniment plus dur que les ſables ordinaires, puiſqu'on s'en ſert pour couper & polir le verre des lunettes. Voyez Lemery, *Traité des drogues*, *édit. de* 1733.

WOODWARD, *loco cit.* 9, 4. On en trouve aussi en Norwege. Voyez *BRUCKMANN*, *epistol. itin.* 46, §. 2, *n°* 12. On se sert de toutes ces especes de sable, pour mettre sur l'écriture ; on sépare les particules talqueuses de ce sable & des autres corps avec lesquels elles sont peu ou point adhérentes, par des lotions réitérées, au moyen desquelles ce *mica* vient surnager l'eau, tandis que les matieres étrangeres se précipiteront, chacune selon leur pesanteur spécifique ; moyen facile de reconnoître la nature & la proportion des particules pierreuses, dont le sable brillant est composé.

ESPECE LXIII.

III. Sable de Pouzzol, ou Pozzolane.

[*Arena Pozzolana AUCTOR.*]

CE sable qui se trouve dans le territoire de Pouzzol près de Naples, à la Guadeloupe, à la Martinique, à l'Isle-de-France, est un mélange de différentes petites pierres ou de particules de terres durcies, liées & accrochées ensemble, jusqu'à la grosseur d'un petit pois, & desséchées par des feux souterreins ; sa couleur est rougeâtre, brunâtre, d'une forme croûteuse : on s'en sert, avec succès, pour cimenter les pieres des édifices qu'on bâtit dans la mer, on y joint un tiers de chaux: on l'étend dans une très-grande quantité d'eau, & on l'emploie aussi-tôt ; car elle a la propriété de se durcir aussi promptement que la pierre à plâtre, calcinée & fusée.

GENRE XIV.

V. Sable métallique.

[*Arena metallica* AUCTOR.]

CE ſont des corps durs, compoſés de particules quartzeuſes, & de grains métalliques, confondues enſemble, & dont il y a de pluſieurs eſpeces: on les trouve, tantôt en pouſſiere, tantôt en maſſe, pelotonnés & friables, dans des endroits creux, où ſe rendent diverſes eaux, qui charrient avec elles différentes ſubſtances qu'elles ont détachées dans leur écoulement; la couleur primitive de ce ſable eſt blanche : s'il eſt chargé d'autres couleurs, alors il eſt plus peſant & ſe vitrifie au feu, en produiſant un verre aſſez tranſparent, coloré en verd, en bleu, en violet, en blanc laiteux, en jaune, &c. On remarque que les parties métalliques ne ſont pas toujours interpoſées entre celles du ſable, on ſeroit au contraire tenté de croire que ces deux corps ſont tellement mêlés & confondus enſemble, que chaque grain paroîtroit être autant un grain métallique, qu'un grain de ſable coloré : on tire parti, ſur-tout dans les lieux voiſins des fonderies, des eſpeces de ces ſables qui paroiſſent les plus riches, ſans cependant prétendre les exploiter ſeules, comme mines proprement dites.

Nous en uſerons de même à l'égard de ces différentes eſpeces de ſables que nous avons fait des ochres, c'eſt-à-dire, que nous appellons ſimplement ſables métalliques, les ſables qui contiennent très-peu de métal, nous réſervant à conſidérer comme mines ſableuſes, celles dans leſquelles on remarquera une moindre quantité de ſable, mais beaucoup de métal.

Les différentes especes de sables métalliques sont :

ESPECE LXIV.

I. Sable métallique contenant de l'étain.

[*Arena stannifera. Arena stannea.* WALL.]

CE sont des particules d'étain en poudre, comme de la farine, mêlées avec de la terre ou du sable : elles sont noirâtres pour l'ordinaire. Voyez KENTMANN. *Nomenclat. Fossil.* & AGRICOLA, *de re metallicâ. Lib. II, p.* 19.

ESPECE LXV.

II. Sable ferrugineux.

[*Arena ferrifera. Arena ferraria*, WALL. *Arena ferrea colore nigro aut ex fusco nigrescente, pondere, attractione magnetis cognoscenda*, CARTH.]

CE sable est composé de petits grains de fer très-deliés, qu'on peut distinguer du sable ordinaire, tant par sa couleur qui est noire & foncée, que par l'aimant qui l'attire fortement. Il y en a de plusieurs couleurs.

1. Le sable ferrugineux noir, pauvre. [*Arena ferrea atra*, LINN. *Arena ferraria nigrescens paupera.* WALL].

Il ne contient, par quintal, qu'une petite quantité de fer, que quelques-uns regardent comme du fer vierge. On en trouve cependant sur la gréve de Saint-Quay, près Saint-Brieux, qui est un fer totalement pur.

2. Le sable ferrugineux brun ou rougeâtre. [*Arena ferraria fusca, vel rubescens*, WALL.]

Le peu de fer que contient cette derniere espece de sable, l'a fait quelquefois passer pour du sable d'or ; mais l'expérience a détruit le préjugé, puisque si on en met dans l'eau forte, elle lui donne une couleur d'un brun foncé, & le sable reste blanc comme du sable ordinaire : tel est le sable de Merrein.

3. Le sable ferrugineux de différentes couleurs. [*Arena ferrea diversi-color*, WALL.]

C'est un mélange de terres óchreuses de fer, qui forment des lits ou zones dans du sablon plus ou moins atténué ; tels sont les sables ferrugineux de Cuffi & des environs de Soissons.

ESPECE LXVI.

III. Sable qui contient du cuivre.

[*Arena cuprifera. Arena cuprea. Glarea cupraria.*]

C'EST un mélange de petit sable & de particules cuivreuses : il est d'une couleur verte, jaunâtre & bleuâtre : les particules de couleur bleue, sont un sable cuivreux : celles qui sont jaunes verdâtres, sont un fer qui n'est pas totalement décomposé, puisqu'il y en a une partie d'attirable à l'aimant : on le trouve à S. Domingue.

ESPECE LXVII.

IV. Sable qui contient de l'or.

[*Glarea aurea. Arena aurea*, WALL. *Arena aurifera*, CARTH.]

IL est composé de petites particules d'or en grains ou en paillettes, & d'un sable fin, dont la couleur est, tantôt jaune ou rouge, tantôt brune ou noire : il se trouve en Guinée dans le lit de certains ruisseaux, & en Europe dans des rivieres & des lacs, comme le Rhin, le Lac de Geneve, &c.

SUITE DE LA CLASSE DES PIERRES.

ORDRES. [ORDINES.]	GENRES. [GENERA.]	SOUS-DIVISIONS. [SUBDIVISIONES.]		ESPECES,	[SPECIES.]	Pag.
IV. Pierres vitrifiables. [*Lapides vitrescentes.*] 192	XXVII. Cailloux. [*Silices.*] 192	I. Cailloux opaques & grossiers. [*Silices gregarii.*] 194	CXXIX.	Caillou opaque & grossier	*Silex crassior*	194
			CXXX.	Pierre à fusil. Silex	*Silex igniarius*	195
			CXXXI.	Cailloux demi-transparens	*Silex semi-pellucidus*	196
		II. Agathes, ou Cailloux demi-transparens. [*Silices achatini.*] . . 197	CXXXII.	Agathe ordinaire	*Achates vulgaris*	197
			CXXXIII.	Agathe lenticulaire	*Athates lenticularis*	200
			CXXXIV.	Cornaline, ou Cornéole	*Corneolus. Cornalina*	201
			CXXXV.	Onyx	*Onyx*	203
			CXXXVI.	Sardoine	*Sardonix*	205
			CXXXVII.	Jade	*Jade*	206
			CXXXVIII.	Calcédoine	*Calcedonius*	208
			CXXXIX.	Girafol	*Solis Gemma*	210
			CXL.	Opale	*Opalus*	211
			CXLI.	Œil de chat	*Oculus cati*	213
			CXLII.	Œil du monde	*Oculus mundi*	214
			CXLIII.	Cacholong	*Cacholonius*	215
	XXVIII. Grais, ou Pierre de sable. [*Lapis arenarius vulgaris.*] 216		CXLIV.	Pierre meuliere	*Lapis molaris*	217
			CXLV.	Pierre à filtrer	*Cos foraminata. Filtrum*	Ibid.
			CXLVI.	Grais grossier	*Lapis arenarius viarum*	218
			CXLVII.	Grais à bâtir	*Cos ædificialis*	219
			CXLVIII.	Pierre des Remouleurs	*Lapis cotarius*	Ibid.
			CXLIX.	Pierre à aiguiser, de Turquie	*Cos Turcica*	220
			CL.	Grais feuilleté	*Cos fissilis*	221
			CLI.	Grais mélangé	*Arenarius mixtus*	Ibid.
	XXIX. Quartz. [*Quartzum.*] 222		CLII.	Quartz grainu	*Quartzum arenaceum*	223
			CLIII.	Quartz en grenats	*Quartzum granaticum*	224
			CLIV.	Quartz friable	*Quartzum fragile*	Ibid.
			CLV.	Quartz gras	*Quartzum oleaginosum*	Ibid.
			CLVI.	Quartz laiteux	*Quartzum lactescens*	225
			CLVII.	Quartz coloré	*Quartzum coloratum*	Ibid.
			CLVIII.	Quartz crystallisé	*Quartzum crystallisatum*	226
			CLIX.	Quartz transparent	*Quartzum lucidum*	Ibid.
			CLX.	Feld-Spath	*Quartzum rupestre, spathum referens*	227
	XXX. Crystaux & Pierres précieuses. [*Crystalli. Gemmæ.*] 228	I. Crystaux de roche. [*Crystalli.*] 230	CLXI.	Crystal de roche	*Crystallus montana*	231
			CLXII.	Crystal, fausse Topaze	*Crystallus, Pseudo-Topazina*	234
			CLXIII.	Crystal, faux Rubis	*Crystallus, Pseudo-Rubina*	235
			CLXIV.	Crystal, fausse Emeraude	*Crystallus, Pseudo-Smaragdina*	236
			CLXV.	Crystal, faux Sapphir	*Crystallus, Pseudo-Sapphyrina*	Ibid.
			CLXVI.	Crystal obscur	*Crystallus obscura*	237
		II. Pierres précieuses. [*Gemmæ.*] 238	CLXVII.	Diamant	*Adamas*	239
			CLXVIII.	Topaze	*Topazius*	243
			CLXIX.	Hyacinthe	*Gemma hyacinthina*	243
			CLXX.	Rubis	*Gemma rubina*	249
			CLXXI.	Grenat	*Granatus*	251
			CLXXII.	Améthyste	*Amethystus*	253
			CLXXIII.	Sapphir	*Sapphyrus*	256
			CLXXIV.	Chrysolite	*Chrysolitus*	258
			CLXXV.	Béril, ou Aigue-marine	*Beryllus, plerumque Aqua marina dictus*	260
			CLXXVI.	Emeraude	*Smaragdus*	261
			CLXXVII.	Tourmaline	*Turmalina*	264
	XXXI. Pierres composées, ou Roches. [*Lapides mixti. Saxa.*] 265	I. Pierre de roche grossiere. [*Saxum crassius.*] 266	CLXXVIII.	Roche simple sablonneuse	*Saxum opacum arenarium*	267
		II. Roche en masse. [*Saxum petrosum, solidum.*] 268	CLXXIX.	La Roche [illegible]	*Saxum petrosum, Siliceum*	269
			CLXXX.	Le Porphyre ordinaire	*Porphyrites vulgare.*	Ibid.
			CLXXXI.	Le Porphyre poudingue	*Porphyr, Pudden-Stone*	273
			CLXXXII.	Granite	*Granitum*	274
		III. Pierre de roche de couleurs vives. [*Saxum subtilius.*] 277	CLXXXIII.	Jaspe d'une seule couleur	*Jaspis unicolor*	278
			CLXXXIV.	Jaspe bleuâtre, ou Pierre d'azur	*Jaspis cærulescens*	280
			CLXXXV.	Jaspe fleuri	*Jaspis variegata*	284
			CLXXXVI.	Jaspe-Agathe	*Jaspis-Achates*	286
			CLXXXVII.	Jasponix	*Jasponix*	Ibid.

Le nombre des sables est très-étendu. Il y a peu de royaumes & même de provinces qui n'en contiennent de plusieurs especes, différentes en formes, en couleurs, en grosseurs & en qualités ; mais on peut les rapporter tous aux genres & aux especes que nous venons de décrire.

IV. CLASSE.

PIERRES. [*LAPIDES.*]

LES pierres sont des corps aigres, cassants & endurcis au point de ne plus s'amollir dans l'eau ; les parties qui les composent, sont plus ou moins étroitement liées les unes aux autres : les unes, dit Wallerius, sont tendres & peu compactes ; telles sont une partie des talcs & la pierre ponce : d'autres sont dures ; on ne peut les travailler & tailler qu'avec le fer & l'acier : tels sont les marbres & les pierres meuliaires ; il y a quelques cailloux qui ne se peuvent tailler qu'avec une forte lime d'acier, d'autres sur lesquels la lime n'a point de prise, & qu'on ne peut travailler qu'avec l'émeril : tels sont le jaspe, l'agathe ; enfin il s'en trouve de plus dures encore, & qui ne peuvent être travaillées, qu'à l'aide de la poudre de diamant, tels que sont les sapphirs, les diamans mêmes. Toutes les pierres varient beaucoup pour la figure, les couleurs & les propriétés : elles s'accordent parfaitement avec les terres ; elles n'en different seulement, que par la dureté & la liaison des parties.

Les pierres se divisent, selon leur essence, en quatre ordres ou divisions, sçavoir, en

1. Pierres argilleuses. [*Petræ argillosæ.*]

Elles ne ſont point attaquées par les acides; mais elles durciſſent au feu.

2. Pierres calcaires. [*Lapides calcarei:*]

Elles ſe diſſolvent dans les acides, tant minéraux que végétaux, & ſe réduiſent en chaux dans le feu, ſans s'y fondre.

3. Pierres gypſeuſes. [*Lapides gypſeoſi.*]

Elles ne ſe diſſolvent point dans les acides, & forment du plâtre par l'action du feu.

4. Pierres vitrifiables. [*Lapides vitreſcentes*]

Elles ne ſont point attaquées par les acides: frapées contre l'acier, elles produiſent des étincelles, & ſe fondent au feu en un verre clair.

PREMIER ORDRE OU DIVISION.

Pierres argilleuſes. [*Lapides argilloſi.*]

On donne le nom de pierres argilleuſes à celles qui ſoutiennent l'action d'un feu très-violent, ſans ſe changer ni en chaux ni en verre, & qui y deviennent même plus dures, ou encore à celles qui ne font point de feu avec l'acier, qui ne ſe réduiſent ni en chaux ni en plâtre: elles ont au moins trois de ces propriétés, ſans y comprendre celle d'être aſſez dures pour pouvoir être travaillées, telles qu'on les trouve au ſortir de la terre; mais comme elles different beaucoup en dureté des pierres proprement vitrifiables, on les conſidere comme pierres molles, ou terres durcies: il y en a quelques-unes dont les parties ſont peu liées entr'elles, & d'autres qui entrent en fuſion au feu, ou donnent des étincelles quand on les frape avec l'acier, ou produiſent un mouvement d'effervescence avec les acides; mais ces différens effets ſont dûs à d'autres pierres qui par accident s'y rencontrent.

GENRE XV.

I. Asbeſte, ou Amyante.

[*Asbeſtus, aut Amyantus.*]

NOUS ferons deux ſous-diviſions de l'asbeſte & de l'amyante.

PREMIERE SOUS-DIVISION.

Asbeſte. [*Asbeſtus.*]

CETTE pierre eſt compoſée de particules fibreuſes, blanchâtres, verdâtres, ou de filets diſpoſés par faiſceaux, & entiérement paralleles les uns aux autres; elle ſe caſſe en morceaux de figures irrégulieres & indéterminées, mais plus communément ſuivant la longueur de ſes fils : ſa dureté rend ces filets roides, & ſa peſanteur ſpécifique les fait tomber au fond de l'eau. Plus on calcine cette pierre dans le feu, & plus elle devient dure & compacte : elle n'eſt point attaquée par les acides (*a*).

ESPECE LXVIII.

I. Asbeſte mûr.

[*Asbeſtus maturus. Asbeſtus filis parallelis tenacioribus, ſeparabilibus*, WALL. *Lapis Abyſſinus; Amyantus nonnullor.*]

C'EST l'eſpece d'asbeſte qui approche le plus

(*a*) On pourroit ſoupçonner que cette ſubſtance eſt une concrétion, puiſqu'on a remarqué que la plûpart des fibres de l'asbeſte ou de l'amyante ſont enduites d'un peu de terre calcaire, qui s'en déſunit par le lavage. Ceci ouvre une carriere aux conjectures.

du caractere de l'amyante : ses filets ou fibres sont d'un gris clair, un peu coriaces, disposées parallelement les unes aux autres & divisibles. Cet asbeste exposé long-tems à l'air, y brunit un peu : préparé comme l'amyante, on le peut filer, ourdir, en faire du papier ; mais tous ces ouvrages auront l'inconvénient de tomber toujours au fond de l'eau, ce qui n'arrive point à ceux faits avec l'amyante.

ESPECE LXIX.

II. Asbeste non mûr.

[*Asbestus immaturus. Amyantus fibris angulatis, rigidis, opacis*, LINN. 2. *Asbestus fibris parallelis, durioribus non separabilibus*, WALL. *Asbestus fibris setosis, rigidis immatura*. WOLT. *Asbestus filamentis longitudinalibus, subdiaphanis, duriusculis, semi-membranaceis*. CARTH.]

CETTE amyante est composée de fibres soyeuses, rudes, disposées parallelement, & tellement unies & serrées les unes contre les autres, qu'on ne peut les séparer ; on l'appelle asbeste imparfait ; il y en a de couleur grise, verte : elles sont toutes opaques ; on en trouve seulement une espece demi-transparente qui est toujours unie avec d'autres pierres, & qu'on distingue facilement.

ESPECE LXX.

III. Faux asbeste. Faux Alun de plume.

[*Pseudo-Asbestus plumosus Officin. Amyantus fibris papposis mollibus*, LINN. 4. *Asbestus fibris parallelis, fragillimis, vix separabilibus*, WALLER. *Asbestus fibris fragilibus plumosus*

WOLT. Asbestus filamentis longitudinalibus, friabilibus, nitidis, CARTH.]

LA disposition des fibres de cette espece d'asbeste le rend semblable au précédent ; mais il en differe, en ce qu'on ne peut séparer ces fibres sans les briser en petits morceaux & les mettre très-facilement en poudre ; leur couleur est blanche : il nous en vient de Norwege. On en trouve aussi dans le Lyonnois.

On appelle improprement Alun de plume cette espece d'asbeste, puisqu'il n'en a pas les propriétés. Lorsqu'on le brise avec les doigts & qu'on en met sur la peau, il y excite un picotement semblable à celui que causeroient des petites pointes d'aiguilles.

ESPECE LXXI.

IV. Asbeste étoilé.

[*Asbestus stellatus. Asbestus fibris è centro radiantibus, WALL. Asbestus filamentis divergentibus, CARTH.* 5.]

SES fibres partent d'un centre commun & forment l'étoile ; quelquefois elles sont disposées par faisceaux & partent de différens centres.

ESPECE LXXII.

V. Asbeste en bouquets, ou faisceaux.

[*Asbestus fasciculatus. Asbestus fibris fasciculatis è centro vario radiantibus, WALLER. Talcum fibris rigidis fasciculatis intortis, LINN.* 10. *Asbestus filamentis diversimodè flexis fasciculatis duris. CARTH.* 6.]

Les ouvriers de la mine de Salberg en Suéde où il s'en trouve, donnent encore à cette espece le nom de Mine de genévrier. Wallerius dit qu'elle contient quelquefois un peu de plomb & d'argent.

ESPECE LXXIII.

VI. Asbeſte en épis.

[*Asbeſtus ſpicas referens. Talcum particulis aceroſis, ſparſis, rigidis, opacis, LINN. 9. Asbeſtus fibris ſparſis, WALL. Asbeſtus filamentis diſperſis, CARTH. Lapis aceroſus nonnullorum.*]

CE ſont des filets qui forment une figure ſemblable à des épis qui ſeroient répandus en différens endroits de la pierre.

Il y a,

1. L'asbeſte en épis groſſier. [*Lapis aceroſus, fibris raſilibus, WALL.*]

On en peut faire diſparoître les fibres groſſieres par le frotement; elles ſont un peu graſſes au toucher.

2. L'asbeſte en épis fins. [*Lapis aceroſus, fibris rigidis, WALL.*]

Les fibres en ſont ſéches au toucher, dures & pointues. Il n'eſt pas facile de les détruire par le frotement.

ESPECE LXXIV.

VII. Asbeſte ligneux.

[*Pſeudo-Asbeſtus fibris lignoſis, duris, WOLT. Asbeſtus filamentis longitudinabilibus, duris, firmiter connexis, nitidis, lignum referens, CARTH.*]

C'EST une eſpece d'asbeſte, dont les fibres, ſemblables à celles du bois, ſont tellement unies entr'elles, qu'on ne peut preſque pas les ſéparer. Leur couleur eſt ou griſe, ou brune, ou noire.

II. SOUS-DIVISION.

Amyante. [*Amyantus.*]

ON donne le nom d'Amyante à une ſubſtance pierreuſe, griſâtre, filandreuſe, ou composée de fibres dures, coriaces & ſoyeuſes, qui ſont, ou diſpoſées parallelement, ou entrelacées de maniere à former des feuillets ; quelquefois auſſi elles n'affectent aucune figure déterminée : elles ſont toujours en maſſes, de forme & de figure indéterminées.

Quoique l'on diſe ici que les fibres de l'amyante ſoient dures, il n'en eſt pas moins vrai que les eſpeces différentes de cette ſubſtance ſont les plus molles, les plus legeres & les plus flexibles de toutes les pierres, puiſqu'elles nagent à la ſurface de l'eau, & qu'on peut les filer & en faire de la toile. Elles n'ont point d'odeur ni de ſaveur : étant pures, elles réſiſtent à l'action d'un feu violent, qui ne leur fait éprouver d'autre changement à l'extérieur, ſinon de les rendre plus blanches, un peu plus dures, plus aigres ou caſſantes (*a*).

(*a*) Wallerius, *obſerv.* 1, *p.* 264, rapporte qu'on blanchit auſſi la toile d'amyante, en la jettant dans le feu. Cette toile étoit plus en uſage parmi les anciens qu'aujourd'hui. Les Bramines ou prêtres Indiens, ſuivant le rapport d'Hierocles, s'en faiſoient des habits. C'eſt un vêtement de cette eſpece que Jeſus-Chriſt dit qu'avoit le mauvais riche, en ſaint Luc, *chap.* 16, ℣. 19, où cette toile eſt appellée *Byſſus*. On lit ailleurs que l'amyante a été connue chez les grands de la plus haute antiquité. Ils avoient l'art de la filer & d'en ourdir des toiles incombuſtibles, qui, entr'autres uſages, ſervoient à envelopper les corps morts qu'on vouloit brûler, pour en retenir les cendres pures. L'amyante étoit appellée dans ces premiers tems le lin des funérailles : on l'appelloit auſſi amyante.

Pour ſe donner une idée de l'uſage dont cette toile étoit dans les funérailles romaines, il faut ſe rappeller que dans chaque famille on faiſoit embaumer le parent qui venoit à mourir. La myrrhe, l'aloës, le ſantal & le bitume de Judée étoient la baſe

L'amyante est, ainsi que l'asbeste, une concrétion dont on ignore le composé, mais que quelques

de l'embaumement : les autres aromats n'étoient, chez eux, que des accessoires. Le corps étant parfumé & embaumé, on l'enveloppoit dans une toile d'amyante, tantôt simple, tantôt double ; on portoit ensuite ce corps sur le bûcher : c'étoit là le premier devoir de religion des plus proches.

Tout ce qui pourroit tenir aujourd'hui, chez nous & chez les Egyptiens mêmes, de la superstition, étoit, dans ce tems-là, des marques solemnelles de la grandeur romaine & de leur religion C'étoit le chef des parens qui allumoit le bûcher, & tout le reste de la famille l'entouroit, avec l'extérieur d'un respect qu'on ne peut exprimer. Ils s'imaginoient, à mesure que l'enveloppe se blanchissoit (car les parties balsamiques la noircissoient d'abord,) que c'étoit une marque peu équivoque de la purification du corps. La mere, la femme, les enfans, en un mot, les plus proches, & jusqu'aux meilleurs amis, tous s'empressoient d'approcher du bûcher & de souffler à voix basse, au travers des flammes, quelques paroles, qui, selon l'usage, signifioient : *Nous attendons avec ardeur que vous soyez tout consumé, pour ramasser vos cendres & vos os calcinés, qui se trouveront dans la toile d'amyante déja blanchie.* Ensuite ils invoquoient les dieux manes & l'ame du défunt, en les priant d'avoir pour agréable le pieux devoir qu'ils lui alloient rendre ; puis s'étant lavé les mains, ils retiroient le linceul d'amyante, qui n'étoit point endommagé : ils prenoient les cendres qu'il renfermoit ; & les ayant lavées avec du lait & du vin, ils les arrosoient d'eau lustrale, pour les placer après dans le tombeau de la famille, ou dans un tombeau particulier. On renfermoit ces précieux restes dans une urne faite d'une matiere plus ou moins précieuse, selon l'opulence & la qualité des héritiers. Les plus communes étoient de terre cuite, d'autres de jaspe, d'autres de porphyre. On joignoit à ces cendres quelques feuilles de laurier, de myrte, d'olivier, de peuplier, & surtout les phioles lacrymatoires, où chacun avoit recueilli les larmes ameres qu'il avoit versées. Le sacrificateur faisoit sur cette urne une aspersion avec une branche de romarin. C'étoit ainsi qu'on alloit déposer l'urne, tantôt dans des niches, sous des pierres qui portoient l'épitaphe du mort, tantôt dans les maisons des illustres familles où il y avoit des voûtes sépulcrales : l'épitaphe étoit alors sur l'urne même, qu'on avoit soin d'avoir d'une grandeur suffisante pour servir à une famille entiere. La toile d'amyante n'étoit point endommagée ; on la plioit & on la gardoit pour servir de nouveau à brûler la postérité, à mesure qu'elle s'éteignoit. Cet usage superstitieux de brûler les corps, & de les envelopper de toile d'amyante, étoit dans sa plus grande vigueur sous les empereurs payens, parce qu'on s'imaginoit qu'il importoit beaucoup à l'ame du défunt, que son corps fut bientôt detruit, & sa cendre conservée. Cette coutume s'abolit insensiblement sous les empereurs chrétiens ; mais l'amyante passa chez les nations du Midi & du Nord, & servit à d'autres usages.

naturalistes

naturalistes regardent, tantôt comme pierres primitives & de toute antiquité, & tantôt comme restes du déluge (*a*).

ESPECE LXXV.

Amyante, Pierre de Chypre ou Lin fossile.

[*Amyantus. Lapis Cyprius. Linum fossile. Amyantus fibris fili-formis flexilibus*, LINN. 1. *Amyantus fibris mollioribus, parallelis, facilè separabilibus*, WALL. *Asbestus fibris parallelis, capillaceis, ductilibus, aut Asbestus filosus*, WOLT. *Amyantus filamentis longitudinalibus, nitidis*, CARTH. *Linum amython* HIERONYMI. *Carystius lapis*, STRABON. *Linum montanum aut Indum. Byssus mineralis. Lana montana. Linum Creticum. Linum inextinguibile. Linum*

Ces derniers, à l'exemple des *Bramines ou prêtres Indiens*, s'en faisoient des habits entiers ; on peut voir la maniere dont on s'y prend encore actuellement en Russie, pour préparer & filer l'amyante, dans *Bruckmann, Magnal. Dei in loc. subterran.* *T. II*, & les *pag.* 915 ; *& les Mémoires de la société royale de Londres* 1686, *mois d'Août*, *p.* 400 ; *Miscell. nat. cur. dec.* 11, *ann.* 11, *obs.* 61. On en fait en quelques endroits des linges, des mouchoirs, des bourses, plusieurs ouvrages élégans & durables, du papier incombustible dont l'écriture disparoît en le mettant dans le feu & qui peut servir ensuite : on en fait encore des méches inaltérables & incombustibles qui éclairent également bien ; avantage que n'a pas le coton ni même la moëlle de sureau.

(*a*) Rieger, *Lexicon hist. nat.* au mot *Amyantus*, prétend que l'amyante doit être plutôt regardée comme un végétal que comme un fossile, 1° parce qu'entre plusieurs autres raisons, elle est fibreuse ; 2° que l'on tire des végétaux une substance que l'on peut filer, & en faire de la toile. Voyez *Plinii hist. nat. l.* 19, *cap.* 50 ; *l.* 12, 6, 10, 11. Sloane, *Jamaïc*, *liv.* 14, 11, 22 ; 3° parce que l'on trouve, dans la terre, du bois qui a perdu la nature végétale ; 4° parce qu'un arbre des Indes, nommé *Sodda*, fournit un lin incombustible. Voyez les *Mémoires des sciences de Londres*, *T. II*, *p.* 550. Colonn. *hist. nat.* *T. III*, *p.* 28. Pomet, *T. II*, *p.* 347. Bibliotheque choisie *Tom. XII*, *p.* 76. Il est étonnant que Rieger n'ait pas nommé la racine de l'*Androsacé* de Dioscoride ou l'*Umbilicus marinus Monspeliensium*, qui s'allume sans se consumer. Voyez *Mart. Martinii. Atlas. Sin. Tiling. in Act. nat. cur. dec.* 11, *ann.* 12, *p.* 119, *&c.* Nous nous dispensons de répondre à toutes ces conjectures.

incombustibile. Linum asbestinum. Linum vivum. Bostruchites. Polia. Saropolia. Corsoïdes. Salamandra lapidea, &c.]

L'AMYANTE est composée d'un assemblage de filets paralleles, dont les extrémités semblent avoir été tranchées avec un couteau : ces fibres sont minces, capillaires, legeres, tendres, divisibles, flexibles, soyeuses, brillantes & d'un gris clair ou d'un blanc verdâtre : ils nagent sur la superficie de l'eau, sans en être attaqués, non plus que par les acides ; ils s'y amollissent seulement : on en trouve abondamment à Campan aux Pyrenées (*a*), en Sicile, à Smirne & en Ecosse, & qui est des plus belles.

ESPECE LXXVI.

II. Amyante feuilletée ou Cuir fossile.

[*Amyantus membranaceus, flexilis*, LINN. 2. *Amyantus fibris mollioribus intertextis, in lamellas compactus, levis*, WALL. *Asbestus fibris intertextis capillaceis flexilibus*, WOLT. *Amyantus filamentis intertextis, corium referens*,

(*a*) M. Lemery, *Traité des drogues*, édition de 1733, dit que l'amyante se trouve dans la vallée de Campan aux Pyrénées sur des marbrieres ; qu'elle croît en maniere de plantes, jusqu'à la hauteur d'un à deux pieds. Cette amyante, dit-il, qui est blanche, luisante & argentée, peut être rouie dans l'eau comme le chanvre ; on en retire une espece de filasse assez longue, douce au toucher, encore plus belle & plus blanche qu'auparavant, & elle résiste au feu.

M. Anderson rapporte que dans sa vallée de la côte du détroit de Davis, est une espece de tourbe animale, très-grasse, où se trouvent quantité de mines d'amyante dont les veines sont assez larges & le lin fort long, mol & d'une blancheur parfaite : il paroît singulier que la meilleure amyante se trouve dans les endroits les plus reculés du nord, & que l'arrangement des particules du celles du Levant, de Smirne, &c. soit plus opaque, en un mot, tienne plus de la nature de l'asbeste ; cette observation a été faite aussi par M. Guettard dans son Systême sur la comparaison des fossiles du Canada avec ceux de la Suisse.

CARTH. Aluta montana. Corium fossile aut montanum.]

LES fibres de cette espece d'amyante, quoique molles au toucher, sont si étroitement unies les unes aux autres & entrelacées par d'autres fils, que la texture en paroît comme feuilletée; la couleur est grise: souvent cette amyante est enveloppée de crystaux de spath; on lui donne un nom analogue aux choses qu'elle représente; si elle ressemble à du cuir, on l'appelle *corium montanum*, ou au papier, *papyrum montanum*.

ESPECE LXXVII.

III. Liége fossile ou Liége de montagne.

[*Suber montanum. Asbestus solidiusculus flexilis*; LINN. 3. *Amyantus fibris flexilibus, inordinatè se intersecantibus, levissimus*, WALL. *Amyantus filamentis implicatis. Suber referens*. CARTH.]

LES fibres qui composent cette espece d'amyante, sont minces, flexibles, pliantes & d'un tissu très-lâche; elles se croisent d'une façon si irréguliere, qu'elles forment une pierre poreuse, legere & molle comme du liége, d'une couleur blanchâtre, jaunâtre: elle entre en fusion à un feu violent; propriété qu'elle tient des corps étrangers qui sont interposés dans ses parties.

ESPECE LXXVIII.

IV. Chair fossile ou Chair de montagne.

[*Caro montana. Asbestus solidiusculus, fissilis*; LINN. 1. *Amyantus fibris durioribus, in lamellas crassiores, compactus, ponderosus*, WALL. *Asbestus filamentis intertextis, duriusculis, in laminas scissiles, coadunatis*, CARTH. 4.]

CE sont des feuillets épais, solides, formés par

un assemblage de fibres dures ; ce qui rend cette amyante pesante & la fait tomber au fond de l'eau : Wallerius dit qu'elle se durcit dans le feu, au point de donner des étincelles avec le briquet ; mais on n'a encore remarqué cette propriété que dans l'asbeste de Danemarck.

On en trouve dont les feuillets sont paralleles, *lamellis parallelis*, & d'autres qui sont courbés & contournés *lamellis contortis.*

GENRE XVI.

II. Mica.

[*Mica* AUCTOR. *Argyrites* KUNDMANN.]

LES particules qui composent cette pierre sont un nombre infini de petites écailles ou feuillets membraneux, réunis ensemble & qui forment de grandes lames, qui se divisent en morceaux reluisans, d'une surface égale, feuilletés, écailleux, & de figures indéterminées ; elle est ordinairement transparente, tendre, friable & un peu grasse au toucher ; ne se dissout point par les acides, ne fait point de chaux ; mais elle se durcit au feu, y devient grumeleuse & rude, sans s'y vitrifier ; en un mot, elle est réfractaire.

La nature de cette substance paroît fort homogene ; on n'y trouve ni matiere étrangere ni pétrification : on la rencontre dans toutes les pierres de roches ou *saxum*, rarement parmi les substances métalliques : on la regarde comme une pierre primitive.

ESPECE LXXIX.

I. Verre de Moſcovie.

[*Glacies mariæ. Mica particulis membranaceis, fiſſilibus, pellucidis*, LINN. 1. *Mica membranacea, pellucidiſſima, flexilis alba*, WALL. *Mica fiſſilis, membranis, diaphanis*, WOLT. *Mica lamellis diaphanis, latis, tenuiſſimis, flexilibus*, CARTH. *Vitrum Moſcoviticum. Vitrum Ruſſicum. Vitrum Ruthenicum. Argyrolithos.*]

IL eſt composé d'un aſſemblage de feuillets ou lames qui ſont ou blanches ou jaunes, & plus ou moins grandes, diviſibles, flexibles, minces & tranſparentes comme du verre; la figure de ces feuilles n'eſt point déterminée: calcinées au feu, elles perdent un peu de leur éclat & de leur tranſparence, & prennent une couleur blanche & brillante comme de l'argent. On trouve ce mica aux environş d'Archangel; les grands morceaux ſervoient autrefois aux Ruſſes en place de verre: on nomme les petits morceaux *glacies mariæ*; il n'eſt pas rare de trouver auſſi de ce mica en Perſe, & même en Angleterre.

ESPECE LXXX.

II. Mica brillant.

[*Mica particulis ſubpriſmaticis intercuſſantibus*; LINN. 4. *Mica membranacea. Glimmer Germanorum. Semipellucida rigida*, WALL. *Mica lamellis ſemidiaphanis parallelis*, CARTH. 2.]

LES feuillets ou lames de cette eſpece de mica, ſon rarement grands, toujours petits demi-tranſparens ou opaques, roides, ſans flexibilité, & de différentes couleurs: ils deviennent entiérement opaques dans le feu, & se trouvent pour la plûpart dans les *saxum*.

On a,

1. Le mica blanc ou argent de chat. [*Mica alba, WALL. Vitrum sterile, argenteum, aut Mica argentea, WOLTERSD. Argentum felium. Argyrites. Argyrolithos. Mica colore argenteo, CARTH.*]

Il est en petites lames feuilletées, écailleuses, compactes & d'une couleur blanche; on le trouve dans le sable, le *saxum* & dans plusieurs autres mines, à Kupferberg en Suéde : on l'appelle faux argent. Il s'en trouve aussi en quelques endroits du Rhin, & dans la montagne de Rochefort, à quatre lieues de Clermont en Auvergne.

2. Le mica jaune ou l'or de chat. [*Mica flava, WALL. Mica compacta membranis squammosis, aurea. Vitrum sterile, aureum, WOLT. Mica chrysodamas. Mica aurea. Aurum felium. Animo-chrysos. Mica colore aureo, CARTH.*]

Il ne differe du précédent, que par sa couleur qui est d'un jaune brillant, & qui est enlevée par l'eau forte : on en trouve en Boheme & dans le Rhin; on l'appelle faux or. On en rencontre encore dans la Bretagne, & à Lespau dans le petit pays de Combraille en Bourbonnois.

3. Le mica rougeâtre. [*Mica rubescens. Mica rubra, WALL.*]

On en trouve en Auvergne, dans une terre ferrugineuse.

4. Le mica verd. [*Mica viridis, WALL.*]

Il est gras au toucher, comme le talc de Briançon: on en trouve dans une terre savonneuse, près des mines de Salberg en Suéde, ainsi que le suivant.

5. Le mica noir. [*Mica nigra, WALL.*]

Il est quelquefois en grandes masses & se divise en lames d'une figure indéterminée; tel est celui de

Siberie : on en trouve aussi près de Nimegue ; mais il est mêlangé.

ESPECE LXXXI.

III. Mica écailleux.

[*Mica squammosa. Mica particulis squammosis sparsis*, LINN. 3. *Mica squammulis inordinatè mixtis*, WALL. *Mica lamellis parvis, opacis, frigidis, dispersis*, CARTH.]

Il est composé de petits feuillets luisans, mêlés confusément, sans ordre ni régularité ; il y en a de blanc, de jaune & de noir.

ESPECE LXXXII.

IV. Mica ondulé ou strié.

[*Mica fluctuans squammosa, aut striata. Mica particulis fluctuantibus*, WALL.]

Les particules qui composent cette espece de mica varient beaucoup ; les unes sont écailleuses, d'autres striées ou fibreuses, d'autres demi-sphériques & formant pour la plûpart des ondes.

On a,

1. Le mica ondulé écailleux. [*Mica fluctuans squammosa*, WALL.]

Ces écailles sont placées les unes à côté des autres, & sont souvent convexes d'un côté & concaves de l'autre.

2. Le mica ondulé fibreux, strié. [*Mica radians. Mica particulis lamellatis, ad angulum acutum striatis*, LINN. 5. *Mica fluctuans fibrosa. Mica particulis tenuioribus, oblongis, acuminatis*, WALL. *Esp.* 128 & 129.]

Il est composé de particules pointues, brillantes, minces, & disposées parallelement, ce qui le fait paroître comme composé de filets : il est quelquefois écailleux. On en trouve dans les environs de Lintz, ſur le bord du Rhin.

3. Le mica demi-ſphérique. *Mica hæmiſpherica*, *WALL.*

Wallerius dit que ce mica eſt compoſé d'écailles diſpoſées en cercles, & dont les particules divergentes ſe réuniſſent pour la plûpart au même centre. Il s'en trouve à Spogol, près de la mine d'étain, dans la paroiſſe de Kimito, territoire d'Abo en Finlande.

GENRE XVII.

III. Talc.

[*Talcum* *AUCT.*]

LEs particules qui compoſent le talc, n'ont point de figures déterminées ; elles ſont ſi déliées, qu'on ne peut gueres les diſcerner à la ſimple vue : on remarque cependant qu'il eſt un compoſé de lames, ou de feuillets membraneux, très-courts, brillans, d'une ſurface inégale, difficiles à ſe diviſer attendu qu'ils ſont très-caſſans.

Le talc eſt peſant, & ſi tendre qu'on peut facilement l'écraſer entre les doigts, ſous leſquels il tombe, non ſous la forme d'une poudre fine, mais en petits feuillets flexibles, tenaces ſous la dent, & qui paroiſſent gras au toucher comme du ſuif; expoſé à la violence du feu, il n'en eſt point altéré; à peine y perd-il quelque choſe de ſon poids & de ſa couleur qui lui eſt étrangere ; il ne ſe vitrifie qu'au moyen d'un miroir ardent; il n'eſt point attaqué par les acides : mis en poudre dans un vaſe de cuivre jaune, il devient d'un gris de fer. Voyez Neumann, *Prælectiones chymicæ.* Il forme dans la carriere une maſſe continue, différant en cela du *mica*, qui y est toujours disposé par lames plus ou moins grandes.

ESPECE LXXXIII.

I. Talc blanc.

[*Talcum album aut argenteum. Talcum particulis impalpabilibus, diaphanis, molliusculis, convexis, fissilibus*, LINN. I. *Talcum albicans lamellis pellucidis*, WALL. *Talcum molliusculum colore argenteo*, WOLT. *Talcum lamellis subdiaphanis, flexilibus, albis*, CARTH. *Talcum lunæ. Stella terræ. Argyrodamas.*]

CE talc est composé d'un assemblage presque opaque de petites lames flexibles, qui, séparées les unes des autres, paroissent demi-transparentes; ce talc est-très-tendre & paroît fort gras au toucher. On dit qu'il s'en trouve dans le Canada, quoique tout celui que nous avons vu sous cette dénomination fût communément un gypse, & rarement un mica.

ESPECE LXXXIV.

II. Talc jaune.

[*Talcum aureum. Talcum luteum lamellis opacis friabilissimun*, WALL. *Talcum molliusculum friabile, colore aureo*, WOLT. *Talcum lamellis opacis, rigidis, luteis*, CARTH.]

CE talc, opaque & gras au toucher, est composé de petits feuillets minces, jaunâtres, rougeâtres, courbés, peu flexibles, cassans, & qui paroissent opaques, même après qu'on les a separés les uns des autres (*a*).

(*a*) Cardiluccius, *in notis ad Ercker aulam subterraneam*, *p.* 180, fait mention d'une poudre jaune qu'on tire du talc jaune, au

ESPECE LXXXV.

III. Talc verd de Venise ou Talc verdâtre.

[*Talcum viride Venetiæ. Talcum virescens ; WOLT.*]

CE talc est composé d'un nombre de feuillets courts, argentins, verdâtres, doux au toucher comme du suif, adhérens fortement les uns aux autres, étant comme entre-croisés, toujours opaques, se divisant en petites parcelles, qui ont à peine de la transparence ; ce talc vient du royaume de Naples & se transporre à Venise où il s'en fait un grand commerce.

ESPECE LXXXVI.

IV. Talc commun. Pierre talqueuse, ou Talcite.

[*Talcum particulis acerosis, sparsis, friabilibus, subdiaphanis, inquinantibus, LINN. 8. Talcum solidum, semipellucidum, pictorium, WALL. Talcum durum, compactum, colore vario, WOLT. Talcum lamellis subdiaphanis, nonnihil tenacibus, firmiter connexis, CARTH. 4. Creta Hispanica.*]

CE talc est & dur compacte, de diverses couleurs, tantôt blanchâtre & strié, tantôt verdâtre & écailleux, semblable à de l'huile glacée ou gelée, & demi-transparente, traçant facilement des lignes comme la craie ; c'est de cette espece de talc en masses dont on prépare par la calcination le fard,

moyen de l'eau régale, & que quelques-uns soupçonnent être de l'or : Lesser, dans sa *Litho-théologie*, §. 209, *p.* 286, parle d'un talc jaune qui se trouve dans les mines de Ramelsberg près de Goslar en Allemagne, & qui a la propriété de se décomposer dans un endroit froid & humide.

qui est une poudre blanche, grasse au toucher & perlée : ce talc se trouve en grosses masses dans des carrieres dont les lits sont inclinés à l'horizon : lorsqu'il est opaque ou moins beau, on le nomme *craie de Briançon ;* est-il très dur & veiné, *Talcites*, &c.

On a ;

1. Le talc glacé en masses ou pierre à fard. [*Talcum pingue, cosmeticum, subdiaphanum Officinarum.*]

C'est le talc en pierres des boutiques, dont on fait le fard.

2. Le talc stéatite, ou craie de Briançon blanchâtre. [*Talco-steatites. Creta Briançonia albescens ;* WALL. *Esp.* 134. *Talcum subdiaphanum, densum, albescens, lamellis minutissimis*, CARTH. *Creta Hispanica.*]

Ce talc a beaucoup de rapport avec la stéatite savonneuse ; il est compacte & feuilleté, entiérement gras, à peine demi-transparent : on le trouve très-communément chez les droguistes sous le nom de craie d'Espagne ou de Briançon (*a*).

3. Le talc verd de Briançon. [*Creta Briançonia viridis*, WALL.]

C'est ce qu'on nomme, dans le commerce, craie verte de Briançon.

4. Le talc verd marbré. [*Talcum viride opacum.*

(*a*) Le nom de craie lui vient de ce qu'elle sert aux tailleurs, comme la craie à tracer des lignes blanches & qui s'effacent plus aisément que celles qu'on fait avec la craie commune : on la fend avec une scie en petits bâtons longs & quarrés : par les principes de sa composition, elle n'appartient point à la craie, puisqu'elle ne contient point de terre alcaline, ni de chaux ; on la nomme improprement Craie d'Espagne, puisqu'elle ne nous est point apportée de ce royaume. Son nom étranger lui a été donné, ainsi qu'à bien d'autres substances, pour en augmenter le credit dans le commerce.

Steatites opacus, mollis, variegatum plerumque albicans, sartoria.]

Elle est parsemée de taches de différentes couleurs, sur un fond verdâtre, quelquefois grisâtre.

5. Le talc noirâtre de Briançon [*Talcum nigrescens Brianconium.*]

Cette espece est fort rare & très-pesante, peu grasse, & se sépare difficilement.

ESPECE LXXXVII.

V. Molybdêne, Mica des Peintres, Crayon ou Mine de plomb, &c.

[*Molybdena. Mica pictoria. Molybdoïdes*, DIOSCOR. *Mica pictoria nigra, manus inquinans*; WALL. *Mica colore vario. Pseudo-Galena*, WOLT. *Plumbarius, &c.*]

ON prétend que c'est un composé de petites parties talqueuses, legeres & plus fines que le mica, rangées sans ordre, & incorporées avec une terre grasse, comme savonneuse; ce mêlange est d'un gris noir & d'un brillant obscur : il donne aux mains, au papier & au linge une couleur grisâtre, semblable à celle du plomb. Il conserve sa couleur & sa liaison dans le feu ordinaire; son usage est purement méchanique : on en fait des crayons.

Le crayon se trouve communément avec les mines d'étain; il en contient aussi quelquefois abondamment (*a*) : on donne encore à ce talc différens

(*a*) Nous croirions; avec assez de fondement, que la molibdêne n'est qu'une espece de talc, stéatite tendre, c'est-à-dire, une stéatite mêlée de talc semblable à celui de Briançon, auquel mélange se trouve unie une substance semi-métallique, qui la colore & lui donne la pesanteur spécifique qu'on y reconnoît, & l'on peut s'en assurer; car si l'on augmente la violence ordinaire du feu, ce talc donnera alors quelques fleurs inflamma-

noms ; Potelot ; Mine de plomb, noire ou savonneuse, Plomb de mer ; Plombagine ; Plomb de mine ; Ceruse noire ; Talc ; Blende ; Fausse Galêne, &c.

On a,

1. Le crayon fin. [*Molybdæna pura WALL.*]

C'est le plus leger & le meilleur pour l'usage des dessinateurs ; on le trouve abondamment dans les mines du pays de Hesse. Il est en morceaux gros & longs, médiocrement dur, d'un grain fin & serré, net, uni, de couleur noirâtre, brillante, douce au toucher, facile à scier & à tailler en crayons longs, quarrés ou ronds.

2. Le crayon grossier. [*Molybdæna arenacea*, *WALL.*]

Il est d'un grain dur, aigre, grossier & rempli de parties graveleuses ; il se trouve en Finlande : il sert aux chauderonniers, aux marchands de vieille feraille & de fourneaux pour donner du lustre à leurs ouvrages, afin de les faire passer pour neufs (*a*).

bles d'un bleu foncé ; ce qui feroit soupçonner qu'il contiendroit du zinc, ainsi que les bleux en général. Voyez *Lawson*, *Diss. de nihilo.* M. Pott a prouvé que le crayon est presque toujours ferrugineux, en ce que, dit-il, si on le mêle avec du sel ammoniac, il donne des fleurs martiales, & que, quand le feu l'a dégagé des parties grasses qui l'environnent, il est attiré par l'aimant, sans parler de beaucoup d'autres expériences qu'on peut voir dans les *Miscellanea Berolinensia*, *Tom. VI*, *p.* 29.

(*a*) On fait aux environs de Berlin, avec le molybdêne commun, celui dont le grain est trop rude, des crayons de la maniere suivante ; on broye avec des outils propres à cela le molybdêne, on en fait une pâte avec de la colle legere de poisson, on en emplit des bâtons évuidés en rond, ou en quarré, avec une rainure qu'on bouche ensuite par une petite tringle qui s'enchasse exactement, on l'assujettit avec des ficelles ; & lorsque le tout est sec, on en taille le bout en pointe & on en fait des paquets plus ou moins gros, qu'on envoie dans tous les pays.

Quant au crayon rouge, appellé *sanguine des ouvriers*, l'on n'est pas encore certain de son origine : on pourroit dire que c'est une espece d'ochre martiale argilleuse, ou de *steatite* tendre, mêlée à une hématite décomposée ; sa couleur est d'un rouge brun plus ou moins foncé : étant pulvérisé, il rend une odeur

3. Le crayon cubique. [*Molybdæna tessularis* ; *WALL.*]

Sa forme est assez semblable à la mine de plomb cubique ; on prend garde qu'il ne s'en rencontre dans la mine de plomb, lorsqu'on veut faire la réduction de ce métal car la molybdêne empêcheroit non-seulement sa fusion en tout ou en partie ; mais encore les ouvrages qui en seroient formés seroient entiérement gâtés : on trouve ce crayon près de Lopstad en Uplande : on trouve quelquefois du talc cubique. *Talcum cubicum*, qui forme des cubes octogones de la même figure que de l'alun & qui ne paroît différer du crayon cubique, que par la couleur, les propriétés étant d'ailleurs communes entre ces deux especes.

GENRE XVIII.

IV. Pierres smectites ou stéatites, ou Pierres ollaires.

[*Lapides smectites*, *WOLT.* *Steatites* ; *POTT. Lith.* (a) *Lapidesollares*.]

CE sont des pierres dont la surface est glissante ; & qui à l'attouchement ressemblent au savon ; mé-

grasse : rompu, il donne quelquefois l'apparence de particules brillantes de talc : exposé à l'air, il ne reçoit d'autre changement que de se durcir davantage : jetté dans l'eau, il s'en imbibe un peu avec sifflemens, mais ne se dissout pas ou ne se laisse point pénétrer comme l'argille ordinaire ; ses particules sont plus cohérentes, sa matiere plus glutineuse, plus durcie : pulvérisé avec l'eau, il forme une pâte qu'on peut pétrir ; il se durcit suivant les différens degrés de feu auxquelles on l'expose, & jusqu'au point d'étinceller abondamment avec le briquet & d'être susceptible d'un beau poli. On l'appelle *Steatites rubra. Rubrica fabrilis. Ochra rubra naturalis*, *WALL. Smectites opacus*, *fulvus*, *martialis*, *inquinans*, *WOLTERSD. Rubrica. Ferrum terrestre rubrum*, *CARTH. Rubrica laminata seu terra synopica. Cicerculum PLINII. Ochra rubra*, *Rœtel-stein. Germanor.*

(a) Plusieurs auteurs trompés par les propriétés extérieures de la stéatite, ont confondu indistinctement avec elle plusieurs autres

diocrement pesantes, tantôt plus, tantôt moins transparentes & dures, de couleurs différentes ou mélangées; propres à être sciées, tournées & travaillées, avec des outils de fer, ou qui admettent le poli, qui ne se dissolvent point avec les acides; en un

pierres. C'est ainsi que Cardan l'appelle une espece de *pierre à rasoir* : Pisaureus l'a mieux désignée par une espece d'ophite: Burnet, V, *de Suisse*, *p.* 188, la nomme pierre huileuse & écailleuse, qu'on peut ranger parmi les especes d'ardoise: Gesner la donne pour une sorte d'*Onyx* ou de *Chalcedoine*. Bruchmann, *Itiner. L.* 19, *p.* 4, la définit une *Calcedoine blanche* non-transparente, glissante au toucher & grasse : Ailleurs, dit-il, c'est une espece d'albâtre, & on en apporte des Indes orientales. Il dit encore, *L.* 37, *p.* 8, que le *morochtus* ou *milchstein* est peut-être l'agathe blanche; ailleurs, *Epist. XXV*, il fait passer le *speckstein* pour une espece de marbre & d'albâtre. Le Dictionnaire de Trévoux dit que le *Gemmahu* ou *Gamehuya* (Camayeu) est une espece de *calcedoine*, ou d'*onyx*, ou *sardoine*; Wormius, une espece de *talc*; Bromel, *minera suecica*, *p.* 25, une pierre à chaux. Le même Bromel & Linnæus forment une espece singuliere, d'*Apyres in talco*, & regardent la pierre ollaire, comme une des principales de cette espece; mais, comme on l'a déja vu, toutes les terres blanches, simples, qui ne sont point mélangées, ni imprégnées de sucs métalliques, sont apyres & ne sçauroient être mises en fusion par aucun feu. Voyez M. Pott, *De Steat.* Par tous les phénomenes que nous présente la stéatite ou pierre ollaire, elle doit être rapportée au genre des argilles, puisqu'elle se *durcit au feu*; ce qui n'arrive qu'aux seules argilles : l'unique chose en quoi elle differe de l'*argille pure* & de la *terre à foulons* ou de la *terre savonneuse*, c'est qu'elle ne se délaye pas de même dans l'eau; d'ailleurs toutes les qualités sont les mêmes, & il n'y a de différence que dans le degré de dureté : ainsi toutes les pierres tellement molles, quelles puissent être fendues au couteau, ou travaillées au tour, *glissantes* à l'attouchement & sur-tout qui se *durcissent au feu* appartiennent à l'espece de stéatite, car ce sont-là ses vrais caracteres : la stéatite a des différences considérables & des degrés variés, suivant qu'elle est plus ou moins dure ou plus molle, & plus ou moins transparente; l'espece qui nous vient de la Chine est ordinairement plus claire, quoique les petits morceaux de notre terre blanche argilleuse & durcie paroissent ordinairement aussi transparens vers les extrémités; & en y ajoûtant des masses vitrifiables, on peut augmenter cette disposition. Celles de la Chine & de la Suisse deviennent plus compactes au feu & plus propres à retenir l'eau : celle du territoire de Bareuth (appellée *Schmeerstein*) reçoit plus aisément au feu des fentes, au travers desquelles l'eau transude dans la suite : il y a donc bien peu de différence entre nos especes de stéatites Européennes & celle de la Chine : on donne aux nôtres des noms tirés des usages auxquels on les emploie.

mot, qui, comme toutes les pierres argilleuses, durcissent dans le feu & y deviennent rarement friables.

ESPECE LXXXVIII.

I. La pierre de lard.

[*Lardites. Steatites veterum. Gemma-huja* KENTMANN. *Smectites subdiaphanus, duriusculus, colore vario,* WOLT. *Smectites subtilis, mollis, fragmentis compactus,* CARTH. *Speckstein Germanor.*]

C'EST cette matiere qui nous vient de la Chine où on lui donne toutes sortes de figures, & d'où elle nous est envoyée toute façonnée; elle est demi-transparente, assez dure, de différentes couleurs, tantôt blanche, tantôt jaune, &c.

La pierre de lard est la stéatite des anciens, elle étoit ainsi appellée du nom grec στέαρ; qui signifie graisse ou lard. Kentmann, *Nom. rerum fossil. p.* 50, l'a désignée sous le nom de *Gemma huya* ou *Gemma-hu.*

ESPECE LXXXIX.

II. Pierre ollaire noire (*a*) ou Talc noir, Stéatite.

[*Lapis ollaris niger. Talcum steatitico-nigrum.*

(*a*) Les pierres ollaires (strictement dites) sont composées d'un amas confus & irrégulier de particules feuilletées, filamenteuses & grainelées; elles se divisent, à l'aide du fer, en morceaux inégaux, non feuilletés & de figure indéterminée; l'on y remarque souvent des particules luisantes qui leur sont étrangeres; les pierres ollaires durcissent considérablement au feu, ainsi que l'expérience le démontre sur les vases qui en sont faits & qu'on met au fourneau des potiers dans des boëtes, ou gazettes de fer battu, ou de tôle enduites de glaise. Elles varient un peu par la couleur, la figure & la dureté, sur-tout celle de Pensilvanie: *Ollaris*

Ollaris mollior, pinguis, niger, micaceo-lamellosus, vix cohærens, pictorius, WALL. *Ollaris pictorius. Talcum nigrum.*]

CETTE pierre est tendre, peu compacte, legérement feuilletée parsemée de points luisans ; ses parties ne sont pas liées les unes aux autres : elle est d'une couleur noire & forme des couches comme le talc ; elle tient de la nature des stéatites par son onctuosité, des pierres ollaires pour la figure ; & enfin elle peut, comme la molybdêne, servir de crayon : toutes ces considérations nous ont déterminé à mettre cette pierre au nombre des stéatites ou pierres ollaires : on en trouve de cette espece à Falun en Suéde.

ESPECE XC.

III. La pierre de Côme ou la Pierre ollaire tendre.

[*Lapis Comensis* PLINII, CARDANI, & SCALIGERI. *Lapis Lebetum. Ollaris mollior, griseus, pinguis, particulis talcoso-micaceis, vix distinctis, calcinatione albescens,* WALL. *Smectites opacus, duriusculus, colore vario & variegato,* WOLTERS. *Smectites micaceus, mollis griseus,* CARTH. *Lapis ollaris. Petra Columbina. Lapis colubrinus* BECHER.]

CETTE pierre tendre & facile à travailler, est opaque, assez dure, de diverses couleurs, & marbrée, composée de particules visibles & brillantes de mica & de talc, qui sont confondues les unes dans les

c'est par une dénomination prise aussi de l'usage de cette terre qu'on l'appelle pierre ollaire *Lapis ollaris, lebetum:* les Allemands l'appellent communément *topph-stein*, rarement *schiberl-stein*, *pfanne-stein* ; la pierre ollaire *Steatites* ne doit point être confondue avec *l'ostracite* des anciens, appellée aussi par quelques-uns mal-à-propos *topph-stein* ; l'ostracite est une pierre par croûtes & que l'on peut séparer en lames.

autres & forment des manieres d'ondes : poussée au feu, elle se durcit & y acquiert un éclat blanc comme de l'argent. On en trouve de cette espece à Handoël dans le Jemteland, & notamment chez les Grisons, près de Pleurs *Plurium*, ville ou bourg considérable, situé autrefois près du Lac de Côme : cette ville fut ensevelie, en 1618, sous les débris d'une montagne voisine d'où l'on tiroit la pierre dont il s'agit, & qu'on avoit creusé trop inconsidérément ; son emplacement est aujourd'hui un lac : on fait encore de cette pierre des vases ou poteries qu'on porte ensuite à Côme, d'où lui est venu le nom de *pierre de Côme*. Il y a plusieurs autres mines de stéatites ou de pierre ollaire, chez les Grisons, 1° auprès de Chiavenne, 2° dans la Valteline, 3° chez les Grisons mêmes dits *Lavezzi*, où la pierre ollaire étoit du tems de Pleurs appellée *Lavezc*, mot corrompu de *Lebetes* : on en trouve encore dans la montagne de Galand auprès de Kublitz & de Prettigow, où on l'appelle craie verte savonneuse.

ESPECE XCI.

IV. Pierre ollaire à gros grains.

[*Ollaris crassior, durus. Talcum particulis acerosis, sparsis, friabilibus, opacis, subvirescentibus*, LINN. 7. *Ollaris durior, vix pinguis, nigro-griseus, particulis talcoso-micaceis, majoribus distinctis, calcinatione rubescens*, WALL. *Smectites micaceus, durus, ex griseo viridescens* CARTH.]

CETTE espece de pierre ollaire est dure, très-peu grasse au toucher, ordinairement composée de petites parties de talc, entre-mêlées de particules grossieres & noirâtres de mica, qui la rendent comme marbrée en gris & en noir, &c. On a de la peine à la bien travailler ; poussée au feu, elle devient tendre, friable, & caſſante, elle y acquiert une couleur jaunâtre, & alors elle reſſemble, à quelque choſe près, à du mica jaune.

ESPECE XCII.

V. Pierre colubrine ou Pierre ollaire ſolide.

[*Lapis colubrinus. Ollaris ſolidus, griſeus, pinguior, polituram non admittens*, WALL. *Smectites ſubtilis, griſeus*, CARTH. 2.]

CETTE pierre eſt graſſe au toucher; les particules qui la compoſent ſont tellement unies qu'on a de la peine à les diſcerner ſans le ſecours du microſcope : quoiqu'on puiſſe bien la travailler avec des outils de fer, on ne peut cependant lui donner aucun poli : on s'en ſert quelquefois pour tracer & former des deſſeins ſur des murailles.

Il y a,

1. La colubrine dure. [*Lapis colubrinus durior*, WALL.]

Sa couleur eſt ordinairement d'un gris de fer foncé.

2. La colubrine tendre. [*Lapis colubrinus mollior*, WALL.]

Elle eſt d'un gris clair & des plus tendres.

3. La colubrine feuilletée. [*Lapis colubrinus lamelloſus*, WALL.]

Elle eſt compoſée de feuilles viſibles, paralleles & unies, & ſi adhérentes les unes aux autres, qu'on ne peut les ſéparer; on en trouve en Suéde dans les mines de Salberg.

ESPECE XCIII.

VI. Serpentine.

[*Ophites. Smectites serpentinus. Talcum particulis impalpabilibus, solidum viridi maculatum,* LINN. *3. Ollaris solidus, virescens, maculosus, polituram admittens,* WALL. *Smectis opacus, virescens, maculis & venis nigris,* WOLT. *Smectites subtilis, viridescens, maculis-nigris distinctus,* CARTH. *Marmor serpentinum. Marmor Zoblizense.*]

WALLERIUS dit que la serpentine est une espece de pierre ollaire, & Woltersdorf la regarde comme une espece de smectite, ce qui revient à-peu-près au même : elle est solide, opaque, verdâtre & mouchetée de points ou veines noires en la maniere de quelques marbres & laves : c'est de cette espece de pierre ollaire, dont on fait au tour tant de mortiers & autres vases à broyer (*a*), qui

(*a*) Matthieu Illgens, ci-devant inspecteur des carrieres de serpentine de l'électeur de Saxe, nous apprend dans une de ses lettres, qu'on a trouvé à Francfort lorsqu'il passa en cette ville, que Juste Raben, grand connoisseur des mines, alors âgé de soixante ans, & qui avoit parcouru l'Italie, la Suisse & d'autres pays éloignés, fut le premier, qui trouva en 1546 le *serpentin* ; mais ce ne fut que long-tems après, qu'on connut la nature de cette pierre, ainsi que l'art de la tailler. On dit même que Christophe Illgens, inspecteur des mines de Berlisdorff, & qui vivoit en 1580, ne conçut l'idée de mettre cette pierre en œuvre, que dans un moment où son garçon, nommé Brandel, racloit & tailloit quelques pierres qu'il avoit ramassées au hazard & parmi lesquelles il s'en trouvoit qui avoient beaucoup de ressemblance avec la serpentine : alors l'inspecteur Illgens voyant ces pierres si traitables, commença à travailler la serpentine ; mais Brandel ne s'en tint pas à ses premiers essais, ni à ceux de son maître : il se perfectionna & enseigna son art à ses quatre fils qui vivoient en 1600, & qui gagnerent leur vie à ce métier. Ceux-ci furent suivis par les fils de George Schiffle, qui en firent d'abord, à force de bras, des coupes ou d'autres travaux grossiers, jusqu'au tems où Michel Bosler, qui mourut en 1654, âgé de soixante-dix ans, inventa l'art de travailler cette pierre au tour : depuis ce tems on a continué à faire de la même maniere des vases de serpentine de formes très-agréables.

acquierent une extrême dureté au feu : la ſerpentine eſt même remarquable par ſa noirceur ou ſon verd foncé, & l'on peut la regarder comme une eſpece ſinguliere de *pierre ollaire* : elle blanchit à feu ouvert ; mais calcinée par un feu violent dans un vaiſſeau fermé, elle y devient jaunâtre.

On a,

1. La ſerpentine opaque. [*Ophites opacus durior. Marmor ſerpentinum opacum*, *WALL.*]

C'eſt l'eſpece la plus dure.

2. La ſerpentine demi-tranſparente. [*Ophites ſubdiaphanus, mollior. Marmor ſerpentinum ſubdiaphanum*, *WALL.*]

C'eſt l'eſpece la plus tendre : on en trouve en Suéde ; celle de Zoeblitz eſt ordinairement griſe, tachetée de veines fauves, ou noires, ou blanches. On en fait des taſſes, des caffetieres, des tabatieres, des boëtes, des caſſolettes & pluſieurs autres ouvrages qui ſont dans les mains de tout le monde.

ESPECE XCIV.

VII. Pierre de touche. Pierre de Lydie.

[*Lapis metallorum. Lapis Lydius. Corneus cryſtalliſatus, niger*, *WALL. Schiſtus niger, durus, ſubtilis*, *WOLT. Baſaltes.* (a) *Baſanus lapis. Baſanites ſeu Chryſites. Alabandinus nonnullor.*]

LA pierre de touche dont les orfévres ſe ſervent pour les métaux, a été mal-à-propos nommée marbre noir ; c'eſt, ſelon M. Pott, *Lithog. pag.* 155, un ſchiſte d'un noir luiſant, dont le tiſſu eſt aſſez fin, composé de couches comme l'ardoiſe,

(a) Le mot *Baſaltes* vient ou de βασανίζω, *exploro*, j'examine j'éprouve, d'où a été formé βάσανος, pierre de touche ; ou il vient de *Biſaltia*, nom d'une province de la Macedoine, & alors on devroit plutôt écrire *Biſaltes*.

ne faisant point d'effervence avec les acides, ne donnant point d'étincelles avec l'acier, ni ne se réduisant en chaux dans le feu. Cette pierre entre parfaitement en fusion, sans addition, par l'action d'un feu violent, & produit un verre en maniere de scories, d'un brun foncé, quelquefois verdâtre, quelquefois noirâtre : on en trouve en Boheme, en Saxe, en Silésie. Il y a encore la pierre de Stolpen (*a*) en Poméranie, que quelques anciens appellent improprement marbre noir, & qui est aussi une espece de Basaltes.

(*a*) M. Pott l'a nommée *pierre de Stolp* à cause du château de Stolpen en Misnie, à trois milles de Dresde, & qui est tout construit de cette pierre : elle est très-dure, en crystaux prismatiques, d'une grandeur si demesurée, qu'il y en jusqu'à 12 & 14 pieds de hauteur ; il s'en trouve à 5, 6, 7 & jusqu'à 8 côtés, il y en a même de quadrangulaires, & qui ressemblent à une solive équarrie : la position des ces colomnes ou prismes est perpendiculaire ou comme des tuyaux d'orgues à côté les uns des autres : tel est encore l'amas des crystaux du comté d'Antrim en Islande, que l'on apppelle en anglois *Giants-causeways* ou pavé des géants ; il se trouve en ce lieu sur le bord de la mer un assemblage immense de ces prismes, dont quelques-uns ont plus de quarante pieds de hauteur; mais ils different de la pierre de Stolpen qui est d'un seul morceau, au lieu que celle d'Antrim est composée d'especes d'articulations qui font que chaque prisme est formé de plusieurs morceaux qui s'emboëtent les uns dans les autres : cette pierre a été dessinée & gravée: ceux qui en voudront des plus grands éclaircissemens peuvent consulter le supplément du Dictionnaire de Chambers, au mot *Giants-causeways*.

On peut encore ajoûter à ce *Basaltes* crystallisé, la roche de corne crystallisée noire dont Wallerius parle, *Esp.* 144, *p.* 261. *Lapis corneus crystallisatus, niger, prismaticus, lateribus inordinatis*, WALL. *Smectites crystallisatus crystallis oblongis, irregularibus*, GARTH. 9. Cette espece de roche crystallisée soutient assez bien l'action du feu : sa figure est prismatique, ses côtés sont inégaux & irréguliers ; elle est d'un noir luisant : on en trouve de grise, de rouge, de brune, de verte, &c.

Il paroît que ces sortes de pierres crystallisées sont les mêmes que celles que Pline a désignées sous le nom de *Basaltes* ou pierre de touche, & qu'il dit se trouver en Ethiopie. Voyez *la Lithog. de M. Pott. Tom. II*, *p.* 219 ; & Boot *de Lapidibus*, *L. II*, *c.* 273. Cependant la pierre de touche dont les anciens se servoient pour éprouver leurs métaux, étoit d'une couleur toute blanche & paroît différente de celle qu'on vient de décrire.

GENRE XIX.

V. Roche de corne. [*Corneus* WALL.]

LA pierre que l'on appelle roche de corne, n'eſt point graſſe au toucher ; mais elle eſt dure & compoſée de particules ſi petites, qu'on ne peut les diſcerner : elle ſe diviſe en morceaux inégaux & indéterminés qui réſiſtent à l'action du feu, en y devenant ſeulement un peu friables ; elle reſſemble beaucoup à l'ongle des quadrupedes : on la trouve dans les montagnes en filons perpendiculaires : Voyez WALLERIUS, p. 257, ſur la dénomination de roche de corne.

ESPECE XCV.

I. La roche de corne à écorce molle.

[*Lapis tunicatus. Corneus mollior, ſuperficialis, contortus*, WALL. *Salband* (a) GERMAN.]

WALLERIUS dit qu'elle eſt couverte comme d'une eſpece de peau ou d'enveloppe, qui reſſemble pour l'ordinaire à du cuir brun, un peu courbé ; elle eſt preſque auſſi peu compacte que la pierre ollaire tendre.

Bien des perſonnes confondent le marbre noir, les cailloux opaques noirs, avec la pierre de touche *Baſaltes* ; la premiere eſt calcaire, la deuxieme fait feu avec l'acier, la troiſieme eſt argilleuſe : c'eſt préciſément de cette derniere dont les orfévres ſe ſervent, & que les naturaliſtes reconnoiſſent aujourd'hui pour être la ſeule & la vraie pierre de touche.

(a) Salband, ſignifie chez les Allemands une pierre qui ſe trouve entre le filon & la roche dure, c'eſt-à-dire, une pierre qui ſert d'écorce au filon.

Il y a,

1. La roche de corne à écorce noire. [*Lapis corneus, tun ca:us, niger, WALLER.*]

On en trouve auſſi de brune, de griſe, rarement de marbrée.

ESPECE XCVI.

II. La roche de corne à écorce dure.

[*Lapis corneus, tunicatus, durior. Talcum particulis impalpabilibus, ſolidum, nigrum ſuperficie atrâ glabrâ LINN.* 2. *Corneus durior, niger, ſolidus, WALL. Smectites durus, niger, CARTH. Corneus ſolidus.*]

ELLE eſt noire, dure, reſſemblante au ſabot d'un cheval ou à de la corne, plus ou moins friable, & s'endurciſſant au feu.

Il y a,

1. La roche de corne dure luiſante. [*Lapis corneus, ſolidus, nitens, WALL.*]

Elle eſt tout-à-fait noire & luiſante, compacte, plus ou moins ſolide, & compoſée de parties très-déliées : on en trouve quelquefois qui n'eſt pas luiſante, *non nitens.*

2. La roche de corne dure, compoſée de grains. *Lapis corneus ſolidus, granulis compactus, WALL.*

Elle eſt compoſée des mêmes particules noires que la précédente, à l'exception qu'elles ſont diſpoſées par grains, & qu'elles paroiſſent comme détachées les unes des autres.

ESPECE XCVII.

III. La roche de corne feuilletée.

[*Lapis corneus, fiſſilis, lamelloſus,* W*ALL. Talcum particulis impalpabilibus, lamellis parallelis,* L*INN.* 4. *Corneus fiſſilis, lamellis parallelis,* W*ALL. Smectites durus fragmentis fiſſilibus. Corneus fiſſilis,* C*ARTH.* 8.]

LES particules qui compoſent cette eſpece de roche ſont lamelleuſes, feuilletées & diſpoſées avec ordre, d'une couleur ou noirâtre, ou d'un brun foncé, ou rouge, &c. Elle differe des couches d'ardoiſes en ce que ſes feuillets, ſont pour l'ordinaire poſés perpendiculairement & ſur le tranchant, au lieu que ceux des ardoiſes le ſont horizontalement; la plûpart de ces roches de corne feuilletées deviennent d'un jaune brillant comme de l'or dans le feu: Voyez-les *Actes de l'académie des ſciences de Suéde, dans le Mémoire d'Antoine Swab. Vol. VI,* 1745, *p.* 120.

Il y a,

1. La roche de corne feuilletée tendre. [*Lapis corneus, fiſſilis, mollior,* W*ALL.*]

Elle reſſemble un peu à la pierre ollaire feuilletée; mais elle en differe par la couleur plus foncée, par la fineſſe du grain, & par la dureté; cependant il s'en trouve d'aſſez molle pour ſervir à tracer des lignes, &c.

2. La roche de corne feuilletée dure. [*Lapis corneus, fiſſilis, durior,* W*ALL.*].

Cette pierre, quoique dure & ſolide, ſe peut diviſer par feuillets & ſervir de même que l'ardoiſe, pour couvrir les maiſons: c'eſt ce qui ſe pratique en Piémont.

Les naturalistes François n'ont pas une connoissance bien certaine de la nature & de l'origine de ces especes de pierres : celle que M. Bernard de Jussieu a reçue de Suéde sous le nom de *Corneus fissilis, durior* WALLERII, ressemble parfaitement à de la lave.

GENRE XX.

VI. Ardoises ou Schistes.

[*Ardesiæ* AUCT. *Schistus*, WOLT. LINN. & CARTH. *Fissilis*, WALL. *Scissilis*.

L'ARDOISE est une pierre noirâtre, opaque, tendre, peu compacte, qu'on peut égratigner avec le couteau & qui ne donne point d'étincelles avec l'acier : les parties qui la composent sont très-fines, cependant rudes au toucher : on remarque, par le moyen d'une loupe, qu'elles sont presque toutes striées ou disposées en filamens, quoique lamelleuses en apparence : toute ardoise se divise néanmoins par couches, par tables & par feuillets, dont le peu d'épaisseur établit la bonté ; aussi est-elle au nombre des mines en lits : elle se casse pour l'ordinaire en lignes droites, ou selon la forme qu'elle a, en morceaux indéterminés; elle ne se dissout point avec les acides, comme le prétend Cartheuser, à moins qu'elle ne contienne accidentellement des parties calcaires : elle se durcit au feu, sans changer de couleur ; mais elle s'y vitrifie plus ou moins aisément, à proportion de sa dureté & des parties métalliques ou sablonneuses, qui souvent s'y trouvent mélangées (a) ; le verre qui en résulte n'a point de trans-

(a) M. Pott fait mention d'une espece d'ardoise de la montagne de Fichtelberg dans le pays de Bareith, qui se convertit

parence : il est noir & ressemble à une écume gonflée ou à de la lave ; il est si leger qu'il nage communément au-dessus de l'eau : on ne sçait pas trop si c'est le fer ou le cuivre qui colore en général les ardoises ; tout ce qu'on peut assurer, c'est que l'ardoise est communément la matrice du cuivre : il n'est pas encore certain si l'ardoise tire son origine de la marne ou du limon, c'est-à-dire, de la terre noire ou de l'argille, ou de la vase de la mer, ou plutôt si elle n'étoit pas l'*humus* qui couvroit la terre avant le déluge, puisqu'on y trouve tant de poissons & de plantes. Voyez *Langius dans les Ephém. des cur. de la nat. Vol. VI, App. medit. de Schisti indole & Genesi*, §. 18, *&c.*

ESPECE XCVIII.

I. Ardoise de Toits.

[*Ardesia tegularis, Schistus nigro-cærulescens, clangosus*, LINN. 1. *Fissilis durus, cærulescens, clangosus*, WALL. *Schistus niger, rudis, tegularis*, WOLST. *Fissilis durus, rudis, ex nigro-cærulescens*, CARTH. 1. *Ardesia* IMPERATI. *Folium nigrum.*]

CETTE espece d'ardoise est dure, noirâtre, bleuâtre, d'un tissu grossier ; elle se divise en feuilles minces & sonores : elle ne s'imbibe point d'eau ; on la nomme ici ardoise de toits, comme dans le Piémont on appelle roche de corne pour les toits,

au feu & sans addition en un verre noir dont on fait des manches de couteaux, des boutons, des boucles, &c. On l'y appelle, *Knop-stein.*, pierre à boutons ; il y a aussi la pierre martiale des environs de Delln en Prusse, qui, sans presque aucune addition, se fond en verre noir. La couleur noire de ces pierres, décele le mélange grossier de fer, qu'il est toujours facile de reconnoître dans toutes les autres scories martiales & grossieres, & dans la plûpart des verres noirs.

la pierre feuilletée qui y ſert à couvrir les maiſons. La meilleure ardoiſe nous vient d'Anjou.

ESPECE XCIX.

II. Ardoiſe de Tables.

[*Fiſſilis menſalis. Schiſtus ater, ſcriptura alba;* LINN. 2. *Fiſſilis ſubtilior, polituram quodam modo admittens;* WALL. *Fiſſilis durus, ſubtilis niger,* CARTH. *Fiſſilis niger, duriuſculus. Schiſtus niger menſalis. Marmor nigrum menſarium cordi. Saxum fiſſile, nigrum.* KENTMANN. WAGNER.

ELLE eſt ordinairement d'un grain fin, noir, dur, ſuſceptible du poli, ſans cependant devenir luiſante; elle ſe change dans le feu en un verre d'un verd foncé, poreux, qui ne nage point à la ſurface de l'eau. Pour détacher cette ardoiſe dans la carriere, des ouvriers, qu'on appelle fendeurs, font entrer de haut en bas, à grands coups de marteau, de longs ciſeaux dans les interſtices des lits; mais on ne la taille, en tous ſens, par feuilles ou tables, que quand elle eſt hors de ſa carriere: il en eſt de même pour l'ardoiſe de toits (*a*).

(*a*) Scheuchzer *in Oryctogr. Helvetic. p.* 110, rapporte une choſe ſinguliere de l'ardoiſe de tables, qui ſe trouve à Blattenberg en Suiſſe, ſçavoir, que les tables ou feuilles en ſont compoſées de deux couches différentes: la premiere eſt toujours dure, on la peut polir; au lieu qu'on ne le peut pas avec la couche inférieure, parce qu'elle eſt trop tendre: ces différentes couches ſe trouvent toujours dans la carriere diſpoſées alternativement, comme on vient de le dire, ſans aucune autre différence.

La plûpart des autres ardoiſes, ainſi que les pierres feuilletées, occupent la partie du milieu du terrein ſur lequel les couches ſont portées, & elles forment des lits horizontaux: on en rencontre cependant qui ſont, ou perpendiculaires ou inclinées: elles ſervent auſſi de toit aux charbons foſſiles, & on les y trouve quelquefois à demi-fondues ou réduites en ſcories comme la pierre ponce.

ESPECE C.

III. Ardoise tendre & friable.

[*Ardesia mollior & friabilis. Schistus nigricans, friabilis, scriptura alba*, LINN. 3. *Fissilis mollior. Fissilis friabilis*, WALL. *Fissilis subfriabilis, manus non inquinans*, CARTH.]

CETTE ardoise est des plus fragile & friable; il n'est cependant pas rare d'en trouver qui ait assez de consistance pour être maniée sans s'écraser, surtout quand elle se durcit. La premiere produit un verre si spongieux, qu'il nage sur l'eau; l'autre se change en un verre poreux qui va au fond de l'eau: cette ardoise est appellée, dans le langage des ouvriers, le *feuilletis*, ou le *franc-quartier*. On en a de différentes couleurs.

On a,

1. L'ardoise friable, noirâtre. [*Ardesia subfriabilis, nigrescens. Fissilis friabilis, nigricans*, WALL.]

Wallerius, *obs. p.* 135, dit que lorsqu'on frote ces ardoises, ou qu'on les fait brûler à une flamme, il en exhale une odeur du *Lapis suillus*: l'on en trouve en Suéde, à Nericke; l'ardoise tendre d'Eisleben que Henckel nomme *Ardesia Eislebiensium, mollior, nigricans*, est de cette espece. V. *Ephem. nat. cur. Vol. V, p.* 328. Voyez aussi la *Description du* Lapis suillus, *dans cet ouvrage.*

2. L'ardoise friable brune. [*Ardesia subfriabilis fusca. Fissilis friabilis, fuscus*, WALL.]

Il y en a à Krasmaselo en Ingermanie. Le *Tectum* & la derniere couche de la plûpart de nos carrieres d'ardoises sont de cette qualité, lors sur-tout qu'ils sont exposés à l'air libre: quand on remarque des grains brillans & graveleux dans cette ardoise, il faut alors la regarder comme un *Saxum :* s'il n'y a que du *mica*, c'est un schite micueux.

3. L'ardoise friable, grise. [*Ardesia subfriabilis, grisea. Fissilis friabilis cinereus,* WALL.]

L'on en trouve dans la mine d'Osmund, province de Ratwick en Suéde; nous en avons aussi rencontré à l'adossement d'une montagne située sur le bord du Rhin, en face du château de Caop : celle de Glaris est grise & jaunâtre.

4. L'ardoise friable, noire & ondulée. [*Ardesia friabilis, nigra, fluctuans. Fissilis friabilis, lamellis nigris fluctuantibus,* WALL.]

Elle est un peu dure, d'une couleur noire, produit de l'écume au feu & s'y vitrifie en un verre plein de trous & poreux.

ESPECE CI.

IV. Pierre noire ou Crayon noir.

[*Nigrica, Ampelitis seu Pharmacitis Officinar. Schistus, scriptura atra* LINN. 6. *Fissilis mollior, friabilis, pictorius,* WALL. *Schistus niger, friabilis, inquinans,* WOLT. *Fissilis friabilis, niger, manus inquinans,* CARTH. *Creta fuliginea* WORMII. *Creta nigra.*]

C'EST l'ardoise dont on se sert pour écrire & pour dessiner; sa couleur est d'un noir obscur comme le jayet, très-tendre, peu compacte, friable, & semble être une ardoise dont les particules sont détruites ou non durcies & mal liées, tachant les doigts & donnant une mauvaise odeur de soufre ou de bitume dans le feu, y perdant sa couleur & devenant rougeâtre; l'on peut alors s'en servir comme du crayon rouge : on en trouve dans la Champagne, dans le Maine, & notamment près d'Alençon, où il y en a une carriere qui est d'un bon produit pour le propriétaire, en ce qu'elle a plus de cinquante pieds de profondeur & que cette pierre eſt d'un bon débit : on en trouve auſſi près de Henneberg en Weſtergyllen ; mais la meilleure nous vient de Rome & de Portugal. Cette eſpece d'ardoiſe a une ſaveur âcre, amere & ſtyptique : elle ſe décompoſe ſouvent à l'air, y tombe facilement en poudre avec efflorefcence ; c'eſt pourquoi les ouvriers en pierre & en bois en recommandent l'uſage, immédiatement après qu'elle eſt ſortie de la carriere. Quelquefois cette ardoiſe contient de l'alun, *Fiſſilis aluminoſus* ; elle fait un peu d'effervefcence avec les acides (*a*) ; quelquefois elle produit du vitriol & noircit la teinture de noix de galle ; mais nous parlerons de ces ſubſtances minérales à l'article des ſels.

On appelle encore la pierre noire, *terre ampélite*, ou *pharmacite*, parce qu'elle teint les cheveux en noir ; *pierre atramentaire* parce qu'on en fait de l'encre ; *pierre noire ſciſſile* ou *pierre à vigne*, parce que dans les vignobles, elle tue les vers qui montent aux ſarments. On auroit de la peine à ſe perſuader que ces ſortes d'ardoiſes, & toutes celles qui ſe décompoſent à l'air ſont bonnes à fertiliſer les terres chargées de vignes, c'eſt cependant ce qui ſe pratique journellement en Allemagne, comme à Bacharab, où les habitans, quand ils veulent fumer leurs vignobles, ont ordinairement une certaine proviſion d'ardoiſes qu'ils laiſſent expoſées à l'air, juſqu'à ce qu'elles ſe réduiſent en une eſpece d'argille ou de terre

(*a*) M. Pott, *Lith. p.* 150, dit que l'ardoiſe qui fait effervefcence avec les acides ne ſe fond point ; elle devient par le feu une chaux entiérement blanche : alors une telle ardoiſe doit être conſidérée comme une eſpece d'argille endurcie, colorée & ſimplement maſquée : elle convient quelquefois dans les engrais des terres.

grasse ; c'est avec cette terre qu'ils engraissent leurs vignes, & que le raisin prend un goût d'ardoise, tel qu'on le remarque dans le vin de Moselle, &c.

Il y a plusieurs autres pierres que l'on nomme ardoises & qui n'en ont aucune des propriétés particulieres, telles que, 1° l'ardoise sablonneuse, [*Fissilis arenaceus*,] qui appartient au grès feuilleté ; 2° l'ardoise de corne [*Fissilis corneus*] qui est du genre des pierres réfractaires ou apyres, dont on trouvera la description, dans les roches : c'est donc improprement que quelques auteurs les ont appellées ardoises : le nom de tuiles leur convenoit autant.

ESPECE CII.

V. Ardoise charbonneuse.

[*Ardesia occurrens carbonarium. Fissilis sine lamellis niger, quoad particulas, tantum cum fissilibus conveniens*, WALL. *Fissilis carbonarius.*]

ON l'appelle ardoise charbonneuse, parce qu'elle se trouve dans les environs des mines de charbon de terre : elle est-très noire, peu dure ; on la peut aisément racler avec un couteau : calcinée à feu nud, elle devient blanche & friable ; à feu couvert, sa couleur noire en est peu altérée : l'on peut alors s'en servir comme de crayon ; elle se vitrifie à un feu violent.

ESPECE CIII.

VI. Pierre à rasoir. Pierre à aiguiser. Cos. Queux.

[*Coticularis , Cos salivaris aut olearia. Fissilis solidus , mollior , lamellis crassioribus, WALL. Fissilis coticularis aut coticula , CARTH.*]

ON appelle pierre à rasoir, ou cos (cos ou queux veut dire rocher , autrement pierre Naxienne) une matiere pierreuse, qui étant d'une consistance tendre au sortir de la carriere, s'endurcit ensuite, à mesure qu'on en fait usage : les particules qui la composent sont si fines & compactes, qu'on a de la peine à les discerner ; elle est lamelleuse, se divise en morceaux épais , mais toujours transversalement par couches ou feuilles dont la couleur est différente & facile à distinguer , tel qu'on le remarque dans toutes les pierres à aiguiser à l'huile, ou à rasoir, qui sont ordinairement composées de deux couches , l'une noirâtre ou d'un gris brun , l'autre jaunâtre ; & toutes deux sont comme collées ensemble, ni l'une ni l'autre ne se dissout aux acides : la couche noire ou grise résiste plus long-tems à un feu violent ; & avant qu'elle jette de l'écume , la jaune est déja réduite en un verre très fluide. Voyez *WALL. obs.* 2, *pag.* 132. On s'en sert pour faire des pierres à aiguiser les outils : il y a des pays où l'on en fait des meules & des tombes, c'est pourquoi on les appelle quelquefois *Lapides oleariæ , aquariæ , salivariæ , molariæ.*

Il y a,

1. La pierre à aiguiser noire. [*Cos salivalis , nigrescens. Coticula nigra , WALL.*]

Elle n'est pas fort compacte, paroît striée dans

ſes fractures, ſe gonfle au feu comme de l'écume, & ſe change en un verre qui ne ſurnage point à l'eau; elle préſente dans le feu à-peu-près tous les mêmes phénomenes que l'ardoiſe.

2. La pierre à aiguiſer griſe. [*Cos ſalivalis ſubalbeſcens. Coticula cinerea*, WALL.]

Elle differe de la précédente par ſa couleur, par la fineſſe du grain & par ſa dureté.

3. La pierre à aiguiſer jaunâtre. [*Cos ſalivalis flaveſcens. Coticula flaveſcens*, WALL.]

Elle eſt très-dure & très-fine; ces pierres ſoutiennent toutes un feu aſſez violent, avant que de s'y vitrifier.

ESPECE CIV.

VII. Ardoiſe groſſiere ou Schiſte.

[*Fiſſilis rudis. Schiſtus inutilis. Fiſſilis ſolidus, duriſſimus, in lamellas non diviſibilis*, WALL. *Fiſſilis durus, rudis, griſeus*, CARTH. *Schiſtus difficulter ſcindendus.*]

C'EST une ardoiſe groſſiere, dure, compacte, qu'on ne peut diviſer par tables, quoiqu'elle paroiſſe feuilletée; elle ſe caſſe néanmoins comme la pierre à fuſil; elle eſt griſâtre & donne dans le feu un verre ſolide & compacte, qui n'eſt que peu ou point du tout poreux: on s'en ſert en quelques endroits pour paver les chemins.

On a,

1. Le Schiſte à feuilles apparentes. [*Fiſſilis rudis, lamellis conſpicuis*, WALL.]

Quoique compoſé de feuilles viſibles & apparentes, cependant il ne ſe diviſe point en feuilles, mais ſe caſſe indéterminément en éclats, comme la pierre à fuſil.

2. Le schiste à feuilles non apparentes. [*Fissilis rudis, lamellis non conspicuis, WALL.*]

On remarque que si les feuilles de cette ardoise ne sont point apparentes, on peut au moins en distinguer les couches; cependant elle ne se divise point suivant les couches: elle se casse en morceaux, comme la précédente.

3. Le schiste à feuilles ondulées. [*Fissilis rudis, lamellis fluctuantibus, WALL.*]

Elle est feuilletée & dure; sa couleur est grise ou foncée: elle se divise en morceaux irréguliers & donne au feu un verre compacte; on la trouve en Finlande & à Obwesel.

4. Le schiste ou l'ardoise en formes de rognons. [*Fissilis rudis reniformis. WALL.*]

Ce sont, à proprement parler, des concrétions schisteuses, à noyau, dont la forme est oblongue; elles se trouvent en Allemagne dans les rochers, dans les mines d'Ilmeneau au comté de Henneberg. Voyez *Henckel. Pyritol. pag.* 358; & *Langius in Ephem. nat. cur. App. Vol. VI, pag.* 136 & 146.

II. ORDRE OU DIVISION.

Pierres calcaires.

[*Lapides calcarei AUCT.*]

CE sont celles qui, par l'action d'un feu violent, se calcinent, & se réduisent en poussiere ou en chaux, & qui, mêlées ensuite avec de l'eau, reprennent une liaison, & sur-tout une dureté nouvelle de pierre, si on y joint du sable. Elles sont seules solubles, comme les terres alcalines, par tous les menstrues acides, qui les attaquent, avec effervefcence, de même qu'ils attaquent les ſels alcalis; à quelques circonſtances près, les produits de toutes les pierres alcalines ſont les mêmes : leur tiſſu eſt ſi peu ſerré, qu'elles ne donnent point d'étincelles, quand on les frape avec l'acier; nous en ferons deux ſous-diviſions.

PREMIERE SOUS-DIVISION.

Pierres calcaires opaques & non cryſtalliſées.

[*Lapides calcarei, opaci, figurâ indeterminati.*]

CE ſont celles que l'on trouve, ou en morceaux, iſolées en pleine campagne, ou formant des maſſes entieres dans les montagnes; qui ne ſont point tranſparentes, ſans figure déterminée, tendres ou dures, propres à faire de la chaux, ou à être ſciées & polies.

GENRE XXI.

Pierre à chaux ou Pierre à ciment.

[*Marmor rude*, LINN. *Calcareus lapis*, WALL. *Marmor fuſaneum*, DIOSC. *Saxum calcareum*, AGRICOL. *Calcareus lapis, rudis, durus, polituram non admittens*, WOLT.]

TOUTES les pierres à chaux ſont en général compoſées de particules peu dures, cependant rudes au toucher, de figures indéterminées, ſe diviſant en morceaux irréguliers; d'une couleur peu agréable, mais variée; le plus ſouvent blanchâtre, jaunâtre ou cendrée, ne pouvant recevoir aucun poli, se décomposant facilement (sur-tout si le grain en est fin) tant à l'air qu'au feu : elles font une effervescence considérable avec l'eau forte & tous les autres acides, même avant que d'avoir été calcinées; elles varient beaucoup par la composition : aussi ont-elles des propriétés très-différentes & peu constantes pour les usages chymiques ou méchaniques.

ESPECE CV.

I. Pierre à chaux compacte.

[*Calcareus compactus, marmor solubile vagum; particulis impalpabilibus, solidis,* LINN. *I. Syst. M. Tess.* (*D. O.*) *Calcareus particulis indistinctis,* WALL. *Calcareus rudiusculus, nitorem assumens, vagus,* CARTH. *Calculus littoralis,* DIOSC. CÆSALP. ENCET. *Calcareus æquabilis.*]

LES parties de cette pierre à chaux sont si compactes & si serrées, qu'on ne peut les discerner à la vue; elle s'éclate aisément; l'épreuve du briquet, de la lime & de l'eau-forte la distinguent de la pierre à fusil : il y en a de plusieurs couleurs & dans lesquelles on ne remarque cependant aucun mélange étranger, c'est-à-dire de particules d'autres pierres & de sable brillant : la chaux qu'elle donne est très-bonne & très-ferme, quoiqu'elle ne soit pas toujours fort blanche.

On a,

1. La pierre à chaux compacte blanchâtre. [*Calcareus æquabilis, colore albo aut griseo,* WALL.]

CETTE espece de pierre à chaux est rarement toute blanche ; elle est communément d'un gris clair ou de fer ; l'un & l'autre se cassent en petits éclats, ou concaves ou convexes, comme la pierre à fusil avec laquelle elles ont beaucoup de ressemblance ; on en trouve en France près de Rouen, à Froso dans le Jemteland, en Upland, dans les campagnes des environs d'Upsal, & en Allemagne près de Bruchsal. Voyez les *Actes de l'académie royale de Suède, Vol. I, pag.* 210.

2. La pierre à chaux compacte rouge. [*Calcareus æquabilis rubens, WALL.* 5.]

Elle contient un peu de terre adamique.

3. La pierre à chaux compacte verte. [*Calcareus æquabilis viridis, WALL.* 6.]

La pierre à chaux de Prague est de cette derniere espece.

4. La pierre à chaux compacte veinée. [*Calcareus æquabilis venosus, WALL.* 8.]

Telle est la pierre à chaux qu'on trouve par couches près de Toplitz en Boheme.

5. La pierre à chaux compacte, brune ou noirâtre. [*Calcareus æquabilis fuscus aut nigrescens, WALL.* 4, 7.]

On lit dans les *Actes de Suède, Vol. I, pag.* 203, qu'on trouve de la pierre à chaux d'un brun foncé dans les mines d'Osmund en Dalécarlie ; elle se vitrifie assez facilement au feu (*a*) en y exhalant une odeur de bitume & d'acide vitriolique qui y sont mêlés & qui ne contribuent pas pour peu à sa fusion.

(*a*) On n'est pas, pour cela, autorisé à dire que la pierre à chaux se vitrifie par elle-même ; car elle ne se vitrifie pas même avec addition : elle n'est qu'interposée entre les molécules des matieres vitrifiées, qui par cette raison, sont toujours laiteuses, nébuleuses, &c. Mais plus il y a de matieres étrangeres & plutôt elles paroissent entrer en fusion.

ESPECE CVI.

II. Pierre à chaux brillante.

[*Calcareus ſcintillans. Marmor radians ſolubile, particulis micantibus arenaceis*, LINN. 5. *Muſ. Teſſ.* 10, 2. *Calcareus particulis ſcintillantibus*, WALL. *Calcareus rudis, micans, nitorem non aſſumens*, CARTH.]

ELLE eſt compoſée de paillettes brillantes & de grains qui reſſemblent à ceux du gypſe (*a*); ces particules ſont arrangées en lignes droites ou irréguliérement : il y entre ſouvent des matieres étrangeres, ſur-tout du *mica*, ce qui varie ſa forme, ſes couleurs & ſa propriété : car cette eſpece de pierre fournit, à cauſe de ſes parties hétérogenes, la plus mauvaiſe chaux.

On a,

1. La pierre à chaux brillante, blanchâtre ou griſâtre. [*Calcareus ſcintillans, griſeo-albeſcens*, WALL. 1, 2.]

2. La pierre à chaux brillante, verdâtre. [*Calcareus ſcintillans, divideſcens*, WALL. 3.]

3. La pierre à chaux brillante, noire. [*Calcareus ſcintillans, niger*. WALL. 4.]

Cette eſpece ſe rencontre communément dans les mines de fer & dans d'autres endroits : Wallerius dit qu'on l'appelle ſouvent, mais mal-à-propos, *Horn-ſtein*, pierre de corne.

(*a*) L'arrangement de cette pierre à chaux dans ſa carriere, joint à ſa compoſition, font ſoupçonner qu'elle n'eſt pas une pierre primitive : on ſeroit tenté de croire qu'elle ſeroit plutôt produite par des pierres ou des ſubſtances qui ont été altérées, décompoſées & comme détruites, ſur-tout celles dans leſquelles on remarque communément un grand nombre de pétrifications conſervées dans des états différens.

4. La pierre à chaux brillante, panachée. [*Calcareus scintillans, variegatus*, WALL 5.]

C'eſt cette eſpece de chaux, qui, quand elle eſt un peu dure, eſt miſe mal-à-propos dans les marbres : elle eſt quelquefois ondulée *Undulatus*, ou par couches de pluſieurs couleurs, *Polyzonites*; mais elle eſt toujours brillante.

ESPECE CVII.

III. Pierre à chaux inégale ou raboteuſe.

[*Calcareus æquabilis. Marmor; Calx ſolubile, particulis micantibus granulatis*, LINN. 6. (*Muſ. Teſſ.* 103.) *Calcareus particulis diſperſis*, WALL. *Calcareus rudis, nitorem non aſſumens*, CARTH.]

ON reconnoît cette eſpece de chaux, à ſes parties viſiblement groſſieres & ſemblables à du petit gravier ſpathique, ou remplies de particules de gypſe : elle renferme ſouvent des matieres étrangeres & par couches, que l'on ſépare lorſqu'on en veut faire uſage : ſa couleur varie, ainſi que les matieres qui la compoſent; elle eſt ou blanche ou griſe : quelquefois elle eſt verdâtre, tantôt ondulée, & tantôt par couches *polyſonites*. Quoi qu'il en ſoit, elle fournit la chaux la plus blanche & la plus dure, & eſt regardée comme la meilleure caſtine calcaire, propre au traitement de certaines mines, parce qu'elle abſorbe le ſoufre qui les minéraliſoit : c'eſt l'eſpece la plus commune; elle eſt par lits horizontaux, & ſouvent elle forme des montagnes entieres.

I. OBSERVATION. Toutes les pierres à bâtir des environs de Paris & de preſque toute la France, ſont calcaires. Nous nous conformerions volontiers au langage des ouvriers, s'il étoit conſtant ; mais comme il change d'une carriere à l'autre, même dans ce que l'on appelle vulgairement les pierres de taille,

GENRE XXII.

Le Marbre.

[*Marmor* AUCTOR. *Marmor nitidum* LINN. *Marmor compactum, durum, polituram admittens,* WOLT. *Calcareus subtilis, nitorem assumens, eleganter coloratus,* CARTH.]

LE marbre est une pierre calcaire qui, dans le

tels que le moilon, la lambourde, &c. nous nous contentons de dire ici, que toutes ces sortes de pierres se trouvent en lits horizontaux jusqu'à cent pieds de profondeur ; qu'elles sont, ainsi que les marbres & toutes les pierres calcaires, composées ou formées de coquilles dans un état de décomposition plus ou moins avancé : elles sont ou dures comme la pierre de liais ou tendres comme celle de Saint Leu, dite lambourde, ou très-friable, grossiere, & jaunâtre comme le moilon, &c.

II. OBSERV. Nous avons dit que toutes les pierres calcaires produisoient de la chaux ; cette matiere est trop utile dans l'architecture, l'agriculture, la chymie, la médecine, les arts & les métiers, pour omettre ici le procédé de leur calcination.

Il est bon que les pierres dont on veut faire de la chaux, soient pures & qu'elles demeurent auparavant quelque tems exposées à l'air ; quelles qu'en soient les raisons, qui ne sont pas encore bien connues, pour procéder à leur calcination, on choisit les pierres calcaires les plus dures, qu'on range en demi-cercle dans un four à chaux construit exprès : l'on commence d'abord par leur donner un bon feu de bois qu'on augmente par degrés, ayant soin que la flamme ne diminue jamais, ce qu'on continue jusqu'à ce que la pierre soit tout-à-fait calcinée ; il est si essentiel aux ouvriers d'entretenir ce dernier feu dans une chaleur égale, que pour peu que la violence de la flamme fût ralentie de quelques instans, avant la fin de l'opération, ils ne pourroient jamais réduire ces pierres en chaux, quelque degré de feu qu'ils employassent après : l'opération étant finie, la pierre prend le nom de *Chaux vive* ; elle est en morceaux blanchâtres, grisâtres, dure, quoique cassante, caustique & brûlante à la langue, se détruit facilement à l'air ; elle se nomme en latin, *præparatum terreum, album aut griseum, de lapide calcareo, igne exusto, Calx,* WALL.

Pour qu'il résulte de cette chaux un bon ciment, on doit l'éteindre dès que sa calcination a été achevée, ou au moins avant que l'air ait eu le tems de la décomposer : on verse peu-à-peu une certaine quantité d'eau sur la chaux nouvellement calci-

feu, à l'air, & dans les acides, produit les mêmes effets que la pierre à chaux ; mais il en differe par ses particules fines, unies, douces, cependant plus dures & plus compactes ; propriétés qui rendent ses différentes couleurs vives, pures & brillantes, à cause du poli dont elles sont susceptibles. Le marbre se divise en morceaux de figure indéterminée : il se durcit après qu'il est sorti de sa carriere ; mais cela ne l'empêche point de se détruire à l'air, plutôt que d'autres pierres, quand il y reste exposé pendant un certain temps (*a*). Vallerius dit que les marbres ne sont pas tous également durs, ni également compactes ; les uns sont faciles à tailler & à travailler au tour ; d'autres sont trop durs pour être dégrossis & polis par cette opération : il y en

née ; il se fait aussi-tôt un fort bouillonnement accompagné d'une grande chaleur : la chaux se délite peu-à-peu, devient moins compacte, tombe en farine ; l'on ne cesse d'y ajoûter de l'eau froide, que quand le mélange forme une espece de bouillie, ce qui se reconnoît par la cessation du bouillonnement. L'on est obligé d'ajoûter ou de remuer le mélange, afin de dégrossir les masses, de noyer également les parties de chaux : cette préparation prend ici le nom de chaux fusée ou chaux éteinte, *Calx extincta*, laquelle unie à du sable, prend la solidité & la texture d'une espece de pierre de taille. Si on la noye de beaucoup d'eau, il surnage bientôt une espece de crême saline & phosphorique & qui a ses propriétés en médecine.

Quand la chaux est éteinte, il faut la laisser reposer pendant un certain tems, avant que d'en faire usage, afin qu'elle s'éteigne également dans toutes ses parties, ensuite la couvrir de terre pour la préserver de l'action de l'air ; celle qui est conservée en cet état, devient meilleure pour certains usages auxquels on la destine : l'on prétend même que le secret de l'excellence du ciment des anciens Romains ne consistoit que dans l'emploi de cette chaux, long-tems éteinte auparavant qu'on en fît usage : un tel ciment se durcit plutôt, devient plus sec & plus ferme que celui qui est fait avec la chaux nouvellement fusée ; mais en revanche, ce dernier convient mieux pour les édifices que l'on construit dans l'eau.

(*a*) La maniere d'exploiter les carrieres de marbre, quand on est sûr de leur dernier degré de perfection, est une science que nous tenons des Phéniciens ou des Grecs ; on suit le filon de la carriere, & à l'aide de la poudre & du levier, on vient à bout de diviser les masses ; ensuite on les scie, on les taille avec l'acier, & on les polit avec le sable, la ponce, &c.

a qui sont aigres, se cassent, & s'égrainent aisément lorsqu'on les travaille, parce qu'ils contiennent peu de matieres nécessaires à leur liaison; on les appelle *marmora granulata*; d'autres enfin sont médiocrement durs & peuvent être employés avec succès à toutes sortes d'ouvrages, on les appelle *marmora nobiliora* : tout dépend, 1° dans les matieres constituantes qui produisent le marbre & qu'on soupçonne être des terres du genre des marnes; 2° dans les parties sulfureuses, bitumineuses & métalliques, qui contribuent à la liaison, à l'union, à l'éclat & aux belles couleurs qu'on y remarque. Voyez *WALLER. obs.* 3, *p.* 97. & *BAGLIVI dans son Traité de la végétation des pierres, pour la reproduction du marbre.*

Plusieurs auteurs ont décrit une infinité de diverses especes de marbres, qui different entr'elles par leur dureté, leur éclat, leurs couleurs, leurs taches & leur grandeur, ainsi que par les lieux qui les produisent. Voyez M. *D'ARGENVILLE, Lithologie, p.* 55 *&* 188. Mais on pourra toutefois les réduire à celles qui suivent :

ESPECE CVIII.

I. Marbre d'un seule couleur.

[*Marmor unicolor*, *AUCT. Marmor solubile particulis impalpabilibus rasilibus*, *LINN.* 8.]

CE sont tous les marbres qui n'ont qu'une seule couleur, quoique de différentes teintes.

On a,

1. Le marbre blanc. [*Marmor unicolor album*, *WALL. Marmor colore albo. WOLT. Marmor parium*, *CARTH. Lapis parius*, *Lapides LYGDINI*, *PLINII. Lychites.*]

Tels sont les marbres blancs de Saligno, de Carare, de Padoue, de Genes & de Bayonne; ceux du mont *Caputo*, proche Palerme, & que l'on appelle *il marmo corallino*, l'*Imboscate* du mont Sinaï, ceux de Paros & d'Antiparos ou de Gréce, qui sont demi-transparens, d'un grain remarquable, & qui ne prennent gueres un poli vif & resplendissant : Pline dit qu'on appelloit autrefois le marbre blanc demi-transparent, *Phengites* ou *Tassus;* on donnoit à celui qui n'étoit point transparent, des noms pris des endroits d'où on le tiroit : on l'appelloit *Lapis. corallíticus*, *Lapis arabicus*, *Chernites*, *&c.* Cet usage s'est perpétué jusqu'aux ouvriers de nos jours. Le marbre blanc est après le noir, le plus leger de tous : il est très-propre à la sculpture, parce qu'il est très-plein; mais il jaunit, si on l'expose long-tems au soleil, de même que quand on l'arrose d'un acide.

2. Le marbre gris. [*Marmor palumbinum. Marmor unicolor Venetum*, WALL. *Marmor cinereum*, CARTH.]

Sa couleur est tantôt d'un gris clair, tantôt d'un gris plus foncé : il s'en trouve près de Hildesheim, dont la couleur est plus foncée & qui ressemble à de la corne altérée par le feu. Voyez KENTMANN. *in Nomenclat. rer. foss.* Mais le plus beau marbre gris est celui qui nous vient de Lesbos ou Metelin, isle de l'Archipel; Pline, & Mercator dans son Atalante, en parlent.

3. Le marbre jaune. [*Marmor unicolor flavum*, WALL. *Marmor flavum*, CARTH. *Marmor seravitianum*, CÆSALPINI. *Phengites* AGRICOLÆ. *Numidicum.*]

Malgré la couleur jaune de ce marbre, on ne laisse pas que d'en obtenir, dans le feu, une chaux blanche.

4. Le marbre rouge. [*Marmor unicolor rubrum*, *WALL. Rufum IMPERATI. Marmor rubrum Ratisbonense*, *KENTMANN.*]

Nous n'entendons décrire ici que les vrais marbres & non pas indistinctement toutes les pierres rouges opaques dont parlent la plûpart des auteurs. Les carrieres des plus beaux marbres rouges, de même que celles des jaunes vifs, sont près du célebre monastere de S. Antoine, dans le désert de la Thébaïde, au pied occidental du mont Golzim dans la plaine d'Araba, à huit lieues de la mer Rouge.

5. Le marbre d'un brun foncé. [*Marmor fulvum*, *Marmor unicolor lividum*, *WALL. Marmor lividum Numidicum.*]

Il est d'une couleur fort triste.

6. Le marbre verd. [*Marmor unicolor viride*, *WALL. Marmor colorem viridem habens CARTH. Verdello CÆSALPIN. Italiæ.*]

Ce marbre, d'une seule couleur, est fort rare à rencontrer.

7. Le marbre noir. [*Lapis pseudo-lydius. Marmor unicolor nigrum*, *WALL. Marmor colore nigro*, *Basaltes*, *WOLT. Marmor nigrum*, *CARTH. Marmor tæniarum. Marmor Luculleum. Lapis lydius nonnullorum.*]

La couleur noire de ce marbre vient d'une matiere bitumineuse, semblable à celle du jayet : c'est elle qui cause la mauvaise odeur qui exhale de ces pierres lorsqu'on les frote : les marbriers appellent ce marbre *Teusébe* ou *Tusébe*; c'est à tort qu'on l'appelle pierre de touche : l'odeur de celle-ci est bien moins forte ; & d'ailleurs, le marbre noir est trop dur pour servir à tel usage : cependant il est le plus leger de tous les marbres ; & quoique dur & compacte, il se polit très-facilement.

Le plus beau marbre noir ſe trouve au fond de l'Egypte ſupérieure, près du Nil, entre les premieres cataractes & le nord de la ville d'Aſſouan, jadis *Syené*. Il y a encore pluſieurs autres marbres noirs & qui ſont très-beaux, tels que le Dinant, le Namur, le Barbançon, le S. Pons, la Bréche de Sauveterre, le marbre de Laval & le Port-or: on ſe ſert de celui de Dinant ou de Namur pour faire des carreaux.

ESPECE CIX.

II. Marbre panaché ou mêlangé.

[*Marmor variegatum*, WALL. *Marmor maculoſum*, AGRICOL. *Marmor coloribus mixtis, variegatum*, WOLT. *Marmor album, flavum, &c. maculis varii coloris notatum*, CARTH.]

CE marbre, indépendamment des couleurs qui ſe trouvent dans les précédentes, eſt varié par des taches différentes, tel qu'on le remarque dans le rouge, le jaune & le verd antiques; la brocatelle, le cerf-fontaine, le ſeracolin & quantité d'autres.

On a,

1. Le marbre panaché, blanc. [*Marmor variegatum album*, WALL. *Marmor candidum maculis vel venis diſtinctum*, AGRICOL.]

C'eſt un marbre orné de taches ou de veines griſes ſur un fond blanc.

2. Le marbre panaché gris. [*Marmor variegatum Venetum*, WALL. *Marmor marmiridicum. Marmor variegatum Numidicum.*]

Ce ſont des veines ou taches blanches, jaunes, d'un rouge changeant & d'autres couleurs, ſur un fond gris. Wallerius dit que le *marmor marmiridicum* a des taches noires ; celui de Numidie en a de jaunes.

3. Le marbre panaché jaune, ou brocatelle. [*Marmor variegatum flavum*, WALL. *Marmor porta sancta.*]

Ce marbre jaune porte le nom de *porta-sancta*, ou de brocatelle d'Espagne : on le trouve du côté de l'Andalousie ; sa couleur est un fond jaune vif, dans lequel on distingue quelquefois des taches rouges ou veines blanches crystallisées : ce marbre prend un beau poli, il est facile à travailler. Le mot de brocatelle vient de l'italien *brocatello*, qui veut dire brocard ou drap d'or.

4. Le marbre panaché rouge. [*Marmor variegatum rubrum*, WALL.]

Il est rempli de taches ou veines blanches, jaunes, noires, &c. sur un fond rouge. Voyez BRUCKMANN, *Epist. itiner.* 24. KENTMANN: *Nomenclat.*]

5. Le marbre panaché, brun. [*Marmor variegatum lividum*, WALL. *Marmor Lesbium.*]

Il a des veines ou taches rouges, grises, noires, &c. sur un fond brun. Voyez BRUCMANN. *L. C.*

6. Le marbre panaché, verd. [*Marmor variegatum viride*, WALL. *Marmor Lacædemonium. Marmor Augustum. Marmor laconicum. Marmor Tiberium. Thysites. Aconis.*]

On y remarque des taches & des veines de différentes couleurs, distribuées sur un fond verd : Wallerius dit que celui qu'on tire des marbrieres d'Ostergyllen est parsemé de veines ou taches blanches, grises & jaunes.

7. Le marbre panaché, noir. [*Marmor variegatum nigrum*, WALL. *Marmor Africanum.*

Marmor carriarense nigrum. Parragone, CÆSALP.]

Ce sont des taches blanches ou veines jaunes, rouges, &c. distribuées sur un fond noir (*a*) : on en faisoit autrefois de belles colonnes ; les Italiens l'appellent *il marmo Africano.*

8. Le marbre strié ou coloré par bandes. [*Marmor striatum polyzonias. Marmor variegatum stratosum.* WALL. *Marmor coloribus alternis striatum*, WOLT. *Marmor album, flavum, &c. zonis seu striis variè coloratis distinctum*, CARTH.]

Ce marbre est un assemblage de zones ou de couches de différentes couleurs arrangées les unes sur les autres, & entre-mêlées pour l'ordinaire d'une substance vitrifiable, de la nature du silex ou du quartz, &c.

ESPECE CX.

III. Marbre figuré.

[*Marmor picturæ rudimentis ornatum*, WALL. *Marmor figuris plantarum, montium, pictum, &c.* CARTH.]

C'EST le marbre sur lequel l'on remarque toutes sortes de figures ; sa couleur est, ou jaunâtre, ou verdâtre.

On a,

1. Le marbre figuré de Florence. [*Marmor figuratum Florentinum*, WALL.]

On croit y voir l'esquisse de villes, de tours, de mazures, de montagnes sous un aspect d'antiquités, de débris, ou de lointains. On le trouve près de Florence.

(*a*) Wallerius dit que dans le marbre d'Afrique, qui est blanc & noir, il n'y a que les taches noires qui se vitrifient au feu, tandis que les taches blanches s'y convertissent en chaux ; & il ajoûte que si nos pierres marbrées étoient assez dures pour prendre le poli, elles ne seroient point inférieures au marbre d'Afrique.

2. Le

2. Le marbre figuré de Hesse. [*Marmor figuratum Hassiacum.* WALL.]

On y voit des arbres, des buissons, &c. aussi distinctement que si ces objets y avoient été peints. Voyez SCHEUCHZER.

ESPECE CXI.

IV. Le marbre rempli de coquilles.

[*Marmor conchaceum.*]

C'EST celui que les Italiens appellent *il marmor lumachella* : il est mêlé de taches noires & grisâtres, dans lesquelles on remarque une prodigieuse quantité de coquilles de limaçon ; on remarque aussi des coquilles, mais en petite quantité, dans les marbres panachés en rouge, quelquefois des belemnites, des entroquès, des orthocératites & beaucoup de madrepores.

II. SOUS-DIVISION.

Pierres calcaires crystallisées, & transparentes.

[*Lapides calcarei, crystallisati & lucidi.*]

ON donne ce nom à des substances calcaires qui ont été accidentellement désunies ou décomposées de corps déja formés & appartenans au régne minéral, & qui, par le véhicule de l'eau, se sont ensuite réunies ou rassemblées pour constituer un nouveau corps crystallisé dans des endroits particuliers, ou qui, selon les différens accidens, y ont pris la consistance d'une pierre dont le tissu & la forme singuliere les ont totalement déguisées & les font quelquefois paroître comme étrangeres au régne minéral : on peut consulter à ce sujet les ouvrages des lithographes.

Voici les genres, les eſpeces & les variétés de cette ſous-diviſion.

GENRE XXIII.

III. Spath ou Spar (a).

[*Spathum* AUCT. *Spar Anglorum. Spathum alcalinum*, WOLT. *Glarea*, BRUCKMANN. *Marmor metallicum. Selenites.*

LES particules en ſont compoſées, pour la plûpart, de pyramides & de parallélépipedes oblongs dont les ſurfaces ou côtés ſont toujours unis & brillans; leur couleur eſt blanche : les ſpaths ſe rompent en morceaux, qui gardent préciſément leur forme & la même figure juſques dans la portion la plus petite de leurs fractures; ils ſe diviſent très-communément en fragmens rhomboïdaux, varient de dureté & de peſanteur ſpécifique, pétillent dans le feu, & ſe réduiſent alors en pouſſiere ſous les doigts : cette poudre n'attire point l'humidité de l'air, & ne s'échauffe pas auſſi promptement & vivement que la vraie pierre de chaux.

Les ſpaths ne ſe diſſolvent point dans l'eau, mais font une efferveſcence des plus conſidérables avec les acides; propriété qu'ils conſervent quelquefois même après leur calcination : ils produiſent d'ailleurs les mêmes effets que la pierre calcaire; ils ſont ſuſceptibles du poli; mais quoique plus durs que les gypſes, on n'en peut former aucu-

(a) Le mot *ſpath* eſt aſſez générique, puiſque les auteurs en ont décrit de pluſieurs genres & eſpeces, ſous différentes formes, couleurs & propriétés; 1° le ſpath calcaire; 2° le ſpath gypſeux; 3° le ſpath fuſible : on ne parlera ici, que du ſpath calcaire, nommé ſimplement ſpath.

nes figures avec le ciseau, parce qu'ils éclatent trop. [*Spathum alcalinum, figurâ variâ, colore albo, fragmentis rhomboïdalibus diaphanis, spatho vitrescente mollior gypseo, durior,* WOLT.]

Les spaths sont ou tendres ou durs; ces derniers sont toujours sous la forme de crystallisation dans les creux souterreins: V. *Henckel, de lap. orig. p.* 68 *à* 93; *& pag.* 355, &c. Ceux qui sont tendres sont communément l'indice & la matrice de la plûpart des substances riches en métaux. Wallerius tâche de prouver par des expériences chymiques, ainsi que Henckel dans son Traité *de lapid. orig.* que le spath est de la nature des pierres, en ce que sa formation & celle de ses crystaux ne doit son existence qu'à l'eau & à une substance alcaline, semblable au sel marin, qui se sont rencontrées dans le sein de la terre.

ESPECE CXII.

I. Spath cubique ou rhomboïdal.

[*Spathum tessulare. Spathum rhomboïdale opacum,* WALL. *Marmor metallicum.*]

CE spath se divise communément en cubes, dont les angles sont aigus; il est vitreux dans ses fractures, très-compact, fort pesant & toujours opaque. Il y en a de blanc, de gris, de brun, de jaune, de rouge, de verd, de noirâtre: on appelle celui qui est blanc, *spathum tessulare album*, & ainsi des autres couleurs. On trouve presque toutes ces variétés de spath cubique dans les mines de Salberg: on a remarqué que c'est l'espece de spath, qui fait le moins d'effervescence avec les acides, & qui, étant calciné, acquiert le mieux la propriété de reluire dans l'obscurité.

ESPECE CXIII.

II. Spath feuilleté.

[*Spathum lamellatum. Spathum fissile*, LINN. I. *Spathum lamellosum molle*, WALL. *Spathum lamellatum, lamellis supernè dehiscentibus*, WOLT.]

On l'appelle ainsi, parce qu'il se divise en lames ou feuilles minces : il est tendre, s'égratigne facilement avec l'ongle, pétille au feu, se casse d'abord par fragmens, & souvent s'y vitrifie, pour peu qu'il soit coloré en rouge brun : il est rarement pur; souvent il accompagne la mine d'argent vitreux : on le rencontre près des mines de Kungsberg en Norwege, &c.

ESPECE CXIV.

III. Spath grainelée ou Spar sablonneux.

[*Spathum arenaceum. Spathum particulis dispersis irregularibus*, WALL.]

LES particules de ce spath sont arrangées si irréguliérement, qu'on ne peut distinguer la forme de leurs cubes, qui sont tantôt grands, tantôt petits & de différentes couleurs : il y en a de blanc, de gris, de rouge, &c. On nomme celui dont la couleur est blanche, *spathum arenaceum album*, & ainsi des autres. Cette espece de sable pourroit bien être l'origine du sable spathique, dont nous avons parlé, *pag.* 96, *Esp.* 60 : on le trouve en plusieurs endroits, entr'autres, dans les mines de fer de Jœrngrufvor.

ESPECE CXV.

IV. Spath transparent.

[*Spathum pellucidum. Spathum pellucidum objectis*

ſimplicibus, LINN. 3. *Spathum pellucidum, molle*, WALL. *Androdamas* PLINII, SCHEUCHZERI.]

CE ſpath affecte de prendre une forme cubique, cependant un peu rhomboïdale; il eſt tendre, entiérement tranſparent, mais moins feuilleté que le cryſtal ſpathique d'Iſlande.

On a,

1. Le ſpath (*a*) tranſparent blanc. [*Spathum pellucidum album*, WALL.]

Il s'en trouve en Ruſſie, dans l'iſle des Ours, près d'Archangel: on en rencontre auſſi près de Tonnerre en Bourgogne. En voici quelques autres variétés qui appartiendront à l'eſpece dont nous parlons, lorſqu'ils ne rendront pas les objets doubles, & qu'ils ne ſeront pas grouppés pluſieurs enſemble.

2. Le ſpath tranſparent jaunâtre. [*Spathum pellucidum flaveſcens*, WALL. *Androdamas flaveſcentis coloris*, SCHEUCHZERI.]

3. Le ſpath tranſparent d'un jaune de ſafran. [*Spathum pellucidum croceum*, WALL. *Androdamas rubelli coloris*, SCHEUCHZ.

4. Le ſpath tranſparent veiné. [*Spathum pellucidum venoſum*, WALL.]

5. Le ſpath tranſparent verd. [*Spathum pellucidum viride*, WALL. *Androdamas ſmaragdinus*, SCHEUCHZ. *Oryctogr. Helvet. pag.* 148, *L. C.*]

6. Le ſpath tranſparent noirâtre. [*Spathum pel-*

(*a*) OBSERVATION. A l'égard des ſpaths colorés, on conçoit aiſément que leur tiſſu feuilleté donne facilement entrée aux vapeurs métalliques. Toutes les collections de mine prouvent la diſpoſition que ces pierres ont à ſe charger de parties de métal. On lit, dans les *Acta nat. cur. t. 1, p.* 244, une obſervation de M. Frankenau ſur un morceau de cryſtal d'Iſlande, appartenant à M. Herford, lequel eſt devenu violet par le ſeul contact d'une mine d'améthyſte de Norwege, à côté de laquelle on l'avoit placé.

lucidum nigricans, WALL. *Androdamas nigricans* SCHEUCHZ. *Ibid.*

ESPECE CXVI.

V. Cryſtal ſpathique d'Iſlande ; ou Cryſtal équilatéral.

[*Spathum cubicum Iſlandicum. Spathum compactum ſubfiſſile, pellucidum objecta duplicans*, LINN. 2. *Spathum dilucidum, objecta duplicans*, WALL. *Spathum amorphum pellucidum*, WOLTERSD. *Cryſtallus Iſlandica. Rhombites* AGRICOLÆ. *Androdamas* PLINII & SCHEUCHZ. *Talcum* DE LA HIRE. *Selenites rhomboïdalis.*]

CE ſpath a des propriétés qui lui ſont particulieres ; il eſt clair, tranſparent & rhomboïdal : il eſt le ſeul qui faſſe paroître doubles tous les objets qu'on voit au travers. Calciné dans un creuſet, il devient très-feuilleté, pétille, ſe diviſe en rhomboïdes, répand une odeur ſulfureuſe très-forte, & acquiert pour lors la propriété de luire dans l'obſcurité.

ESPECE CXVII.

VI. Spath cryſtaliſé en grouppes.

[*Druſa ſpathica. Druſa ſelenitica. Spathum cryſtalliſatum*, WALL.]

CE ſont des cryſtaux de ſpath, qui ont pris différentes figures. Quand pluſieurs de ces différens cryſtaux ſe ſont grouppés enſemble ſur une même baſe, on les nomme, en allemand, *ſpath-druſen*, grouppes de ſpath : ces cryſtaux ont des angles plus ou moins droits & aigus, tranſparens, polygones, mais communément sans pointes ; ce qui, indépendamment des propriétés particulieres à ce genre de pierres, les distingue aisément du crystal de roche. Nous parlerons ici, de la plûpart de ceux que M. Wallerius a décrits, qui se trouvent figurés à la fin de sa Minéralogie.

On a,

1. Le spath crystallisé, transparent, polygone. [*Spathum crystallisatum, pellucidum, polygonum. WALL.*]

Il n'a pas une grande dureté ; sa crystallisation est irréguliere.

2. Le spath crystallisé en cubes. [*Spathum crystallisatum cubicum, WALL.*

Les angles de ces sortes de spath sont ou simples & droits, ou doubles & aigus. Voyez *WALL. Planch.* 1, *Fig.* 2 & 3. On en trouve à Rothendal en Dalécarlie, & dans le Dauphiné en France.

3. Le spath crystallisé hexagone. [*Spathum crystallisatum exangulare, WALL. Nitrum spathosum, LINN.* 4. *C.*

On en trouve aux environs de Tonnerre en Bourgogne, & notamment à Dannemore en Upland ; on y nomme ces crystaux, *dents de cochons*, à cause de leur ressemblance commune : quelquefois ces crystaux sont pointus & fendus par le bout, ou pointus par les deux extrémités. Voyez *WALL. Fig.* 4. *A. B. C.* On en trouve aussi d'heptagones, dans les Pyrénées.

4. Le spath crystallisé en prismes hexagones. [*Spathum crystallisatum, prismaticum, exangulare, WALL. Nitrum spathosum, LINN.* 4. 9.]

Ce spath est sans pointe ; au moins, on le trouve en crystaux toujours cassés obliquement & plus ou moins réguliers. Voyez *ibid. Fig.* 5. Quelquefois ces ſortes de ſpaths ſont tronqués (*Truncatum* ;) tels que les *ſpath-druſen* de la Dalécarlie, qui ſont preſque tous de cette eſpece : on y reconnoît cette figure ; quand on vient à en caſſer un morceau. Voyez *ibid. Fig.* 6.

5. Le ſpath cryſtalliſé en pyramides octaëdres. [*Spathum cryſtalliſatum, pyramidale, octaëdrum*, WALL. *Fluor ſeleniticus octaëdrus*, SCHEUCHZ. *Itin. Alp. pag.* 155.]

On ne la rencontre pas communément.

6. Le ſpath cryſtalliſé en pyramides endécaëdres. [*Spathum cryſtalliſatum pyramidale endecaëdrum*, WALL. *Fluor ſeleniticus endecaëdrus*, SCHEUCHZ. *ibid.*]

On peut voir, dans Wallerius, *Fig.* 7, la repréſentation de ces pyramides, à huit & à neuf côtés.

7. Le ſpath cryſtalliſé en priſmes tétradecaëdres. [*Spathum cryſtalliſatum tetradecaëdrum*, WALL.

Nous avons trouvé de ces ſortes de ſpaths en cryſtaux, grouppés & détachés, dans les mines du Hartz, dans celles de Sainte-Marie. Les ſpaths tétraëdres y ſont quelquefois de figure cubique (*Figuræ teſſularis*,) ou feuilletée & par faiſceaux, (*Lamelloſum & faſciculatùm*, WALL. 9 & 10.) On voit encore pluſieurs ſortes de ſpaths, dont la cryſtalliſation eſt ſinguliere ; ſçavoir,

8. Le ſpath cryſtalliſé, feuilleté, repréſentant la moitié d'un octogone ou d'un hexagone. [*Spathum cryſtalliſatum, lamelloſum figurâ dimidiam partem octogoni vel hexagoni repræſentans*, WALL.]

Cette forme n'eſt jamais réguliere ; on s'apperçoit aiſément que c'eſt un ſpath, dont la cryſtalliſation a été dérangée.

9. Le ſpath cryſtalliſé en roſes ou en crête de

coq. [*Spathum criſtam galli referens. Spathum cryſtalliſatum, lamelloſum, lamellis craſſis & diſtinctis in peripheriâ, ſed in centro concretis, inſtar p[illegible] tallorum florum. Spathi roſæ cryſtallinæ, echinorum inſtar*, IMPERATI.]

On en trouve dans la carriere de Meudon, près Paris, & à Montmirel en Champagne.

10. Le ſpath, dont les cryſtaux ſont réguliérement inclinés. [*Spathum cryſtalliſatum, cryſtallis ordinatim decumbentibus*, WALLER.]

On le rencontre dans les filons des montagnes, aux endroits où ils font angles.

11. Le ſpath en filets ou en colonnes. [*Spathum filamentoſum aut columnare.*]

Ce ſpath n'eſt pas abſolument rare; il imite quelquefois l'amyante, tant il eſt fibreux (*Fibroſum ;*) quelquefois il eſt en petites particules fort unies & liſſes, rarement graveleuſes, appliquées les unes auprès des autres, d'une couleur tantôt blanche, & tantôt griſe, ſemblable à l'asbeſte. On en rencontre près de Soleure en Suiſſe & dans le Vivarais, entre Saint-Juſt & le Pont du Saint-Eſprit, près du torrent de l'Ardêche, & près de Montmirel.

Il y a encore d'autres ſpaths qui ne varient entr'eux que par des accidens [*quoad accidentia ;*] mais on peut les rapporter à ceux qui viennent d'être décrits : ceux qui ſont en grappes, en cylindre, en globules, &c. ſont des concrétions qui appartiennent aux ſtalactites ſpatheuſes, dont nous parlerons dans le genre ſuivant.

M. Lehmann, *Vol. III, pag.* 41, parle d'un ſpath en boules de la groſſeur de la tête, & qui eſt des plus rares, qu'on trouve à peu de diſtance de Laublingen : ce ſpath eſt hériſſée de pointes à l'extérieur ; ſi on le caſſe, ces pointes forment des pyramides, dont la baſe eſt à la circonférence ; il a d'ailleurs toutes les propriétés des ſpaths.

GENRE XXIV.

IV. Concrétions calcaires cryſtalliſées, ou Pierres formées dans l'eau.

[*Lapis aqueus. Concreta, indurata, pori aquei*, WALL. *Calcareus ex aquâ generatus*, CARTH. *Undulagines* KUNDMANNI.]

ELLES ſont compoſées de ſubſtances pierreuſes ou terreuſes, qui ſe ſont formées dans l'eau, ou qui ont été charriées par ce fluide, dans des cavités ſouterreines, y ont pris de la liaiſon, & s'y ſont durcies ſous différentes figures : ces concrétions ſont ou compactes, ſolides, & d'une ſurface continue, tels que les albâtres, les ſtalactites ; ou friables & poreuſes, telles que les incruſtations : elles ſont ou calcaires ou gypſeuſes, ou vitrifiables ; mais nous ne parlerons que de celles dont la nature eſt homogene aux pierres de ce genre (*a*).

(*a*) Ces concrétions ſe forment par des progrès plus ou moins ſenſibles ; ce ſont des gouttes d'eau qui, par leur infiltration au travers des terres ou pierres tendres, ſe ſont chargées de molécules pierreuſes, (ſans pour cela que leur entiere tranſparence en ſoit altérée,) & qui enſuite ont été chariées avec une rapidité relative à leur peſanteur ſpécifique & à la pente du ſol, dans des canaux pratiqués par la nature entre des rochers & des ſouterreins, &c. L'eau en gouttes eſt le véhicule de ces parties pierreuſes ; elle s'en ſépare facilement par l'évaporation : les corps pierreux s'attachent intimement, & toujours par *juxta-poſition* aux voûtes des grottes, quelquefois aux parois des galeries de mines ; tantôt elles s'adoſſent contre la pente d'une montagne ou d'une carriere dont le ſol eſt plus ou moins expoſé à l'air libre, ou enfin le ſuc pierreux (ſi on peut parler ainſi), s'attache, & incruſte des corps ſolides, prend de la conſiſtance, différentes formes & couleurs ; car l'on peut trouver des ſtalactites & des concrétions de la nature de tous les corps que l'eau peut ou diſſoudre, ou charrier avec un lien propre à les unir enſemble.

C'eſt peut-être moins à la nature du ſuc pierreux, que nous devons la bizarrerie & la variété des figures qu'on remarque dans

ESPECE CXVIII.

I. Stalactites.

[*Stalactites. Stiria lapidea, ſtiria foſſilis. Porus aqueus ſtillatitius, in aëre ſubſtillicidio concretus, pendulus,* WALL. *Stalacticon. Stalagmon* (a).]

ON nomme ſtalactite des eſpeces de cryſtalliſations, qui ont la forme de quilles plus ou moins cylindriques, terminées en pointes, & larges en leur baſe, par laquelle elles ſont attachées au rocher. On préſume que ce ſont des eaux pierreuſes intercalaires qui, après leur infiltration, ont eu le temps de produire une cryſtalliſation de figure ſymmétrique : ces ſtalactites ſont ordinairement compoſées de couches tantôt excentriques, & tantôt concentriques : leur dureté & le progrès de leur accrétion, tout paroît aſſez dû au hazard. Lorſque les ſtalactites ont pris, dans leur total, une figure conique réguliere, alors on les nomme *ſtalactites conicus:* ſi cette même ſtalactite a la configuration du ſpath, on la nomme *ſpathum ſtalactiticum*, leurs propriétés étant ſouvent les mêmes. Les ſtalactites ont, en général, leur tiſſu plus ou moins blanc, fin & ſerré; elles s'allongent par la même raiſon qu'elles groſſiſſent à-peu-près comme les glaçons qui pendent des toits en hiver : leur commencement eſt gros comme un tuyau de plume; la goutte d'eau en eſt la meſure : elles ſont alors percées dans leur milieu; mais elles s'obſtruent bientôt, ou du

les concrétions connues ſous le nom de *ſtalactite*, de *ſtalagmite*, de *congellation* ou d'*albâtre*, de *réſidu*, d'*incruſtation*, &c. qu'à la différence des milieux, dans leſquels ces ſucs pierreux ſe ſont congélés ou cryſtalliſés, ainſi qu'à la rapidité de l'eau, à ſa fréquence & à ſa continuité.

(a) Les Grecs & les Latins, ſelon Pline, diſent que *ſtalactites*, *ſtalacticon*, *ſtalagmites*, *ſtalagmon*, ſignifient diſtiller goutte à goutte.

moins ſe bouchent en partie. Si les ſtalactites continuoient à recevoir leur accrétion par ce tuyau, on pourroit appeller cette croiſſance *intus-ſuſception*, quoiqu'elle ne feroit que l'imiter ; & c'eſt cette apparence qui avoit induit en erreur M. de Tournefort, dans ſon ſyſtême ſur la végétation des ſucs pierreux; mais que le creux des ſtalactites s'obſtrue ou non, c'eſt toujours par juxta-poſition (*per additionem externam*,) qu'elles augmentent de volume, tant en longueur qu'en groſſeur. Les ſtalactites ne montrent pas toujours dans l'endroit où on les briſe des ſtries circulaires & unies ; elles ſont ſouvent compoſées d'aiguilles ou de ſtries perpendiculaires à l'axe de la ſtalactite, d'où elles vont, en s'élargiſſant & en divergeant, vers la ſurface, en laiſſant voir cependant leur progrès, par des couches ſucceſſives, & qui ſont plus ou moins intimement appliquées les unes ſur les autres.

M. l'abbé des Sauvages a remarqué que les ſtalactites étoient, en toutes ſaiſons, ſéches dans toute leur ſurface, à la réſerve de la pointe où la goute pendoit: nous avons ſouvent remarqué le même phénomene dans pluſieursgrottes qui ſe trouvent en Angleterre, en Irlande, en Corſe & aux Pyrénées, & qui ſe trouvent remplies de ſtalactites ; mais elles étoient formées par le moyen des eaux intercalaires ; & il y a lieu de ſoupçonner que ces dernieres ſont plus ſujettes que les autres eaux à faire varier les ſtalactites de forme & de figure, les eaux pouvant charrier en différens tems divers ſucs pierreux qui les font ce qu'elles ſont.

Lorſque les ſtalactites ſont protuberancées, globuleuſes ou mammelonnées, comme des choux-fleurs, on les appelle *Stalagmites*, *ſtalagmon aut ſtalactites figuratus* : c'eſt peut-être la même chose que le spath cryſtalliſé en grappes ou en globules dont pluſieurs auteurs ont fait mention ſous le nom de *Spathum globuloſum aut botryiticum* ; cette ſorte de ſtalactite eſt formée par l'aſſemblage de pluſieurs tubercules, arrondis, inégaux, compoſés intérieurement de pluſieurs aiguilles cryſtalliſées & convergentes au centre par leur pointe ; ces tubercules que l'on appelle auſſi mammelons ou loupes pierreuſes, ſont plus ou moins groſſes, dures, d'un grain fin & ſerré ; quelquefois elles imitent en leur tout des figures tortueuſes, des grouppes de cryſtaux informes, branchus, tantôt diaphanes, tantôt opaques ; quelquefois elles ſont iſolées en maniere de grappes, & attachées par une ſorte de pédicule ; d'autres fois elles ſont horizontalement adhérentes aux rochers, à la maniere des agarics qui croiſſent ſur la tige des arbres.

Les ſtalagmites ne ſont cependant pas indifféremment attachées, ou à la voûte ou ſur les parois des grottes, mais plus communément ſur la baſe du ſol, c'eſt-à-dire en contre-haut ou à l'oppoſite des ſtalactites *Stiriæ* ainſi appellées de ce qu'elles pendent, étant attachées à la voûte, ou en contre-bas. Les ſtalagmites ſont également ſujettes à groſſir de jour en jour, & à un tel degré qu'elles rempliſſent bientôt l'eſpace ou elles s'accumulent ; c'eſt de cette maniere que ſe forme l'albâtre qui eſt proprement une ſtalactite ou une ſtalagmite.

Il ne faut pas confondre avec les ſtalagmites certaines eſpeces de piſolites qui ne ſont que des petites pierres, tantôt ſphériques, tantôt applaties par le roulis, ou des boutons d'étoiles marines.

Lorſque les ſucs pierreux viennent à ſe coaguler aux parois des canaux, ils forment les congelations ſtalactites, compactes & ondulées que l'on nomme *Stalactites ſolidus aut continuus & undulatus.*

Si au contraire les sucs pierreux forment accidentellement une crystallisation poreuse, *Porosus*, pleine de trous, *Fistulosus*, ou sphérique, *Orbicularis* ou conique, *Stalactites referens*, & que la figure en soit variée ainsi que la couleur, on l'appellera Tuf, *Tophus*, *Porus aquâ simplici generatus :* ces eaux déposent encore d'une autre maniere les molécules pierreuses dont elles sont chargées; il suffit de leur faire subir le degré d'ébullition sur le feu; aussi-tôt il se précipitera dans le fond de la chaudiere des parties terreuses & opaques qui s'arrangeront par couches & auxquelles on donnera le nom de sédiment, résidu, dépôt, *Stalactites sedimentosus aut variegatus :* les Allemands appellent cette sorte de résidu *Kessel-stein* pierre de chaudron.

Enfin si l'assemblage des particules fossiles qui sont entraînées par les eaux, viennent à se déposer sur une substance végétale ou animale, on les nommera incrustation, *Incrustata*, *Porus aqueus*, *Crustaceus*, *circa alia corpora concretus*. WALL.

Ainsi quand l'incrustation se forme sur les végétaux, on ajoûte l'épithéte de *vegetabilia*; si c'est sur des parties d'animaux, *animalia*.

Lorsque la concrétion est creuse en tubes, on l'appelle *Fistulosus porus ;* si elle est feuilletée, *Foliaceus porus*. Nous avons des preuves bien sensibles de la maniere dont se forment les incrustations, à Etampes, à Albert, à Meaux, & dans les grottes de Baumann & de Scartz-feld, situées dans le Hartz. On fait un grand cas en Allemagne de cette derniere sorte de concretion, pour l'usage médicinal. Est-ce parce qu'elle doit sa configuration aux autres régnes de la nature & qu'elle a fait union avec des matieres qui appartiennent au régne minéral ; ou est-ce par ses prétendues propriétés d'être bonne pour la réunion des os rompus, ce qui l'a fait appeller *Osteocolla* ostéocolle ? Toutes ces opinions paroissent assez mal fondées.

ESPECE CXIX.

II. Albâtre.

[*Alabastrum. Marmor fixum particulis arenaceis micantibus*, LINN. 11. *Gypsum particulis minimis punctulis, nitens.* WALL.]

LES parties de cette substance pierreuse sont fines, compactes & brillantes dans les casseures, comme de petits points : quoique moins dure que le marbre, elle est susceptible d'un poli qui lui donnne l'éclat resplendissant de la corne la plus unie & la mieux polie : l'albâtre se distingue du marbre par la finesse & l'arrangement de ses parties qui le rendent transparent : il fait effervescence avec les acides, se calcine au feu & produit tous les effets de la pierre calcaire (*a*) ; sa couleur la plus ordinaire est blanche : il s'en trouve cependant qui est coloré par des substances minée rales. Voyez RITTER *de Alabastris* : on distingue l'albâtre, en oriental & en occidental ; le premier est dur & transparent, le deuxieme est tendre & demi-transparent ; l'un & l'autre sont fort faciles à travailler, sur-tout l'albâtre tacheté *Onychites* : on trouve l'albâtre sous la forme de stalactites, dans des grottes ; on en a un exemple dans les

(*a*) Il est étonnant que la plûpart des auteurs systématiques, tels que Linnæus, Wallerius, & devant eux, Koenig, Kramer, Bruckmann, &c. ayent confondu les terres calcaires avec les terres gypseuses, d'après les propriétés qui, disent-ils, sont communes entr'elles, tandis qu'il est reconnu que les pierres calcaires, comme l'albâtre oriental, font effervescence avec les acides, & que les gypses n'en font point : les albâtres gypseux sont rarement colorés ; ils souffrent difficilement le poli de l'albâtre calcaire : on les appelle *alabastrites.*

fameuſes grottes de Paros & d'Antiparos, leſquelles ont été décrites par M. de Tournefort, dans ſon *Voyage du Levant:* la même obſervation a été faite par *FARRANTE IMPERATO*, qui a dit *Alabaſtro è una ſpecie di Stiria.*

On a,

1. L'albâtre de couleur blanche. [*Alabaſtrum unicolor candiçans*, *WALL.* *Alabaſtrum colore albo*, *WOLT.*

Sa couleur eſt laiteuſe, d'une figure ou ſtriée, ou à petites facettes: on en fait des ſtatues, des colonnes.

2. L'Albâtre blanchâtre panaché, [*Alabaſtrum marmoratum. Alabaſtrum variegatum candicans.*]

Il eſt marbré de diverſes couleurs, ſur un fond blanc; on en fait des tabatieres & autres bijoux.

3. L'albâtre gris. [*Alabaſtrum griſeum.*] Il a un œil gras: il n'eſt pas fort recherché.

4. L'albâtre jaune, [*Alabaſtrum flavum.*]

Sa couleur tire ſur l'écorce de citron; il eſt fort agréable à la vue: il ſeroit à deſirer qu'il fût moins rare.

5. L'albâtre rougeâtre ou panaché. [*Onychites. Alabaſtrum rubeſcens*, *WALL.* *Alabaſtrum variegatum rubrum, aut coloribus mixtis*, *WOLTERSDORF.*]

6. L'albâtre blanc, veiné de noir, ou taché de noir. [*Alabaſtrum venis nigris diſtinctum*, *Alabaſtrum candicans, maculis nigris*, *WALL.* *Alabaſtrum colore nigro*, *WOLT.*]

7. L'albâtre ſtrié & à couches de couleurs différentes. [*Alabaſtrum ſtriatum*, *Polyzonias. Alabaſtrum coloribus alternis ſtriatum*, *WOLTERSDORF.*

Il eſt composé de couches ou bandes ſtriées & différemment coloreés.

III.

III. ORDRE OU DIVISION.

Pierres gypſeuſes. [*Lapides gypſeoſi.* (a)]

LEs propriétés générales des gypſes ſont des plus faciles à reconnoître : ces pierres ſont rudes, molles, brillantes dans leurs fractures, n'admettent que peu ou point le poli, ne ſont point ſolubles dans les acides, ne font point de feu avec l'acier ; elles pétillent au feu & ne ſe vitrifient point ſans addition dans un feu ordinaire, mais s'y calcinent & ſe réduiſent en une poudre très-farineuſe, connue ſous le nom de plâtre ; poudre qui, 1° attire peu l'humidité de l'air ; 2° arroſée d'une ſuffiſante quantité d'eau, ne produit que peu ou point de chaleur ; 3° mais reprend auſſi-tôt une liaiſon & une dureté nouvelle de pierre, bien ſupérieure à celle de la chaux,

(a) La terre, ou pierre gypſeuſe, eſt communément confondue avec la terre alcaline ou calcaire ; mais MM. Pott & Woitersdorf ont fait voir qu'elles avoient des propriétés très-différentes entr'elles ; 1° Le plâtre calciné, enſuite détrempé avec l'eau pure, ſe durcit ; la chaux ne ſe durcit jamais avec de l'eau, à moins qu'on n'y mêle du ſable. 2° Le platre ſe durcit plus promptement que la chaux ; & ſi on ajoûte au plâtre des matieres limoneuſes, il devient plus dur que la chaux. 3° Le plâtre noyé ſe moule plus parfaitement que la pierre à chaux fuſée, parce qu'il éprouve, ainſi que le fer, une augmentation de volume, en paſſant de l'état de liquidité à celui de ſolidité ; c'eſt pourquoi les ſtatues qui en ſont modelées, ont une forme ſi réguliere. 4° Le plâtre eſt tellement détruit par un feu violent, qu'il perd ſon *gluten* ; enſorte qu'il ne ſe lie plus avec l'eau : il ne reprend plus ſa premiere qualité par une ſeconde calcination ; la chaux ne ſe détruit pas par un feu violent : quand elle eſt éteinte à l'air, elle reprend ſa premiere propriété, ſi on la fait rougir au feu. 5° Le plâtre détrempé avec de l'eau a une odeur d'œufs pourris ; la chaux n'a pas cette odeur. 6° La décoction du plâtre ne diſſout pas ſi bien le ſoufre que la décoction de chaux. 7° Enfin le plâtre ne ſe [illegible]t pas tant à l'air que la chaux.

c'est-là ce qu'on nomme plâtre ; 4° plâtre qui, une fois noyé d'eau, ne peut plus être calciné par l'action du feu, ni se ramollir au moyen de l'eau ; 5° si on calcine ces pierres dans un creuset, elles commencent par pétiller, décrépiter, enfin semblent bouillir comme l'eau bouillante ; 6° poussées à un feu continu & violent, elles finissent par se convertir en une espece de verre assez semblable à celui que donne le borax.

Ces propriétés si essentielles, qui caractérisent la pierre à plâtre, sont en quelque sorte tout-à-fait opposées à celles de la pierre à chaux ; on trouve les gypses en lits, ou *Stratum* dans différens états ; & communément sous des couches de pierre à chaux quelquefois transparens & en crystaux, ou opaques & sans figure déterminée ; rarement mélangés avec des substances métalliques.

GENRE XXV.

I. Gypse.

[*Gypsum. Marmor fugax, LINN.*]

LE gypse se présente à nos yeux le plus souvent, sous la forme d'une pierre blanche ou grise, tirant sur le blanc ou couleur de terre, ou roussâtre, tantôt opaque, tantôt transparente.

La figure des parties de cette pierre est déterminée ; il n'est cependant pas toujours possible de les discerner : elles sont mêlées de particules rhomboïdales, feuilletées ou en filets : les morceaux cassés sont brillans intérieurement & d'une figure indéterminée ou en filets ; cette pierre est en général rude au toucher, si tendre, si peu compacte, qu'on peut, ou l'écraser sous les dents, quelquefois sous les doigts mêmes, ou la diviser par lames avec un couteau; c'est ce qui empêche pour l'ordinaire qu'elle ne puisse prendre le poli: calcinée & mêlée avec de l'eau, elle prend de la consistance & de la dureté; elle demeure à l'air sans s'y altérer, & conserve la propriété qu'elle a acquise dans le feu: elle ne fait effervescence avec aucuns acides.

Les ouvriers nomment cette pierre gypse, quand elle est brillante, & pierre à plâtre celle qui est opaque. Toutes les pierres véritablement gypseuses different entr'elles par leur degré de pureté & par le plus ou le moins de dureté & de transparence; mais elles se ressemblent par leurs qualités principales: celles qui sont opaques sont seulement plus difficiles à calciner; mais les plâtres qu'on en tire par la calcination ont toujours le même caractere; dans l'un & l'autre état, ils ne présentent pas tant de variétés que les pierres calcaires.

ESPECE CXX.

I. Gypse ou Pierre à plâtre.

[*Gypsum. Marmor fixum particulis difformibus*, LINN. 9. *Gypsum particulis parallelipipedeis & globosis concretum*, WALL. *Gypseus informis, rudis, nitorem non assumens.* CARTH.]

CE gypse est composé de parallélipipedes oblongs & de particules sphériques, tellement unies les unes aux autres, qu'on a de la peine à les discerner sans le secours du microscope.

Ce gypse, ainsi que les autres especes de pierre à plâtre, n'a jamais une figure rhomboïdale exacte; les parties ne se divisent point en cubes, mais par feuilles ou écailles; il ne prend point de poli, & ne devient point plus brillant par le frotement:

calciné en poudre, il fait un peu d'effervefcence; toutes propriétés qui caractérifent la difference effentielle qui fe trouve entre les gypfes & les fpaths.

On a,

1. Le gypfe à gros grains. [*Gypfum particulis majoribus mollibus, WALL.*]

Les parties qui le compofent, quoique grandes & groffieres, font fi tendres & fi peu compactes, qu'on peut aifément l'écrafer entre les doigts. On en trouve, entre les bancs ou les lits de bon plâtre, à Montmartre.

2. Le gypfe à petits grains. [*Gypfum particulis minoribus durum. WALL.*]

Il eft compofé de particules, très-fines & très-déliées, mais fi unies & fi dures, qu'on peut à peine en détacher quelque chofe avec les doigts. On en trouve dans la carriere de Vaugirard.

3. Le gypfe qui prend un enduit de verre au feu, ou la porcelaine de Lunebourg. [*Gypfum in igne albo obductum, WALL. Gypfus nativus feu Porcellana Luneburgica, BRUCKMANN, L.C.*]

C'eft une efpece de pierre gypfeufe mêlée d'argille ou de marne, & qui prend dans le feu un enduit ou une couverte de verre blanc. On en trouve dans la carriere de Charonne près Paris.

ESPECE CXXI.

II. Gypfe cryftallifé.

[*Cryftallus gypfea vulgaris. Selenites fpathofo-gypfea, rhombea, LINN. 1. Gypfum cryftallifatum, WALL. Spathum drufiforme, diaphanum, Cryftallus gypfea, WOLT. Fluor feleniticus, aut Selenites cryftalloïdes, SCHEUCHZ. Gypfeus cryftallifatus, CARTH. Drufa felenitica* (a).]

(a) Les Allemands nomment Gyps-drufen, *drufa felenitica*, des cryftaux de gypfe plus ou moins tranfparens, & qui font grouppés plufieurs enfemble dans un même morceau.

SES particules ont pour l'ordinaire une figure rhomboïdale, dont les angles sont toujours obtus & comme émoussés, ce qui, indépendamment des propriétés précédentes, le distingue du spath crystallisé : la couleur de ce gypse est peu brillante, le plus souvent blanchâtre ou d'un blanc grisâtre.

On a,

1. Le gypse crystallisé rhomboïdal. [*Gypsum crystallisatum figurâ rhomboïdali*, WALL.]

Ces crystaux sont blanchâtres, & ont communément pour matrice, du gypse à feuillets roussâtres. On le trouve quelquefois à Montmartre, ainsi que les suivans.

2. Le gypse crystallisé en parallélipipedes hexagones. [*Gypsum crystallisatum parallelipipedeâ exangulari*, WALL.]

3. Le gypse crystallisé en pyramides. [*Gypsum crystallisatum figurâ pyramidali*, WALL.]

ESPECE CXXII.

III. Selenite (*a*).

[*Gypseo-Selenites. Selenites spathosa-gypsea cuneiformis*, LINN. 3. *Gypsum lamellis rhomboïdalibus pellucidum*, WALL. *Vitrum amorphum diaphanum, fissile*, WOLT. *Lapis specularis* PLINII, AGRICOLÆ. *Glacies mariæ* (*b*).

(*a*) M. Bromel croit que la sélénite des anciens est inconnue, & ne doit point être confondue avec la *pierre spéculaire* : il appelle la sélénite *katzen-gold*, *ordeschats* ; mais ce nom ne lui convient pas non plus. Lesser, *Lithologie*, l'appelle *glintzen-spath*, spath brillant, parce qu'on s'en sert de poudre à mettre sur l'écriture, à cause de son éclat ; *pierre scissile*, parce qu'on peut la fendre & la séparer en petites lames minces ; *spath-stein*, pierre de spath ; mais cette dénomination peut faire confondre le véritable spath avec celui qui n'est que gypseux.

(*b*) Le *glacies mariæ* est autre chose que la pierre spéculaire ; nous en avons parlé sous le nom de *mica* ; il en est de même du *vitrum rhutenicum* ou *moscoviticum*, qui est aussi, comme le *lapis glacialis*, & l'argyrolithos, une pierre réfractaire, non calcinable, non gypseuse, & n'appartient point à l'espece ni

Speculum asini, MATHIOLI. *Vitrum ruthenicum* AGRIC. *Virum Moscoviticum. Lapis glacialis. Argyrolithos. Aphro-selenites* GAL. *Spuma lunæ,&c.*

C'EST en quelque sorte le plus pur de tous les gypses ; cette sélénite est composée de feuilles qui, quoique très-minces, peuvent encore être divisées en d'autres feuilles ; ses lames n'affectent point de figures déterminées, excepté lorsqu'elles sont en masses, alors elles ont communément la forme de coin un peu épais ; elles se cassent toujours en rhomboïdes ; quoique cette sélénite soit entiérement transparente, elle devient bientôt opaque par la calcination, ne fait point d'effervescence avec les acides, & ne donne aucune odeur urineuse avec le sel ammoniac.

On a,

1. La sélénite blanche. [*Selenites albus*, WALL.]
Il s'en trouve beaucoup aux environs de Basle ; elle est en petites feuilles, blanchâtres & luisantes.

2. La sélénite jaune. [*Selenites flavus*, WALL.]
Telle est la plûpart du gypse dont on fait le plâtre à Montmartre.

3. La sélénite de plusieurs couleurs. [*Selenites versicolor*, WALL.]

Bruckmann, *Histor. itiner.* 47, *V. no* 7, *ad* 4, dit qu'on en rencontre de cette espece près de Quedlinbourg. Nous en avons trouvé dans les environs de Soleure.

ESPECE CXXIII.

IV. Gypse en lames ou feuilleté.

[*Gypsum lamellosum. Gypsum lamellis inordinatis, pellucidum.* WALL.]

CE gypse se casse & se divise communément

au genre de pierre dont nous parlons ici ; elles n'ont de commun que la ressemblance extérieure.

en lames minces, qui n'ont point de figure déterminée : exposé à l'action du feu, il se change en plâtre, sans former de bruit sensible ni décrépiter.

On a,

1. Le gypse en lames opaques. [*Gypsum lamellosum opacum*, *WALL.*]

Sa couleur est grise, d'une figure indéterminée, & se divise en lames plus ou moins épaisses : on remarque toujours des particules de gypse coloré au travers des feuillets qui le composent, & qui sans doute contribuent tant à son opacité.

2. Le gypse transparent qui se casse en lignes droites. [*Gypsum lamellosum, lineis rectis, fissile pelludicum*, *WALL.*]

Il est d'un grain très-fin, se divise en feuillets un peu flexibles & en lignes paralleles, mais sans garder de figure déterminée ; sa couleur est pour l'ordinaire blanche : on en trouve de cette espece dans les Pyrénées & dans les Alpes.

3. Le gypse en lames transparentes, par écailles irrégulieres. [*Gypsum lamellosum, squammulis irregularibus pellucidum*, *WALL.*]

Ce gypse est ordinairement blanc ou gris, ses feuilles se divisent en plans irréguliers ; elles sont écailleuses comme le *mica* blanc : frotées avec un clou ou un couteau, elles font alors un petit bruit à-peu-près semblable à celui du talc, quand on l'égratigne : on en trouve près de Dax.

ESPECE CXXIV.

V. Gypse strié.

[*Gypsum striatum. Gypseus fibrosus. Marmor fixum filamentis perpendicularibus parallelis*, *LINN.* 10. *Gypsum filamentis parallelis compositum*, *WALL. Inolithus*, *CARTH. Gen.* 3.]

LES particules qui le composent sont filamenteuses, longues, friables & claires, paralleles, & étroitement unies les unes aux autres : toutes sont, ou perpendiculaires, ou horizontales, ou obliques. Ce gypse acquiert au feu une couleur d'un blanc de craie, & pour lors il s'attache aux doigts, comme elle ; mais il ne fait aucune effervescence avec l'eau forte : il est ou opaque ou transparent, tantôt blanc, tantôt orné de différentes couleurs.

On a,

1. Le gypse strié semblable à de l'amyanthe. [*Gypsum striatum, amyanthum referens. Gypsum striatum filamentis perpendicularibus*, WALL. *Gypsum amyanthi formæ*, SCHEUCZ. *Talcum striatum*, WOODWARD. *Spathum amiantho simile*, WOODWARD. *T. II, add. p.* 6.]

Bien des gens le prennent pour de l'amyanthe ou de l'asbeste, tant la couleur & le tissu de ces différentes pierres paroissent conformes ; mais l'épreuve du feu & un œil expérimenté les distingueront aisément. On en trouve abondamment en Chine, dans la montagne de S. Claude en Espagne, & à Fahlun en Dalécarlie.

2. Le gypse strié semblable à de l'alun de plume, ou spath gypseux en plume (*a*). [*Gypsum plumosum. Gypsum striatum filamentis in lamellas compactis*, WALL. *Spathum gypseum, fibrosum, subdiaphanum*, WOLT. *Inolitus, fragmentis rhomboïdalibus aut Alumen scissile spurium*, CARTH. I. *Alumen scajolæ. Alumen plumosum petreum. Lapis schistus albus. Talcum album* KENTMANNI. *Spathum gypseum plumosum.*]

Il est composé de filets tellement unis les uns

(*a*) On a tort de nommer cette substance *alun de plume*, parce qu'on la peut diviser en filets longs ; elle devient très-blanche, très-friable par le feu, & se réduit en plâtre.

aux autres, qu'ils paroiſſent former des feuillets ou lames ; il eſt, ou tranſparent, ou opaque, coloré & de différentes couleurs. On en trouve près de Jène, près de Weinsheim, & de Waldenheim, à ſix lieues de Strasbourg.

3. Le gypſe à lames ſtriées, ou fleurs de gypſe. [*Flores gypſi. Spathum gypſeum radiato lamellatum.* WOLT. *Spathum gypſeum vulgare.*

On appelle fleurs de gypſe ou ſpath gypſeux vulgaire, une eſpece de pierre à plâtre demi tranſparente, diſpoſée en lames formant des rayons.

4. Le gypſe fibreux, tranſparent & ſolide. [*Gypſum ſolidum, pellucidum, fibroſum*, WALL.]

Il eſt preſque diaphane & tellement compacte, qu'on peut à peine remarquer ſes particules ; on remarque cependant qu'il eſt un peu fibreux : en effet, il ſe diviſe plutôt en filets qu'en lames. Voyez *RINMANN*.

ESPECE CXXV.

VI. Faux Albâtre ou Alabaſtrite.

[*Pſeudo-Alabaſtrum, aut Alabaſtrites ; Alabaſtrum durius opacum*, WALL. *Gypſeus informis, ſubtilis, nitorem aſſumens*, CARTH. *Gypſum gleboſum, quod marmoris modo nitet & micat*, KENTMANN. SCHEUCHZ. *Marmor alabaſtrites*, AGRICOL.]

C'EST un gypſe dur & compacte, que les naturaliſtes Allemands nomment Albâtre, & qui n'a cependant rien de commun avec l'albâtre oriental, ou calcaire, qu'une reſſemblance legere. *Voyez ce que nous avons dit de l'Albâtre, pag.* 175 *& ſuiv.* Le grain de l'alabaſtrite eſt tendre, brillant dans les fractures, ſans figure déterminée : on le taille facilement, & il reçoit le poli du marbre ; mais il n'en a pas l'éclat ni les propriétés : il eſt ordinairement blanchâtre, & rarement coloré en jaune, ou moucheté de rouge, comme le décrivent tous les auteurs : car nous avons obſervé que toutes les pierres colorées que l'on nomme albâtres, ſont calcaires, par conſéquent n'appartiennent point à la claſſe des pierres gypſeuſes. On en trouve en quantité d'endroits de l'Allemagne & de la Suiſſe.

GENRE XXVI.

II. Pierres médiaſtines, cryſtalliſées.

[*Lapides incerti, cryſtalliſati.*]

NOUS donnons ce nom à des pierres plus ou moins tranſparentes & cryſtalliſées, dont la peſanteur ſpécifique eſt conſidérable, & qui ſurpaſſent en dureté toutes les pierres que nous avons décrites juſques ici ; un des phénomenes les plus ſinguliers que nous préſentent les pierres de ce genre, c'eſt que malgré leur dureté, elles ne font point de feu avec l'acier : expoſées à l'action du feu, elles pétillent, ſe gercent & s'éclatent ; elles ne s'y calcinent point proprement en plâtre, ni ne ſe réduiſent en chaux : elles ſoutiennent en quelque ſorte l'action du feu, ſans y entrer en fuſion ; d'après cet expoſé, on jugera facilement qu'elles n'ont aucun rapport avec les pierres argilleuſes, puiſqu'elles ne ſe durciſſent point au feu, ni avec les pierres calcaires, puiſqu'elles ne ſe diſſolvent point aux acides, ni avec les pierres vitrifiables proprement dites, puiſqu'elles ne font point de feu avec le briquet & qu'elles ne ſe vitrifient point ſans addition : elles n'ont point un rapport immédiat avec les pierres gypſeuſes, en ce qu'elles ne ſe calcinent que peu ou point en plâtre ; nous les avons cependant mis à la ſuite de ces pierres par leurs conformités les plus générales, c'eſt-à-dire, par leur propriété de bouillonner dans le feu comme les gypſes, quand une fois elles ſont entrées en fuſion, & de former un verre qui a beaucoup de reſſemblance avec celui que l'on obtient des *Fluors* ou primes de pierreries. Toutes ces particularités ſont encore un motif de plus pour conſidérer ces ſubſtances comme des pierres compoſées, en faire un genre particulier, & le faire ſervir de paſſage des pierres alcalino-gypſeuſes aux vitrifiables, & notamment aux cryſtaux.

ESPECE CXXVI.

I. Petunt-ſe, appellé Spath compact ou vitreux, ou Spath fuſible.

[*Petunt-ſé Chinenſium. Spatum ſolidum, aut vitreum. Muria lapidea phoſphorans*, LINN. 5. *Spathum ſolidum plus vel minùs pellucidum, particulis non diſtinguibilibus*, WALL.]

CETTE pierre a beaucoup de rapport, par la configuration & par la propriété, avec celle que les Chinois appellent Petunt-ſe, ou Petoutté, & dont ils ſe ſervent dans la compoſition de leur belle porcelaine : le Petunt-ſe eſt plus dur & plus peſant que les ſpaths, plus ou moins tranſparent, de différentes couleurs, & ſans figure déterminée : il ſe caſſe en morceaux tranſparens & d'une forme rhomboïdale, ou de quarrés longs, intérieurement luiſans comme le verre ou le quartz; extérieurement il reſſemble à l'agate : il ne fait point d'effervefcence avec les acides, ne donne point d'étincelles avec l'acier; mais il pétille, ſe gerce & ſe diviſe de la même maniere que le gypſe, dans les premiers momens qu'on l'expoſe au feu, enſuite s'y vitrifie en partie, ou y entre totalement en fusion, pour peu qu'on y joigne quelqu'autre fondant d'une nature opposée ; phénomene qui est particulier à ce spath & à la pierre de Boulogne uniquement : si on se contente de calciner le Petunt-se à un feu médiocre ou jusqu'à rougir, il y acquiert la propriété phosphorique : on en trouve de cubique, de rhomboïdal, de lamelleux, de cryftallin à petits prismes ; il est toujours coloré en bleu, en verd, quelquefois grisâtre.

On a,

1. Le Petunt-se blanchâtre, ou le spath vitreux, blanc. [*Petunt-sé albescens, spathum vitreum album*, *WALL.*]

Nous en avons trouvé près de Bourbon-l'Archambault ; M. Wallerius dit qu'on en trouve aussi près d'Upsioë, dans la nouvelle mine de cuivre, & près de Stirposen, dans la province de Norberg : il est disposé par lames ou feuillets entr'ouverts ; celui que l'on trouve près d'Alençon en France, & que l'on nomme spath fusible, est une sorte de feld-spath.

2. Le Petunt-se grisâtre, ou le spath d'un gris foncé. [*Petunt-sé subalbescens. Spathum vitreum, obscurè cinereum*, *WALL. Fluor mineralis Stolbergicus*, *WOODWARD. p.* 9, *no* 30.]

Il est quelquefois en filets applatis ; on le rencontre rarement.

3. Le Petunt-se de couleur violette, ou le Spath vitreux violet. [*Petunt-sé colore violaceo. Spathum vitreum, violaceum*, *WALL. Litho-phosphorus Sulensis*, *WOOWARD. Catalog. Tom. II, add. foss. nat. foss. p.* 9, *no* 29.]

La couleur en est communément violette pourpre.

4. Le Petunt-se verdâtre, ou le spath vitreux verdâtre.

[*Petunt-sé virescens. Spathum vitreum viridescens*, *WALL.*]

La couleur de cette pierre est d'un verd plus ou moins foncé, tantôt d'un verd clair comme l'aigue-marine, ou rembrunie comme la serpentine : dans l'un & l'autre état elle est brillante, mais n'a point de transparence, elle devient rousse au feu : elle est lumineuse dans l'obscurité, même sans être calcinée : on en trouve beaucoup dans le Bourbonnois, dans l'Auvergne, dans le Forez, & près de Salberg (*a*).

ESPECE CXXVII.

II. Pierre de Boulogne ou Gypse phosphorique (*b*).

[*Lapis Bononiensis. Gypsum phosphorescens. Gypsum irregulare, lamellosum, calcinatum, in*

(*a*) OBSERVATION. Outre plusieurs propriétés qu'ont ces sortes de spaths, ils sont encore d'un grand secours pour la réduction des mines réfractaires, ou difficiles à fondre : on s'en sert en quelques endroits de l'Allemagne, où il se trouve en quantité de cette pierre, pour les faire entrer parfaitement en fusion ; souvent ces spaths fusibles accompagnent les mines, ou au moins ils indiquent aux mineurs qu'il y a dans les lieux voisins des mines riches : ils sont, ainsi que le quartz, & les autres especes de spath, regardés par les mineurs comme la matrice des métaux.

(*b*) M. Wallerius, *p.* 109, range cette pierre parmi les gypses, en ce que, comme les pierres à plâtre & les marbres calcinés, elle produit également de la lumiere dans l'obscurité : Woltersdorf la rapporte au genre des spaths fusibles : Henckel parle de cette même propriété phosphorique dans ses *Opuscules minéralogiques* ; & M. Pott, dans la *Continuation de sa Lithogéognosie* : le premier de ces deux derniers auteurs attribue ce phenomene à l'acide du sel marin qui y est contenu, & le second à une matiere sulfureuse très-subtile ; mais on sçait que personne n'a mieux traité cette matiere que M. Marcgraf, dans les *Mémoires de l'académie royale des sciences de Berlin*, *année* 1749, *p.* 60 *& suiv.* On peut aussi consulter l'ouvrage de M. Mamelius, divisé en 14 chapitres, sur la comparaison de la pierre de Boulogne, dans les *Ephem. nat. cur T. IV*, *App. p.* 165.

L'on trouve aussi près de Stockolm une espece de terre lu-

tenebris lucens, *WALL. Phoſphorus Bononienſis. Lapis illuminabilis. Calcareus ſubdiaphanus, fragmentis tunicatis*, *CARTH.*]

CETTE pierre eſt compoſée de lames, dont le tiſſu eſt fibreux, & comme couvert d'une pellicule ; elle eſt demi-tranſparente, ne fait aucune efferveſcence avec les acides ; calcinée au feu, y acquiert la propriété de luire dans les ténebres & de répandre alors une odeur fétide & urineuſe. Voyez *Academ. Bonon. Comment. pag.* 186. On la trouve :

ESPECE CXXVIII.

III. Pierre-porc (*a*), ou pierre puante.

[*Lapis ſuillus. Spathum opacum, frictione fœtidum*, *WALL. Bitumen marmoris fœtidi*, *LINN.* 7.]

L'ON n'a pas encore une connoiſſance bien certaine de la nature de cette eſpece de pierre, pour déterminer, avec préciſion, ſes caracteres extérieurs : les unes ſont ſemblables au ſpath fuſible, & en ont la plûpart des propriétés ; d'autres reſſemblent un peu à la pierre de touche ou au marbre noir, &c. & ſont calcaires : leur couleur eſt d'un brun foncé ou griſâtre ; elles donnent une mauvaiſe odeur de charbon de pierre ou d'urine de chat (*b*), quand on les écraſe ou qu'on les frote ;

mineuſe ou phoſphorique, qui, frotée dans un endroit obſcur, donne de la lumiere, telle que celle dont parle *Urb. Hiærne in Prodromo Hiſt. nat. Suec.* Il n'y a perſonne qui ait fait ſur cette terre les recherches néceſſaires pour ſçavoir à quelle eſpece on doit la rapporter.

(*a*) On ne doit pas confondre la pierre puante, *lapis ſuillus*, avec la vraie pierre porc orientale, appellée *pedre di porco*, qui eſt le bézoard du porc-épic, *hyſtrix*.

(*b*) La pierre porc n'eſt pas la ſeule ſubſtance foſſile qui ait de l'odeur ; M. Ledelius, dans les *Ephemer. nat. cur. T. XVI*,

mais elles perdent cette odeur à la calcination, & y deviennent blanches, en décrépitant comme le ſel marin. Les particules qui les compoſent, ſont, pour l'ordinaire, coupées obliquement : on les trouve commnément près des mines d'alun, & ſous différentes formes. Quelques perſonnes croient que la pierre-porc n'eſt qu'une eſpece informe du ſpath cryſtalliſé hexagone, appellé *dent de cochon*, *n°* 3, *Eſp.* 115. On nous a apporté cette pierre de Suéde, du Portugal & du Cap de Santé, à quelques lieues de Quebec.

On a,

1. La pierre-porc priſmatique. [*Lapis ſuillus priſmaticus*, *WALL.*]

Sa couleur tire tantôt ſur le gris-blanc, & tantôt ſur le brun foncé.

2. La pierre-porc rayonnée. [*Lapis ſuillus radiatus*, *WALL.*]

Wallerius dit qu'il s'en trouve beaucoup de cette eſpece, répandues dans les champs, dans la province de Weſtgyllen.

3. La pierre-porc ſphérique. [*Lapis ſuillus ſphæricus*, *WALL.*]

Elle eſt rayonnée du centre à la circonférence : on la trouve à Kraſnaſelo en Ingermanie ; on en trouve auſſi près de Zuéybruck.

p. 81, *obſ.* 28, parle d'une pierre qui ſent la violette : On la trouve, dit-il, près les bains de Hirſeberg ; ſon odeur varie de tems en tems ; elle embaume les boëtes où on la ſerre ; elle eſt par lames, griſe, brillante de points argentés ; elle ne contient pas d'uſnée ; elle a donc ſon odeur par elle-même. M. Vagneri parle des cornes d'Ammon, qu'on trouve dans le mont Raudius, & dans les pierres de la Miſnie, qui ont la même odeur, quand on les chauffe. M. Eiſen Manger a trouvé, proche Dreſde, des terres qui ſentoient la giroflée. Agricola parle d'un géode qui ſent la violette, mais cela, à cauſe de la mouſſe ou uſnée dont il étoit recouvert. Boëtius parle auſſi des pierres qui ſentent la même odeur. Enfin on trouve, près de Villers-Coterêts & de Plombieres en France, une ſorte de caillou qui, froté, donne à-peu-près l'odeur d'urine pourrie.

IV. ORDRE OU DIVISION.

Pierres vitrifiables, ou Pierres ſimples.

[*Lapides vitreſcentes*, *aut Lapides ſimplices.*]

LES pierres vitrifiables ſont celles dont toutes les particules paroiſſent être de même nature, qui entrent plus facilement en fuſion au feu, que les autres pierres, & s'y changent en un verre plus ou moins tranſparent: elles ſont ordinairement ſi dures, qu'elles font toujours feu avec l'acier; caractere eſſentiel qui ſert à les diſtinguer des autres pierres, dont nous avons parlé juſqu'ici : elles ont en outre les propriétés de ne faire aucune effervefcence avec les acides, & de ne produire ni chaux, ni plâtre.

GENRE XXVII.

I. Cailloux.

[*Silices* AUCT. *Selag*, HEBRAIC. *Achates.*]

TOUS les cailloux ſimples, ſous leſquels nous comprenons ſeulement ici les ſilex & les agathes, ont, en général, une eſpece d'écorce griſe, groſſiere, raboteuſe à l'extérieur, d'une forme ſphérique & d'un grain fin intérieurement. C'eſt pourquoi les particules les plus petites de cette pierre ne peuvent,

vent, pour l'ordinaire, être distinguées, étant lisses & compactes, unies & luisantes comme du verre, dans l'endroit de la fracture : on remarque que, quand on brise ces pierres, elles se divisent en éclats ou morceaux toujours demi-sphériques ou convexes, ou concaves & tranchans; elles sont toutes fort dures, pesantes, & font feu avec l'acier; c'est ce qui a fait appeller ces pierres, par les Italiens, *pietra focato ò batti fuoco*, ou pierre à fusil : on se sert des plus communes pour cet usage, c'est-à-dire, de celles qui sont les plus grossieres & les plus opaques : celles dont le grain est plus fin, qui sont demi-transparentes, avec des couleurs brillantes ou sans couleur, qui prennent un poli plus beau, plus vif & plus éclatant, se nomment *agates*.

Toutes les especes de silex ou d'agate se gercent ou se fendent à un feu modéré, s'y calcinent en blancheur; & si l'on en augmente la violence, elles s'y vitrifient (*a*).

On trouve les cailloux proprement dits, c'est-à dire, ceux qui sont sans mêlange d'aucune autre pierre, toujours détachés, isolés & répandus dans les campagnes & dans le sable, quelquefois sur le bord de la mer : on ne les rencontre jamais en roches suivies ou en montagnes. Quelque dures que soient ces pierres, elles s'attendrissent à l'extérieur, lorsqu'elles sont exposées aux impressions de l'air, &c. Elles y perdent leur transparence, deviennent blanches, se décomposent, enfin changent à la longue de nature, & forment une espece de terre blanche crétacée, & qui produit l'enveloppe raboteuse, qu'on remarque sur la plûpart de ces pierres.

Comme il y a deux especes principales de ces

(*a*) On prétend que les cailloux de terre perdent un peu de poids au feu, tandis que ceux de mer y augmentent. Voyez *Henckel*.

ſortes de cailloux, cela nous engage à en faire deux ſous-diviſions, à l'exemple de M. Wallerius, 1° en cailloux groſſiers & opaques, ou ſilex; 2° en cailloux demi-tranſparens ou agates.

I. SOUS-DIVISION.

Cailloux opaques & groſſiers.

[*Silices. Silices gregarii*, *WALL.*]

ILS ſont opaques, groſſiers, peuvent recevoir un poli matte, ſans paroître brillans.

ESPECE CXXIX.

I. Caillou opaque & groſſier. Caillou ſilex.

[*Silex craſſior. Quartzum* LINN. *Silex opacus intrinſecè inæqualis, mollior*, *WALL. Lapis ſiliceus ex ſaburrâ compactus*, *WOLT. Silex opacus. Pyrimacus* WORMII. *Calculus ſeu ſcrupulus* ENCELII.]

CETTE eſpece de ſilex eſt entiérement opaque; ſa couleur tire, pour l'ordinaire, ſur le blanc: ces cailloux paroiſſent intérieurement, comme s'ils étoient compoſés de grains de quartz ou de ſable, plus ou moins groſſiers, quoiqu'ils ne ſoient point réellement grainus: ils ne ſont ni ſi compactes, ni ſi durs que les autres cailloux ou que le quartz: on les trouve dans des buttes de ſable, ou détachés & répandus ſur la ſurface de la terre, ſurtout dans les vignobles: il y en a de blancs, de jaunâtres, de rouges-pâles, de bruns, de verdâtres, de bleuâtres, de noirâtres, & d'autres qui ſont fleuris ou panachés *variegati*, &c. Ils ne ſont point mêlés à d'autres pierres.

ESPECE CXXX.

II. Cailloux à fusil ou Pierre à fusil, ou Pierre de corne commune.

[*Silex igniarius. Silex cretaceus vagus*, LINN. I. *Silex corneus, intrinsecè æqualis, durissimus*, WALL. *Corneus opacus, rudis, colore ingrato*, WOLT. *Lapis corneus*, *Hornstein* GERMAN. (a) *Corallium fossile*, BUTTNER. *Saxum cornutum*, ENGEL. *Pyrita siliceus. Pyrimachus.*]

CE caillou est extérieurement rude au toucher : sa couleur est, pour l'ordinaire, matte, peu agréable, tout-à-fait obscur ou opaque : il paroît intérieurement d'un tissu semblable à de la corne & d'un grain fort lisse, serré & très-compacte : il se divise communément en fragmens convexes d'un côté, & concaves de l'autre, & qui sont aussi durs & presqu'aussi unis que du verre : on le trouve détaché & répandu dans la campagne ou dans des masses de craie, & sans figure déterminée.

On a,

1. La pierre à fusil ordinaire. [*Silex vulgaris. Silex igniarius per arva obvius*, WALL.]

(a) Plusieurs auteurs parlent différemment de la pierre de corne ; celle que les Suédois appellent *Hornberg*, n'affecte point de figure déterminée : elle est dure, inégale, disposée par lits de couleur ou jaunâtre, ou blonde, ou d'un gris cendré, mêlé de taches roussâtres ; se divise en éclats convexes, semblablement à une valve de coquille ; fait feu avec l'acier : elle est facile à travailler, & susceptible d'un poli assez vif ; on pourroit l'employer à faire des chambranles de porte, des quadres de cheminée, des tables, &c. Il y a encore une autre espece de pierre de corne, dont la couleur est d'un gris plus ou moins foncé, d'un tissu fibreux, mêlé de petits crystaux à 14 pans ; c'est une espece de roche de corne, que plusieurs personnes appellent *lapis acerosus*, en Suédois, *sandstein* : elle est rarement calcaire, se vitrifie difficilement ; elle est communément apyre, aussi la met-on parmi les roches de corne réfractaires.

Sa couleur eſt plus ou moins foncée, ſouvent panachée ou pleine de taches & de raies : cette pierre eſt abondamment répandue dans tous les champs.

2. La pierre à fuſil crétacée. [*Silex igniarius cretaceus*, *WALL.*]

Il n'y a preſque point de carriere de craie où l'on ne trouve cette pierre, communément arrangée par couches horizontales, quelquefois diſperſée comme des notes de muſique : ſa forme eſt irréguliere, anguleuſe, caverneuſe & ſouvent criblée de petits trous remplis de craie, de même qu'elle en eſt enduite à l'extérieur (*a*).

ESPECE CXXXI.

III. Cailloux demi-tranſparens.

[*Silex ſemi-pellucidus. Silex ſemi-pellucidus intrinſecè, ferè æqualis, mollior*, *WALL. Quartzum ſemi-pellucidum.*]

ILS ſont demi-tranſparens, d'un grain fin, compactes intérieurement, n'ayant preſque pas d'écorce, d'une couleur plus claire que les cailloux opaques & d'une conſiſtance moins dure que celle de la pierre à fuſil.

On a,

1. Les cailloux demi-tranſparens blancs. [*Chalaxiæ. Silex ſemi-pellucidus candidus*, *WALL.*]

(*a*) OBSERVATION. La bizarrerie des formes qu'on remarque dans certains cailloux, dépend ſouvent moins des circonſtances locales, que des matieres organiſées, dans leſquelles le ſuc lapidifique, propre au ſilex, s'eſt coagulé, & en a retenu la configuration ſinguliere; c'eſt ainſi que l'on trouve quantité de madrepores, convertis en ſilex ou en agate, &c. On nomme *pierres numiſmales* tous les cailloux qui ont pris une certaine figure, tels que les *lapides vaccini*, les *chalaxiæ*, les *ſcilices anhaldini*, *triquetri*. *Borrick*. *Haſ*. *Act*. *V*. *IV*, *p*. 177, &c.

Ils sont d'une forme presque toujours sphérique.

2. Les cailloux demi-transparens jaunâtres. [*Silex semi-pellucidus melleus*, WALL.]

Ils sont communément applatis par un côté, & sphériques de l'autre.

3. Les cailloux demi-transparens rougeâtres. [*Silex semipellucidus rubescens*, WALL.]

Ils sont anguleux ou raboteux comme le jaspe, & ressemblent intérieurement à de la cornaline commune.

On en trouve aussi quelquefois de panachés; mais ils sont moins communs que les précédens.

II. SOUS-DIVISION.

Agates ou Cailloux demi-transparens.

[*Achati. Silices achatini*, WALL.]

CES cailloux ont une couleur vive, demi-transparente: ils prennent de l'éclat au moyen du poli dont ils sont susceptibles: leur pesanteur spécifique varie selon leur degré de dureté, de pureté & les variétés de leurs couleurs.

ESPECE CXXXII.

I. Agate ordinaire.

[*Achates vulgaris. Achates durissima, ferè pellucens, diversis coloribus nitens, variegata*, WALL. *Corneus diaphanus, variegatus*, WOLT. *Silex subdiaphanus, zonis, maculis, circulis, figuris, variè coloratis, distinctus*, CARTH.]

QUAND un silex est parfaitement dur, presqu'entiérement transparent, ayant le tissu serré, fin, uni & luisant dans l'endroit de la fracture, susceptible d'un poli vif & éclatant, orné de couleurs vives, très-variées, comme le marbre, & de pommelures, alors on le nomme *agate fine*, *agate orientale.* Si ce silex est surchargé de couleurs qui obscurcissent sa transparence & son éclat, ou qu'on n'y remarque point ces protubérances intérieures appellées *pommelures*, on le nomme *agate occidentale* ou *agate d'Allemagne.*

Quelques pures que soient les agates, elles ont toujours un œil laiteux : la différence des couleurs & des figures qu'on remarque dans cette pierre, en a fait faire aux lithologistes des divisions, ensuite des nomenclatures multipliées, dont nous abrégerons l'énumération, sans cependant omettre les especes proprement dites, ni les variétés principales, au caractere desquelles on pourra rapporter les variétés accidentelles qu'on rencontrera, & au moyen d'une épithéte dont on donnera l'exemple. On trouve toujours l'agate en morceaux ronds, isolés & détachés, dans les sables & dans les champs. Voyez *WALLERIUS*, *obs.* 174. *MATHIOL*, *sur Dioscoride*, pag. 53, dit que les agates ont pris leur nom du fleuve *Achates* en Sicile.

On a,

1. Agate non colorée. [*Achates aquea.*]

Cette agate est la plus pure & la plus fine de toutes; elle est toujours pommelée : on l'appelle agate de Perse ou agate orientale.

2. Agate grise. [*Achates cinerea*, *WALL.*]

Le fond de cette agate est gris; les taches & les raies qui s'y trouvent souvent contournées en spirales, sont de diverses autres couleurs.

3. Agate léontine ou fauve. [*Leontodora Achates pellis leoninæ*, *WALL. Leontion.*]

Le fond de cette agate est couleur de peau de

lion, & en même tems remplie d'ondes: lorsque cette couleur est variante, chatoyante, ou mouchetée comme la peau d'une panthere, on l'appelle *Achates*, *Pardalion*, *Pantachates*.

4. L'agate à veines rouges. [*Hæmachates. Achates venulis rubris*, *WALL.*]

Elle est d'un rouge brun, quelquefois noirâtre, avec des taches ou des veines rouges claires; lorsque les taches en sont petites comme des points, on la nomme *Achates sacra*. On en trouve en Transilvanie, qui, par sa ressemblance avec celle que les anciens Romains ont mis en œuvre, fait soupçonner que c'est de cette même mine que ces peuples la tiroient. Voyez KERESCHER. *Ephem. nat. cur. nov. T. V, pag.* 426, *Obs.* 92.

5. La jaspe-agate, ou plutôt l'agate jaspée. [*Jaspi-achates*, *aut Achato-jaspis. Achates viridescens punctulis rubris*, *WALL.*]

Elle ressemble fort au jaspe verd à points sanguins; elle en differe cependant en ce qu'elle est un peu transparente & que le jaspe est totalement opaque.

6. L'agate ondulée à veine blanche. [*Leuca-achates fluctuans. Achates venulis albis fluctuantibus*, *WALL.* 7 & 15.]

C'est une agate ou noirâtre, ou brune, ou grise, ou remplie de taches & de raies qui tantôt forment des boucles blanches, & tantôt représentent les flots agités à la surface de l'eau.

7. L'agate des quatre couleurs. [*Achates elementarius. Achates quadricolor. WALL.*]

C'est une agate sur laquelle on croit voir distinctement les quatres couleurs dont on se sert ordinairement pour représenter les quatre élémens: lorsqu'on n'y voit que trois couleurs, on l'appelle *Achates tricolor*.

8. Agate arborisée. [*Dendrachates. Achates physomorphos*, *WALL. Achates Mochoensis*, *WOODWARD.*]

L'on y voit différentes arborisations des buissons, des plantes, &c. Les plus belles agates arborisées viennent de Moka, *Mokos* ville de l'Arabie heureuse.

Toutes les agates sur lesquelles on distingue des figures, soit animales, ou techniques, ou célestes, ont des noms pris des choses auxquelles elles ressemblent, & doivent être rapportées à cette espece.

Voyez *WALLERIUS*, *Achates figuratæ*, *p.* 170, *& Obs. pag.* 172, pour reconnoître les agates colorées par l'art; & *pag.* 124, *Vol. II*, pour les jeux de la nature. Voyez aussi *SCHEUCHZER* & les *Mémoires sur les arborisations*, *par MM. l'abbé de Sauvage*, *& de Salerne*, *imprimés dans les Sçavans étrangers.*

ESPECE CXXXIII.

II. Agate lenticulaire.

[*Achates lenticularis*, *Achates figurâ hemisphericâ vel ovali*, *magnitudine seminis lini*, *WALL. Chelidonii minerales*, *SCHEUCHZ. Pseudo-Chelidonii.*]

Ce sont des petits grains d'agate qui affectent une figure déterminée, soit demi-sphérique, ou ovale, soit demi-sphérique & concave, soit quarrée; ils ressemblent pour la plûpart à ce qu'on appelle les yeux d'écrevisses: on les trouve de la grosseur d'une lentille, quelquefois d'une graine de lin, dans le sable, ou dans d'autres agates: leur couleur varie; elle est tantôt blanche, tantôt grise, tantôt bleuâtre.

Il n'eſt pas encore certain ſi ces grains iſolés ſont formés par des gouttes d'eau pierreuſes en la maniere des ſtalactites, ou ſi ce ſont des petits fragmens d'agates comminués par le frotement : on les appelle quelquefois Pierres de Saſſenage ou Pierres d'hirondelles.

Espece CXXXIV.

III. Cornaline ou Cornéole.

[*Corneolus, Carneolus, Cornalina,* LEMERY. *Achates ferè pellucida, colore rubeſcente,* WALLER. *Sardius lapis.* WOLT. *Silex ſubdiaphanus ruber, Berillus.* CARTH. *Sardion* THEOPHR. *Sarda* PLINII. *Sardius recentiorum.*]

C'EST une eſpece d'agate peſante, preſqu'entiérement tranſparente, d'un grain fin, dont le tiſſu reſſemble à de la corne, compoſée de pluſieurs couches ordinairement rouges, ou d'une couleur de chair, quelquefois jaunâtre, un peu noirâtre, ſe diviſant en morceaux tranſparens, concaves ou convexes : les jouailliers nomment cornalines orientales & de *vieille roche* celles qui ſont dures, également tranſparentes & qui prennent un poli éclatant, de même qu'ils nomment cornalines occidentales ou de *nouvelle roche* celles qui ſont tendres.

On a,

1. La cornaline rougeâtre ou ſarde. [*Carneolus rubeſcens,* WALL. *Sardus, ibid. Silex ſubdiaphanus rubeſcens,* CARTH. *Beryllus* SCHEUCHZER. WOODWARD.]

On appelle ſarde la cornaline d'un rouge tirant ſur le jaune, ou d'un rouge pâle, même d'un rouge brun ; plus ſa couleur eſt foncée, moins elle est transparente ; cependant elle n'est jamais entiérement opaque. C'est de cette espece dont on fait aujourd'hui la plûpart des bagues, des cachets &autres bijoux semblables.

2. La cornaline jaunâtre. [*Carneolus flavescens.*]

Elle est d'une couleur ou orangée, ou safranée, & plus ou moins délavée ; elle tire quelquefois sur la couleur de la sardoine ; elle chatoye un peu & paroît comme composée de lignes.

3. La cornaline blanchâtre. [*Carneolus albescens, WALL. Silex subdiaphanus albescens, carneolus, CARTH.*]

Il est assez difficile de déterminer la nuance de cette sorte de cornaline ; quoique transparente, elle a des degrés d'une couleur d'eau laiteuse, ce qui la fait varier à l'infini ; quelques personnes la regardent comme une espece de cacholong.

4. La cornaline panachée. [*Carneolus maculis, vel lineis donatus, WALL.*]

C'est une cornaline ou rougeâtre, ou jaunâtre, bariolée de lignes blanches, onglées, rouges ou noires, ou d'autres couleurs ; quelquefois elle est pâle, blanchâtre & comme tachetée de gouttes de sang ; on l'appelle *Stigmites, Gemma sancti Stephani, KUNDMANN, WALL.* 4 & 5 (*a*).

(*a*) OBSERV. La belle cornaline doit être d'un rouge vif, tirant un peu sur l'orangé, ou de couleur de chair fraîchement coupée ; elle ne doit avoir ni points ni taches noires, ni de parties laiteuses, défauts auxquels elle est très-sujette, & qui la déprisent beaucoup : les morceaux d'une certaine grandeur, & sans nuages, sont très-recherchés, sur-tout celles qui sont dures, parce qu'elles peuvent souffrir la peinture à l'émail. Les cornalines nous viennent des Indes, de l'Arabie, de l'Egypte, de Babylone ; celles qui sont tendres, se trouvent en Boheme, en Allemagne, &c.

Le nom de cornaline a été donné à cette pierre, par sa ressemblance avec la corne *corneolus* ; on l'a encore appellé sarde, *sarda*, de σαρξ, *caro*, parce qu'elle est rouge comme la chair, ou parce qu'on la tiroit autrefois & uniquement de l'isle de Sardaigne.

ESPECE CXXXV.

IV. Onyx.

[*Onyx. Onychium*, WORM. LESSER. *Achates vix ſemipellucida, faſciis aut ſtratis, diverſè coloratis ornata*, WALL. *Silex ſubdiaphanus faſciis aut ſtratis ut plurimùm circularibus ornatis*, CARTH.]

CETTE agate eſt compoſée de lits & de couches différemment colorées & arrangées ou en maniere de cercles, ou par lits les uns ſur les autres; elle eſt ordinairement dure, compacte, opaque, ou à peine demi-tranſparente, ſuſceptible d'un beau poli.

On a,

L'onyx d'Arabie, [*Onyx Arabicus. Onyx corneus faſciis vel circulis, aut nigris fuſcis, aut albis, ornatus*. WALL.]

On peut voir dans Wallerius, *Fig*. 8 & 9, la forme de cette ſorte d'onyx; l'on y diſtingue des couches ou cercles noirs, bruns ou blancs, & qui ſont placés les uns près des autres; le fond de la couleur en eſt vive, les plus belles doivent avoir trois couleurs diſtinctes, ſans mélange, & poſées lit par lit les unes ſur les autres; la premiere couche eſt d'un gris laiteux, qu'on appelle *onglet*; la deuxieme qui eſt au milieu, eſt d'une couleur tannée, rougeâtre; & la troiſieme d'un aſſez beau noir: l'onyx qui a ces caracteres nets & diſtincts, eſt fort eſtimée & extrêmement difficile à trouver belle, ſur-tout quand elle eſt d'une certaine grandeur: cette eſpece de pierre ſe trouve aux Indes, en Arabie, en Amérique & même en Europe: ceux qui travaillent à ſcier & polir cette espece de pierre, y trouvent quelquefois les couches ou cercles disposés de façon à représenter soit un œil, ou une autre partie de l'animal; alors une telle pierre augmente de prix, à proportion de la finesse du grain, de la régularité des couches, & du dessein correct qu'on croit y appercevoir : c'est avec les mammelons ou cercles de cette pierre, que les ouvriers taillent & forment les yeux opaques ou les pierres prétendues pétrifiées d'un nombre infini d'animaux : on en fait communément des cachets & des bagues : les anciens travailloient cette pierre, de façon que le fond étoit d'une couleur, & ce qui étoit gravé, soit en creux, soit en relief, d'une autre couleur : Wallerius dit que c'est pour cette raison, qu'elle est en si grande estime chez les Orientaux, que dans la Chine où on l'appelle *you*, il n'y a que l'empereur qui ait le droit de la porter; elle est nommée *la pierre des pierres* dans l'écriture sainte.

2. Memphite ou Camée. [*Memphites. Camehuia. Onyx stratis diversè coloratis ornatus.* WALL.]

On ne remarque point de cercles dans cet onyx, mais des couches placées les unes sur les autres & dans l'ordre qui suit; la premiere couche est ordinairement noire, bleuâtre ou brune, couleur de chair, rousse, obscure & triste; la deuxieme est blanche ou grise : il arrive souvent que l'on peut séparer ces couches les unes des autres : cette pierre ne se trouve communément qu'après les inondations, dans le lit des torrens.

La pierre onyx tire son origine d'ὄνυξ, nom grec qui signifie en latin *unguis*, & en françois ongle, parce que cette pierre ressemble à l'ongle qui a, depuis sa base jusqu'à son extrémité, trois couleurs différentes.

ESPECE CXXXVI.

V. Sardoine ou Sardonix.

[*Sarda-onyckites. Sardonix. Onyx fasciis & circulis donatus, alterutro rubro,* WALL.]

ON remarque dans cette pierre, qui est un peu différente de l'onyx, un fond couleur de corne, entre-mêlé de distance à autre & par nuances, d'une teinte de rouge brun qui souvent tire sur le noir: la sardoine paroît ordinairement ondulée & pommelée, quelquefois pleine d'onglets, d'un tissu de corne, prenant bien le poli, mais qui n'a pas d'éclat: elle est très-bonne à la gravure en ce qu'elle ne retient point la cire.

On a,

1. La sardoine orientale. [*Sardonix orientalis.*] On donne ce nom à la sardoine qui est très-dure, pommelée, agréablement nuancée, bien délavée; elle nous est apportée des Indes, de l'Egypte, de l'Arabie, de l'Epire, de Cypre, de l'Armenie & de Babylone où elle y est appellée Pierre de Memphis, parce qu'on en fait aussi des camées.

2. La sardoine occidentale. [*Sardonix occidentalis.*]

Telle est celle dont le fond est de couleur obscure, avec des taches sourdes, bleues, environnées de cercles laiteux, & qui est moins dure que la précédente; on la trouve dans la Boheme & dans la Silésie.

3. La sarde agate. [*Sardachates. Achates maculis pallidè rubris,* WALL.]

On appelle ainsi la pierre qui tient de la cornaline & de l'agate proprement dite; elle est demi-transparente: sa teinte est pure, jaunâtre ou rouge pâle, également distribuée & sans apparence de taches particulieres & distinctes.

Le mot de sardoine est composé de *Sarda* cornaline & de *Onyx*, *unguis* ongle : la sardoine doit en effet participer des couleurs propres à chacune de ces pierres, sans quoi elle perdroit le nom de sardoine ; on croit cependant que le nom de sardoine a été donné à cette pierre, parce que la premiere fut trouvée dans une ville d'Asie nommée *Sardes*.

ESPECE CXXXVII.

VI. Jade, ou Agate verdâtre, ou Pierre néphrétique.

[*Jadé. Achates viridescens, perdurissima, oleaginosa. Lapis nephetricus. Gypsum viride semipellucidum, fissile,* WALL. *Smectites subdiaphanus, durus, viridis,* WOLT. *Smectites, subtilis, duriusculus, viridis, fragmentis subfissilibus,* CARTH.]

M. Wallerius dit que la pierre néphrétique est un gypse verd demi-transparent. M. Pott, apres avoir fait des expériences sur cette pierre, l'a placée dans les pierres argilleuses ou stéatites (*a*) ; Boyle, Wormius, Kœnig, Neumann, tous ces auteurs ont considéré différemment cette pierre.

Quoi qu'il en soit, d'après nos expériences sur la pierre que l'on nomme aujourd'hui pierre néphrétique, nous l'avons rangée dans cet ordre &

(*a*) La pierre néphrétique, que plusieurs de ces auteurs reconnoissent pour être le *jaspe verd des anciens*, n'est au fond, qu'une espece singuliere de steatite, plus ou moins transparente & verte, feuilletée & plus dure que les autres stéatites ; elle se durcit au feu, jusqu'à donner des étincelles ; sa verdeur vient du cuivre : on remarque que celle de la Chine est du même genre, mais plus transparente & plus claire ; celle de Saxe est opaque & foncée.

genre des pierres vitrifiables, & nous lui assignons pour caractere d'être rude, grainue, non feuilletée, compacte comme la pierre à fusil, grasse, huileuse à la vue & au toucher comme la pierre de lard de la Chine, d'une couleur verdâtre, ou olivâtre, ou laiteuse plus ou moins foncée, recevant difficilement un poli vif, à cause de son extrême dureté; elle perd rarement son tissu lorsqu'on l'arrose de liqueurs fortes & acides, elle fait feu avec le briquet : on lui attribue beaucoup de propriétés qui tiennent de la fiction, aussi l'a-t-on décorée de plusieurs noms différens ; on la trouve de différentes grosseurs en divers pays (*a*).

(*a*) Les Turcs & les Polonois font un grand cas de la pierre jade : ils en ornent souvent les manches de leurs sabres, coutelas, & autres instrumens; cette pierre est aussi fort estimée des Indiens, qui ont peine à s'en défaire, & elle devient tous les jours plus rare. On voit, dans les cabinets des curieux, des vases de cette pierre, faits par les Indiens ; mais on ignore l'art avec lequel ces peuples ont sçu les former, & y percer, malgré l'extrême dureté de la matiere, des trous quelquefois de six à sept pouces de long, & sans aucun outil de fer : tout ce qu'on peut dire, c'est qu'ils doivent avoir mis un tems immense à construire & à polir ces vases de jade, n'y ayant aucune pierre plus dure à travailler : quelques ouvriers avouent même que le jade surpasse en dureté l'agate, le jaspe & le porphyre, & que souvent on ne peut le travailler qu'avec l'*égrisée*, qui est la poudre de diamant. C'est aussi cette extrême dureté du jade, qui l'avoit rendu si précieux & en si grande estime chez les anciens. Boëce de Boot a tant vanté les qualités de cette pierre, qu'il l'a appellée *pierre divine*. On l'estime fort pour chasser la pierre du rein, & pour l'épilepsie, étant portée en amulette au col, au bras, sur les reins & sur toutes les parties affligées. Anselme Boëce, médecin de l'empereur Rodolphe II, *au chapitre* 108 *de ses observations*, admirant les effets de la pierre néphrétique, dit en ces termes : *Etsi lapis nephreticus inter gemmas locum habere non deberet, &c.* Ce meme auteur dit que Rodolphe II avoit acheté une petite tranche de cette pierre seize cent talens, tant étoit grande l'idée que l'on avoit de la vertu du jade ou pierre néphrétique. Nicolas Monard, médecin de Seville en Espagne, cite aussi cette pierre dans son *premier livre des Simples*, *chap* 14, *nephreticum lapidem gestant variis formis effigiatum adversùs nephreitidis & stomachi dolores*; & Aldrovande, *Mus. metall. liv.* 4, *chap.* 41, dit également que cette pierre est extrêmement rare, précieuse & difficile à recouvrer, qu'on la porte en bracelets,

On a,

1. Le jade blanchâtre. [*Jadé-achates albescens.*]

C'est le vrai *jade d'Orient* dont on ne connoît plus la carriere; il est d'un blanc laiteux, matte, peu transparent.

2. Le jade d'un verd clair, [*Jadé-achates subviridescens.*]

Sa couleur est olivâtre ou céladon : on le nomme par excellence *pierre divine*, ou *pierre néphrétique.*

3. Le jade d'un verd foncé. [*Jadé-achates obscurè viridescens.*]

Sa couleur ressemble à de la prime d'émeraude foncée; on l'appelle Pierre des Amazones.

ESPECE CXXXVIII.

VII. Calcedoine, ou Charcedoine.

[*Calcedonius, aut Carcedonius candida, onyx. Achates vix pellucida, nebulosa colore griseo*

non pour ornement, mais pour la santé, ayant de grandes vertus contre les douleurs néphrétiques, enfin qu'elle tire son nom des grands effets qu'elle produit : *Hic lapis indicus nephreticus magni fit, cùm ità facilè haberi nequeat. Brachialibus inseri solet, non modò ad ornamentum, sed gratiâ sanitatis, cùm adversùs dolores nephreticos maximè commendetur ; nam ab ejusmodi effectu & affectu nomen invenit, &c.* Toutes ces vertus du jade, si vantées dans ces divers auteurs, & notamment dans un discours touchant les merveilleux effets de la pierre divine, &c. paroissent fort exagérées & n'avoir de partisans, que les gens crédules, ou, comme a dit Voiture dans la vingt-troisieme de ses lettres adressée à mademoiselle Paulet, la pierre de jade est un remede dans un pays où il n'y en a point d'autre, & où on doit plutôt attendre du secours des pierres que des hommes, &c. Les jouailliers taillent le jade en petits morceaux & le polissent : ils les percent ensuite par les deux extrémités ; c'est ce que l'on appelle *amulettes.*

Cette pierre a plusieurs noms dans le commerce, *pierre de jade ; pierre néphrétique ; pierre divine ; limon verd pétrifié ; pierre de la riviere des Amazones*, parce qu'on en trouve dans le fond de ce fleuve, & que Venette, *Traité des Pierres, p* 151, dit qu'elle provient du limon fluide qui s'y endurcit dans certains endroits, mais sur-tout quand on l'expose à l'air : on en fait des haches dans le pays.

mixta,

mixta, WALL. *Corneus lacteo-cæruleus*, WOLT. *Silex subdiaphanus*, *nebuloso-griseus*, *lacteus*, *viridi cærulescente*, *albo*, &c. *mixtus*, CARTH.]

A peine voit-on au travers de cette pierre, quoique demi-transparente ; sa couleur est toujours nébuleuse, trouble & d'un bleu laiteux, mêlée d'autres couleurs foibles : on en trouve cependant qui sont presqu'entiérement transparentes, luisantes & qui chatoyent d'une façon remarquable.

Cette pierre est dure, prend très-bien le poli, fait feu avec le briquet ; exposée au feu, commence par y devenir totalement blanche ; ensuite s'y vitrifie, si le degré est continu & violent : on en fait des bijoux (*a*).

On a,

1. La calcédoine d'un gris-brun. [*Chalcedonius griseo-spadiceus*, WALL.]

Sa couleur est grise & mêlée d'un brun pâle.

2. La calcédoine d'un gris verdâtre. [*Chalcedonius griseo-viridis*, WALL.]

La couleur verte qu'on croit y appercevoir, disparoît quand on regarde le jour au travers, alors on la voit trouble & mêlée d'un peu de gris.

3. La calcédoine d'un gris ou blanc bleuâtre. [*Chalcedonius griseo vel albo-cærulescens*, WALL.]

C'est la plus dure, la plus belle, la plus rare & la plus estimée de toutes les calcédoines : il s'y trouve pour l'ordinaire un peu de jaune & de pourpre fort agréables à la vue, de sorte qu'elle

(*a*) Lemery dit que les anciens avoient une si grande estime pour la calcédoine, qu'ils en faisoient des petits vases, ou ne l'employoient que dans les plus beaux ornemens de leurs édifices. Le roi Salomon la prodigua, pour ainsi dire, dans le magnifique temple qu'il fit bâtir à Jérusalem, & les empereurs Romains recherchoient cette pierre comme une matiere rare & précieuse ; mais elle est devenue bien moins rare, depuis qu'on en a découvert en Europe.

paroît au moins mêlée de trois couleurs, *tricolor*; en effet, si on regarde le soleil au travers, on y remarquera toutes les couleurs de l'arc-en-ciel, c'est ce qui l'a fait appeller *Iris-Chalcedonia*, calcédoine orientale : elle approche beaucoup de l'opale & du girasol ; elle se trouve dans les montagnes aux Indes.

4. La calcédoine laiteuse. [*Chalcedonius griseo-lactescens*, *WALL.*]

Quoique commune, d'une seule couleur, & moins dure que la précédente, elle est cependant assez belle & luisante : sa couleur est ou d'un blanc pâle, ou d'un blanc épais ou laiteux ; on la trouve ordinairement en Europe, dans plusieurs lieux de l'Allemagne & de la Flandre près de Louvain & de Bruxelles : on l'appelle Calcédoine de Volterre.

5. La calcédoine rayée & tachetée. [*Chalcedonius lineis & maculis donatus*, *WALL.*]

Elle est panachée ; on y remarque de petites raies ou points, tantôt gris, tantôt rouges, sur un fond blanc laiteux.

On appelle la calcédoine *Chalcedonius*, ou carcédoine *Charcedonius*, parce qu'elle ne nous venoit autrefois que de la Chalcide.

ESPECE CXXXIX.

VIII. Girasol.

[*Solis gemma. Scambia. Asteria fulgens.*]

LE girasol est une pierre presque transparente, que quelques personnes regardent comme une espece de crystal laiteux, & d'autres comme une espece d'opale : elle est plus dure que l'opale, & moins dure que le crystal de roche.

La pierre appellée girasol est toujours laiteuse ou calcédonieuse, un peu transparente, plus ou moins resplendissante, donnant un éclat foible des couleurs de l'arc-en-ciel, ou de jaune doré, réfléchissant les rayons du soleil, de quelque côté qu'on la tourne avec elle, mais plus foiblement que la pierre proprement dite chatoyante, & l'opale.

Les pierres de girasol varient par la dureté & par la beauté des couleurs qu'elles chatoyent ; les plus belles, celles dont la teinte est égale, sont orientales ; celles qui sont tendres & foibles en couleur sont occidentales.

L'une & l'autre nous viennent de Chypre, de la Galatie, & même de Hongrie & de Boheme.

Ces pierres ont été long-tems l'objet de la superstition chez les anciens, qui s'en servoient comme d'un talisman invincible pour se rendre favorable le dieu Morphée.

Girasol est un nom italien qui vient du latin *gero*, *girare* je porte, & *sol* soleil, comme qui diroit pierre qui porte le soleil, *quia radios solares in se gestare videatur.*

ESPECE CXL.

I X. Opale.

[*Opalus. Lapis elementarius. Pæderos* PLINII. *Achates ferè pellucida, colores pro situ spectatoris mutans,* WALL. *Gemma lacteo-cærulea colores omnes ostentans,* WOLT. *Silex subdiaphanus, Lacteus situ mutato, colores mutans,* CARTH.]

ELLE est d'un bleu laiteux, presqu'entiérement transparente ; elle a la propriété de donner toutes les couleurs & de les changer suivant la différente exposition au jour sous laquelle on la regarde :

on en connoît de plusieurs sortes & qui ne peuvent être entiérement contrefaites.

On a,

1. L'opale de couleur de lait, ou l'opale orientale, [*Opalus Ireos, lacteus, Opalus orientalis. Opalus lactei coloris, ex rubro, viridi, cæruleo & flavo versicolor.* WALL.]

Boëce de Boot, auteur du *Parfait Joaillier* la regarde comme la plus belle & la plus précieuse des opales, & même comme la pierre la plus merveilleuse que la nature produise en ce genre; elle est dure, luisante, transparente, resplendissante, parsemée d'un blanc leger de lait, au travers duquel, lorsqu'on regarde la pierre au jour, & qu'on la fait chatoyer, on remarque avec un plaisir infini le feu du rubis, le colombin ou la pourpre de l'améthyste, le jaune éclatant de la topaze, l'aimable verd de l'émeraude, enfin toutes les autres couleurs les plus brillantes & les plus éclatantes de l'iris ou des plus belles pierreries; cet éloge magnifique n'est en quelque sorte que la traduction du passage de Pline, lorsqu'il dit à l'occasion de cette pierre qu'il nomma *Pæderos:* [*Est enim in iis carbunculi tenuior ignis, est amethysti fulgens purpura, est smaragdi virens mare, & cuncta pariter incredibili mixturâ lucentia*] (*a*). C'est cette pierre dont il est fait mention dans l'*Apocalypse*, *Chap. XXI*, sous le nom de *la plus noble des pierres.*

(*a*) On prétend que toutes les belles couleurs qu'on admire dans l'opale, n'y résident pas en nature; que tout ce jeu éclatant est dû à la réfraction des rayons de la lumiere sur les parties de la pierre, arrangées naturellement, pour produire cette réfraction. En effet l'expérience démontre souvent, que si on casse cette pierre, elle se divise en éclats, comme le silex; & les couleurs si merveilleuses s'évanouissent en même tems, ou changent de modifications, &c.

L'opale orientale naît dans le Ceylan; cette pierre étoit autrefois en grande estime chez les Romains, puisque Nonius sénateur Romain, aima mieux être privé de sa patrie, que de consentir à céder son opale à Antoine qui la lui demanda (*a*).

2. L'opale jaunâtre. [*Opalus flavescens, debili colorum repræsentatione versicolor*, *WALL.*]

Cette opale domine par le jaune au travers duquel on voit quelques couleurs, mais foibles & comme éteintes: elle ne chatoye pas d'une façon remarquable; on la trouve en Chypre & dans l'Arabie.

3. L'opale noirâtre. [*Opalus niger flavum emitens colorem*, *WALL.*]

Cette opale est assez rare à trouver; on y voit briller au travers d'une certaine noirceur un feu & un éclat d'escarboucle: elle ressemble assez à un charbon noirâtre allumé par un côté; on la trouve en Egypte.

ESPECE CXLI.

X. Chatoyante, Œil de chat.

[*Lapis mutabilis, Oculus cati. Oculus felis* LATINOR. *Opalus virescens radium ex albo in flavescentem emittens*, *WALL.* *Asteria* PLINII. *Pseudo-opalus* CARDANI. *Oculus solis. Achatinus-astrobolos* MERCATI. *Lapis elementarius.*]

LA couleur de cette pierre est un gris de paille;

(*a*) Les opales, quoique peut-être moins cheres qu'autrefois, n'en sont pas moins estimées aujourd'hui: leur prix est fixé au double, au triple, & quelquefois au centuple du sapphir, lors-sur-tout que cette pierre est dure, pesante, grande, qu'elle chatoye bien, c'est-à-dire, qu'elle change agréablement de couleurs, suivant les différens points de vue, sous lesquels on la regarde; mais il est extrêmement difficile de la trouver dans une belle grandeur, & cependant il la faut d'un certain volume, pour pouvoir jouir de toutes ses beautés; c'est sans doute ce qui la rend si rare, si précieuse & en même tems si peu connue.

ou jaune, ou verdâtre; elle a un point dans le milieu d'où partent en rayonnant ou chatoyant des traces verdâtres très-vives, couleur de porreau entre-mêlée de taches dorées, & qui ressemblen assez au gris brillant de l'œil de chat; elle est transparente, fort belle, dure & susceptible d'un poli éclatant, & produit un effet assez agréable, quand on l'expose entre la lumiere & l'œil. Les ouvriers réncontrent rarement le juste milieu du point pour en former un œil *Bel'ochio* dans toutes ses proportions; c'est pourquoi l'œil de chat est si rare & si estimé quand il est dans toutes ses perfections. Quelques personnes le regardent comme une espece de sapphir.

ESPECE CXLII.

XI. Chatoyante, œil du monde.

[*Lapis mutabilis*, *Oculus mundi. Achates unguium colore, in aëre opaco, aqua perfusa pellucens*, WALL. *Lapis mutabilis*, CALCEOL. BOYLE *de Adam. in ten. luc. pag.* 43.]

CETTE pierre ressemble quelquefois par sa couleur à l'onyx d'Arabie; mais comme elle est demi-transparente, ainsi que l'opale, elle appartiendroit autant à une calcédoine fauve, laiteuse; elle a la propriété d'être opaque à l'air & de devenir jaune, transparente, ou du moins de s'éclaircir dans l'eau froide, ensuite de reprendre son premier état en sortant de l'eau.

On a,

La chatoyante des lapidaires. [*Lapis mutabilis Gemmariorum.*]

La couleur de cette pierre tire sur le benjoin; elle est grise, cendrée, entre-coupée de veines jaunâtres, rouſſâtres, brunâtres, obſcures, &c. Elle eſt dure, vivace, preſqu'entiérement opaque: quoique poreuſe, elle reçoit très-bien le poli, & réfléchit fortement les rayons de la lumiere, de façon qu'étant expoſée au ſoleil, elle reluit & en réfléchit continuellement l'image, avec un éclat qui fait plaiſir, éclat que l'on appelle *chatoyant.*

Cette pierre nous vient des Indes orientales, de l'Arabie & de l'Egypte: quelques perſonnes croient ſans fondement, que cette eſpece chatoyante eſt l'*anthrax* des Perſes, ou la *pierre du ſoleil* des anciens; mais l'*anthrax* eſt le rubis eſcarboucle, & la *pierre du ſoleil* eſt le giraſol.

Espece CXLIII.

XII. Cacholong, ou Cacholing.

[*Cacholonius. Achates opalina, tenax, fracturâ inæqualis*, WALL.]

Wallerius dit que c'eſt une eſpece d'agate dure & compacte qu'on ne peut polir qu'avec l'émeril; elle eſt blanche, laiteuſe, couleur d'opale, à peine demi-tranſparente, anguleuſe, inégale & vitreuſe dans la fracture, comme le quartz, devenant entiérement opaque au feu, & s'y vitrifiant; on la trouve, dit cet auteur, détachée comme tout autre caillou ordinaire, dans le pays des Calmouques ſur le bord d'une riviere que les habitans du pays appellent *caché*; comme ces peuples nomment *cholong* toutes les pierres, il n'a pas été difficile de joindre enſemble ces deux mots *caché* & *cholong* & d'en former *cacholong.*

On peut faire avec cette pierre, ſur le tour, differens vaſes, des taſſes & d'autres ouvrages qui reſſemblent aſſez à une porcelaine blanche & demi-tranſparente.

GENRE XXVIII.

II. Grais ou Pierre de Sable.

[*Lapis arenarius, vulgaris. Cos* LINN. *Saxum sabulosum*, WALL. *Arenarius amorphus ex quartzis fragmentis compositus*, WOLT. *Saxum arenarium* AGRICOLÆ. *Saxi alterum genus* AGRICOLÆ.

A L'INSPECTION de cette pierre, on juge facilement qu'elle est composée de particules fort grossieres; ce sont des grains de sable quartzeux plus ou moins attenués, & qui dans leur union ont été placés les uns près des autres sans régularité, & dans un ordre indéterminé; cependant le grais se partage aisément en grands cubes; mais quand on le brise, il se divise en morceaux, de figures irrégulieres & indéterminées: il se trouve par couches, tantôt plus, tantôt moins épaisses, dans des carrieres dont les masses sont plus tendres, à proportion qu'elles sont peu profondes, ou qu'elles sont plus proches de la surface de la terre, au point que la pierre n'a pas quelquefois plus de consistance que le *sable pelotonné* (*a*). Plus les particules de sable ont été fortement liées les unes aux autres, plus il est dur, compacte, & mieux il étincelle avec

(*a*) Voyez *Urb. Hiærn. Resp. ad quæst.* 15, *p.* 356; & *Henckel, de lapid. orig. p.* 13 & 14, pour la matiere *Gluten*, qui sert à lier & à affermir ensemble les particules du sable. Voyez aussi les *Actes* de Suède 1741, *p.* 250, pour la preuve que le grais se reproduit tous les jours. Voyez encore *Daniel Tilas*, *Histoire des pierres*, *p.* 13, sur l'antiquité de l'existence du grais.

l'acier ; cela n'empêche pas que chaque coup qu'on lui donne ne détache une partie considérable de la pierre : le grais ordinaire ne fait point d'effervescence avec les acides ; il se vitrifie au feu, & produit un verre très-dur & très-compacte.

ESPECE CXLIV.

I. Pierre meuliere.

[*Lapis molaris. Quartzum variis foraminulis inordinatè distinctum, aut Quartzum molare*, WALL. *Arenarius major*, WOLT. *Arenarius durus, granulis inæqualibus*, CARTH. *Lutum*, STRAB.]

CETTE pierre est celle que Wallerius appelle *Quartz carié* ou *comme vermoulu*. En effet, elle est criblée de trous comme du bois rongé de vers : elle est composée de fragmens de quartz ; ou plutôt, c'est une espece de concrétion très-dure de sable grossier, *ex sabulo compactus*, dont on se sert pour faire des meules à moulins : il y en a des carrieres en Champagne.

ESPECE CXLV.

I. Grais poreux ou Pierre à filtrer.

[*Filtrum. Cos particulis porosis. Cos solidiuscula porosa, aquam sensim transmittendo, stillans*, LINN. *Cos particulis arenosis majoribus, aquam transmittens*, WALL. *Arenarius porosus aquam transmitens*, WOLT. *Arenarius durus, foraminosus granulis grossis æqualibus*, CARTH. *Cos foraminata.*]

CETTE pierre est raboteuse, poreuse, & se durcit à l'air ; elle est composée de particules de sable grossieres & égales : l'eau se filtre au travers. Wallerius, *Obs. pag.* 143, dit qu'on la trouve dans les isles Canaries & sur les côtes du Méxique, &

que les Japonnois la regardent comme une éponge pétrifiée. Ce n'eſt pas la ſeule pierre dont on ſe ſerve, pour filtrer l'eau : on en trouve d'autres en Ingermanie, aux environs d'Upſal, qui ſont tellement poreuſes, qu'on diroit qu'elles ont été rongées par les vers, *Cos variis foraminulis diſtincta, aut Arenarius foraminoſus levis :* elles reſſemblent beaucoup à la ponce griſe ; elles ſont feuilletées, & ſe laiſſent travailler facilement : le palais de Peters-hof en eſt bâti. On en a encore découvert, depuis quelques années, près de Mersbourg & de Gera en Saxe ; & M. Milins dit en avoir trouvé dans les carrieres de pierre à chaux de Ruderſdorf, en maſſes très-conſidérables.

ESPECE CXLVI.

III. Grais groſſier.

[*Lapis arenarius viarum. Cos particulis arenoſis, inæqualibus, dura, vulgaris*, WALL. *Arenarius minor*, WOLT. *Arenarius durus, granulis ſubæqualibus*, CARTH.]

LES parties de cette pierre ſont très-aiſées à diſtinguer, groſſieres, inégales ; elle eſt dure, compacte, difficile à travailler, fait plus ou moins facilement feu avec l'acier.

On a,

1. Le grais groſſier blanc. [*Arenarius colore albo*, WALL.

On s'en ſert communément en France, pour paver les rues des villes & les grands chemins : on en trouve des carrieres dans la forêt de Fontainebleau, &c.

2. Le grais groſſier gris. [*Arenarius cinereus*, WALL.]

Les Suédois l'appellent *pierre de Roſlagen*, de

la province où on le trouve à Rodmanſo : on s'en ſert pour faire des marches d'eſcaliers & d'autres ouvrages dans les endroits humides.

3. Le grais groſſier jaunâtre. [*Arenarius flaveſcens*, *WALL.*] Ce grais eſt quelquefois autant rougeâtre que jaune. On en trouve en différens endroits de la France.

ESPECE CXLVII.

IV. Grais à bâtir.

[*Cos ædificialis. Cos friabilis, particulis argiloſo-glareoſis*, LINN. *Cos particulis minimis, glareoſis, mollis, cædua*, WALL. *Arenarius duriuſculus, argilloſus, granulis minutiſſimis, æqualibus*, CARTH. *Quadrum* CÆSALPINI. *Quadratum* ALBERTI. *Saxi alterum genus* AGRICOLÆ.]

LES particules de cette pierre ſont fines, très-petites : on diſtingue de deux ſortes de cette eſpece de grais ; l'une qui eſt dure, contient peu d'argille & fait facilement feu avec l'acier ; l'autre eſt tendre, griſe, ſe laiſſe aiſément tailler & travailler, & fait difficilement feu lorſqu'on la frape avec un briquet : l'une & l'autre ſe diviſent en cubes oblongs. On en trouve en Normandie, &c.

ESPECE CXLVIII.

V. Grais, Pierre des Remouleurs.

[*Cos vulgaris. Lapis cotarius. Cos friabilis particulis glareoſis*, LINN. 2. *Cos particulis arenoſis, æqualibus, minoribus. Coticularis*, WALL. *Arenarius duriuſculus, granulis parvis, æqualibus*, CARTH. *Saxum molare* AGRICOLÆ. *Cos gyratilis & aquaria* PLINII.]

LES particules qui compoſent cette pierre,

font très-fines, égales, de la grosseur d'un grain de millet, mais peu compactes par elles-mêmes; elles sont néanmoins si étroitement liées les unes aux autres, que l'eau ne peut filtrer au travers de cette pierre: on s'en sert pour faire des pierres à aiguiser & des meules.

On a,

1. La pierre des remouleurs blanche. [*Lapis cotarius albus*, *WALL.*]

On la travaille fort aisément; les figures qui en sont faites sont très-jolies & durables.

2. La pierre des remouleurs, d'un gris clair. [*Lapis cotarius cinereus*, *WALL.*]

On y distingue aisément des particules vitreuses & fort brillantes.

3. La pierre des remouleurs jaunâtre. [*Lapis cotarius flavescens*, *WALL.*]

Toutes les différentes petites pierres à aiguiser avec ou sans eau, & qui font feu avec l'acier, sont de cette espece: il ne les faut pas confondre, avec celles d'ardoise, *cos salivalis.*

4. La pierre des remouleurs rougeâtre. [*Lapis cotarius rubescens*, *WALL.*]

On en trouve une très-grande quantité, ainsi que de la précédente dans la paroisse d'Orsa en Dalécarlie, qui en fournit tout le royaume de Suéde.

ESPECE CXLIX.

VI. Grais, ou Pierre à aiguiser de Turquie.

[*Cos Turcica. Cos particulis arenosis tenuissimis, impalpabilibus, indurabilis. WALL. Arenarius durus, granulis æqualibus, CARTH.*]

CETTE pierre qui paroît d'abord écailleuse, ou

qu'on prendroit pour une espece de *silex*, est grise, séche & tendre : l'acier mord dessus en cet état ; mais quand elle a été humectée avec de l'huile, elle durcit, & acquiert au feu, de même que les pierres argilleuses, une couleur souvent blanchâtre.

ESPECE CL.

VII. Grais feuilleté.

[*Cos fissilis. Fissilis arenaceus. Cos in lamellas fissilis, WALLER. Arenarius fragmentis fissilibus CARTH.*]

IL est composé de particules fines & dures, rarement grossieres & tendres : il se divise en lames minces.

On a,

1. Le grais feuilleté à gros grains. [*Cos fissilis particulis majoribus.*]

2. Le grais feuilleté à petits grains. [*Cos fissilis particulis minoribus, WALL.*]

ESPECE CLI.

VIII. Grais mélangé ou Grais dont les parties sont de différentes natures.

[*Arenarius mixtus. Cos sabulosa. Saxum glareosum, LERCH. & BAYER Cos particulis majoribus, sabulosis diversæ naturæ coalita, WALL. Cos arenacea particulis minoribus siliceis mixta, CARTH.*]

CETTE pierre qui est un assemblage de grains de spath, de caillou, de particules de sable luisant, & quelquefois de mica, mêlées, comme cimentées ou mastiquées ensemble, n'appartient point à la rigueur à ce genre de pierre, lors sur-tout que les particules du sable grossier n'y dominent pas : il doit passer dans les *saxum*. Nous ne l'avons rangé ici, que parce que ses particules paroissent extérieurement n'être qu'un sable grossier, ou un gravier; & en effet il entre plus de sable dans sa composition, que des autres corps; telles sont les pierres meulieres que l'on trouve à Sckula, près de Biornborg en Finlande.

GENRE XXIX.

III. Quartz.

[*Quartzum. Silex nonnullorum.*]

IL est assez difficile de déterminer la figure des parties qui composent le quartz, parce qu'elles paroissent vitreuses & gercées dans la fracture, & ressemblent à une masse de verre fondu; lorsqu'on les casse, elles se divisent en morceaux anguleux, pointus, inégaux, luisans, transparens & de figures irrégulieres: le quartz, quoique très-dur, étincelle plus ou moins bien avec le briquet, & est attaqué par la lime, *Quartzum limæ cedens;* il est susceptible de recevoir un poli qui n'est pas fort uni, à cause de la quantité de petites fentes ou veines gercées qui paroissent dans son tissu: cette pierre, exposée seule à l'action du feu, y entre difficilement en fusion; mais lorsqu'elle est mêlangée, elle se vitrifie, & produit aussi dans les fonderies une scorie comme liquide, qui en surnageant au métal, le couvre & l'empêche d'être entiérement détruit par l'action du feu: le quartz n'est point attaqué par les acides, il est indestructible à l'air; on le trouve abondamment répandu sur la terre: il est, de même que le spath, l'indice & la matrice des métaux ; au moins il y forme des filons qui traversent horizontalement les mines, & qui les rend pauvres : on l'y reconnoît à sa couleur blanchâtre, ou brunâtre & vitreuse ; c'est lui qui produit des étincelles dans les mines, lorsque les instrumens des ouvriers le heurtent. Le quartz se forme en maniere de crystaux contre les parois des cavernes ou dans les fentes des montagnes : les corps étrangers qu'il renferme donnent bien lieu de croire que s'il y a du quartz de toute antiquité, c'est-à-dire, formé avec le monde, il s'en produit encore actuellement, puisque l'on en trouve qui se coagule & se durcit dans des lieux qui en étoient épuisés, & qui se juxtappose par progression sur différentes matieres, d'une nature opposée au quartz. Voyez *Henckel* dans son Traité *de lap. origin. p.* 39. Cette pierre entre dans la composition des roches composées, & notamment dans le porphyre, dans le granit & les autres pierres dures, dont on faisoit autrefois tant d'obelisques, de statues colossales; & comme nous avons dit qu'il étoit indestructible, il ne doit pas être étonnant que tous les monumens précieux, construits avec ces rochers, soient également inaltérables : c'est ce qu'on remarque dans les pompeux sépulcres des grands ducs de Toscane, à Florence, dans les maisons royales d'Espagne (l'Escurial & Madrid).

ESPECE CLII.

I. Quartz grainu.

[*Quartzum arenaceum. Quartzum subcotaceum*, *LINN.* 5. *Quartzum granulatum cohærens*, *WALL. Quartzum fragmentis tuberculosis*, *CARTH.*]

IL est composé de grains de quartz & de particules de sable, si semblables à des grains de sels, que les minéralogistes Allemands l'ont nommé *saltz-schlag* : ces grains semblent comme cimentés les uns aux autres, & contenir des parties métalliques : ce fossile se trouve à Falun & en Champagne.

ESPECE CLIII.

II. Quartz en grenats.

[*Quartzum granaticum. Quartzum fuscum granaticum friabile*, WALL.]

CETTE espece de quartz qui se trouve en Suéde, dans la nouvelle mine de cuivre, & près de Striposen, est une pierre grossiere, brune, dont la couleur & la figure ressemblent en quelque sorte aux grenats assemblés tumultuairement : on la trouve de la grosseur du poing, & quelquefois davantage; elle est friable comme le grais.

ESPECE CLIV.

III. Quartz friable.

[*Quartzum fragile. Quartzum opacum*, LINN. 4. *Quartzum friabile & rigidum*, WALL. *Quartzum informe, opacum*, CARTH.]

CE quartz se casse-très facilement; il est sec au toucher, compacte & solide ou massif, d'une couleur blanche, quelquefois d'un gris clair, ou d'un gris foncé ou marbré. Il n'a point de formes déterminées.

ESPECE CLV.

IV. Quartz gras.

[*Quartzum pingue aut oleaginosum. Quartzum solidum, attactu pingue*, WALL.]

IL paroît fort compacte & très-brillant dans ses

ſes fractures ; gras au toucher dans toutes ſes ſurfaces, comme ſi elles étoient enduites d'huile ou de graiſſe, d'une couleur blanchâtre mêlée de bleu.

Les ouvriers qui travaillent aux mines, en font un cas particulier, en ce que dans leurs fouilles il leur indique ordinairement des minéraux précieux.

Il y a,

1. Le quartz gras opaque. [*Quartzum pingue opacum, WALL.*]

C'eſt le plus compacte & le plus peſant.

2. Le quartz gras demi-tranſparent. [*Quartzum pingue ſemipellucidum, WALL.*]

Il eſt d'une couleur d'eau, ou verdâtre.

ESPECE CLVI.

V. Quartz laiteux.

[*Quartzum lacteſcens. Quartzum ſolidum, opacum, duriſſimum, aqueo lacteum, WALL. Quartzum Jacobinum. Gemma divi Jacobi.*]

CE quartz eſt entiérement opaque, d'un blanc matte, reſſemblant à de la crême étendue, mais non délayée dans de l'eau ; il eſt d'une dureté extrême, fait feu avec l'acier : on le trouve en Suéde, aux environs de Dahleroë, & en Auvergne près de Château-neuf.

ESPECE CLVII.

VI. Quartz coloré.

[*Quartzum coloratum. Quartzum tinctum, LINN. 3. Quartzum ſolidum, opacum, coloratum, WALL. Quartzum opacum plerumque variegatum, WOLT.*]

IL n'eſt point tranſparent ; mais il eſt coloré par

un mélange de différentes couleurs, & n'a point de figure déterminée.

On a,

1. Le quartz rouge. [*Quartzum coloratum rubrum*, *WALL.*]

La couleur rouge n'en est pas fort vive.

2. Le quartz verd. [*Quartzum coloratum viride*, *WALL.*]

Il a beaucoup de ressemblance avec une espece de jaspe verd, aussi les confond-on souvent ensemble.

3. Le quartz bleu. [*Quartzum coloratum cæruleum*, *WALL.*]

Il est comme panaché de petits grains blancs de quartz très-durs, dans une matrice quartzeuse & solide à fond bleu : plusieurs auteurs regardent (mais sans fondement) cette espece de quartz, comme un lapis lazuli, qui n'est pas parvenu à maturité.

ESPECE CLVIII.

VII. Quartz crystallisé.

[*Quartzum crystallisatum. Quartzum crystallisatum irregulare*, *WALL. Quartzum crystallis irregularibus. CARTH.*]

ON donne ce nom à un quartz dont les crystaux ont pris des figures non distinctes ni assez déterminées pour se rapporter à la classe des crystaux réguliers.

C'est une espece de *quartz-drusen.*

ESPECE CLIX.

VIII. Quartz transparent.

[*Quartzum crystallinum. Quartzum solidum, pel-*

lucidum, *WALL. Quartzum pellucidum, compactum*, *WOLT. Quartzum informe diaphanum*, *CARTH.*]

IL eſt plus ou moins peſant, d'un tiſſu ſerré, tranſparent, de différentes couleurs, & reſſemblant beaucoup aux cryſtaux artificiels. Il n'a aucune figure réguliere ni déterminée.

On a,

1. Le quartz tranſparent non coloré. [*Quartzum Madagaſcarinum. Quartzum aqueum*, *LINN.* 1. *Quartzum cryſtallinum, aqueum*, *WALLER. Quartzum diaphanum, plerumque fiſſuris innumeris*, *WOLT.*

Le cryſtal de Madagaſcar eſt de cette eſpece. Il naît en maſſes informes, blanches, tranſparentes & très-groſſes. On en fait des urnes & des vaſes. Il entre très-difficilement en fuſion, même au miroir ardent. On en trouve dans d'autres pays de différentes couleurs, en rouge, en verd, en bleu, en violet & en noir.

ESPECE CLX.

IX. Quartz appellé Feld-ſpath, ou Spath des champs.

[*Quartzum rupeſtre, ſpatum referens. Spatum duriſſimum, igniferens. Spatum compactum, durum, ſcintillans*, *LINN.* 6. *Spatum durum, lateribus nitidis, ad chalybem ſcintillans*, *WALL. Spatum pyrimacum. Pſeudo-Spatum.*]

CETTE pierre eſt très-dure, réſiſte en quelque ſorte à la lime, fait feu avec l'acier, ne fait point d'efferveſcence avec les acides. Ses parties ſe diviſent, pour la plûpart, en cubes à angles droits, dont les ſurfaces ſont unies & comme polies. C'eſt, ſelon M. Wallerius, ce qui la diſtingue du quartz. *Voyez, dans l'Hiſtoire de l'Académie des ſciences de Suede, le Mémoire de J. Tilas.* On remarque même que les cubes en ſont ſi petits, que le total paroît ſouvent grainelé, comme le quartz grainu ou en grenat: quelquefois auſſi il eſt feuilleté, d'où il réſulteroit que ce feld-ſpath pourroit bien n'être qu'un quartz compoſé & irrégulier. Cette hypothéſe ſur la nature de cette pierre paroîtroit d'autant plus vraiſemblable, qu'elle contient ordinairement de la pyrite, outre pluſieurs autres matieres.

On a,

1. Le feld-ſpath blanchâtre. [*Pſeudo-Spatum albeſcens. Spatum pyrimacum, album, aut griſeum, WALL.* 1 & 2.]

Tel eſt celui d'Alençon, qu'on nomme ſpath fuſible, & qui entre dans la compoſition de la fayance. Il y a des roches de granit dans les environs.

2. Le feld-ſpath rougeâtre. [*Pſeudo-Spatum rubeſcens. Spatum pyrimacum, rubrum, WALL.*]

GENRE XXX.

IV. Cryſtaux. Pierres précieuſes. Fluors (*a*).

[*Cryſtalli. Gemmæ. Fluores* AUCTOR.]

LES particules qui compoſent les cryſtaux reſſem-

(*a*) On appelle *fluors*, des cryſtaux plus ou moins durs, tranſparens & de differente nature, que l'on trouve tantôt à l'embouchure des volcans, tantôt dans les filons des mines, & tantôt contre les parois ou à la voûte des grottes; telles ſont les différentes primes d'émeraude & d'améthyſte, qui ne ſont que des

blent assez à celles du quartz (pierre qui leur sert de matrice, & dont ils sont formés.) On ne peut guéres les discerner, tant elles sont rapprochées, & intimement appliquées les unes sur les autres. Quoiqu'un peu feuilletées & écailleuses, elles ne laissent pas d'être unies & brillantes dans l'endroit de la fracture. Elles sont ordinairement sans couleur, quelquefois colorées, & se divisent en morceaux de figures indéterminées; mais elles affectent toujours de prendre à l'extérieur une figure réguliere & déterminée. La plûpart des crystaux sont naturellement taillés à facettes. Ils sont très-durs, font facilement feu avec le briquet, & sont susceptibles d'un poli qui en releve l'éclat. Ils ont, avec le quartz, des propriétés qui leur sont communes; mais ils en ont aussi qui les distinguent du quartz proprement dit. Les crystaux entrent presque tous en fusion à un degré de feu très-violent, & avec ou sans addition. La pesanteur spécifique de ces pierres varie considérablement, & dépend de leur dureté, qui n'est pas plus constante.

Ce qui peut faire croire que les crystaux sont la base d'un grand nombre de pierres précieuses, c'est qu'il y a une grande ressemblance entr'eux, si ce n'est qu'ils sont moins durs, moins pesans que les pierres, & que la lime mord dessus (*a*).

crystaux colorés & tendres: il paroît cependant qu'Encelius, *De Re metallicâ*, *p.* 156, *édit. de Francfort* 1757, donneroit particulierement ce nom à des crystaux qui se fondent si facilement au feu, qu'ils semblent y couler & fluer comme fait la glace au soleil; tels sont les spaths fusibles, qui servent de fondans aux métaux, &c. & qui sont difficiles à fondre étant seuls.

(*a*) On a peu de détails intéressans, ou, pour mieux dire, on n'en a point de circonstanciés sur les pierres transparentes. Les voyageurs ne nous ont encore rien donné de satisfaisant sur les pierres orientales, ni sur les matrices dans lesquelles elles se forment; cependant on peut consulter Henckel *de lapid. orig.* Wallerius, *de Hermet. sapient.* Diodore de Sicile, le docteur Langius, &c.

Comme il y a deux especes principales de cryſtaux, & pour ſe conformer en quelque ſorte au langage des joailliers, nous avons été obligés de faire deux ſous-diviſions de ces pierres; la premiere, des *cryſtaux*; la ſeconde, des *pierres précieuſes*. En voici les eſpeces & les variétés.

PREMIERE SOUS-DIVISION.

Cryſtaux de roches hexagones ou Cryſtaux proprement dits.

[*Cryſtalli hexagonæ. Cryſtalli* AUCT. *Cryſtallus gemmæ ſimilis, limam patiens*, WOLT.]

CES cryſtaux ſont naturellement taillés à ſix côtés ou faces, quelquefois plus, & formés en pyramides exangulaires, venant de ſommets taillés à facettes, c'eſt-à-dire, qu'ils forment une colomne pyramidale, qui ſe termine tantôt en pointe hexaëdre, dont trois des côtés ſont toujours plus grands, tantôt en décaëdre ou dodécaëdre, tantôt bornée par douze pentagones, dont la préciſion géométrique eſt plus ou moins réguliere; mais la plus ordinaire eſt la figure hexagone. Les cryſtaux de roches ſont tendres, legers, cependant ſuſceptibles d'un beau poli, font feu avec le briquet, & entrent facilement en fuſion. Comme la plûpart des cryſtaux ſont colorés, on leur a donné à chacun un nom qui a rapport aux pierres précieuſes auxquelles ils reſſemblent par la couleur; mais ils ne prennent point, comme les fluors, le nom de *Primes*, pour déſigner la couleur des pierres qu'ils imitent.

Les cryſtaux viennent des Indes, du Bréſil, d'Angleterre, de la Suiſſe, de la Hongrie & autres lieux. Ils tapiſſent, pour l'ordinaire, le haut & les parois d'une caverne : alors un homme ſuſpendu à une corde, va ſonder & choiſir à la forme & à l'œil, les morceaux les plus mûrs & les plus purs, qu'il détache aiſément. Les degrés de perfection dans les cryſtaux de roche conſiſtent, 1° en ce qu'ils ſoient d'une blancheur parfaite; 2° qu'ils ſoient très-nets & exempts de taches; 3° qu'ils ſoient très-durs, ſuſceptibles du poli le plus vif; 4° que dans leur couleur ils ſoient de la plus grande tranſparence; en un mot, qu'ils imitent le vrai diamant.

Espece. CLXI.

I. Cryſtal de roche.

[*Cryſtallus montana. Cryſtallus-Iris* PLINII. *Cryſtallus aquea. Hexagona. Cryſtallus hexagona, non colorata*, WALL. *Cryſtallus nullo colore tincta*, WOLT. *Cryſtallus colore aqueo*, CARTH.]

Ce cryſtal eſt tranſparent, dur, non coloré, de figure hexagone. On le trouve en Boheme & en Suiſſe, & notamment dans la mine de Fiſcback au Wallais.

On a,

1. Le cryſtal de roche à une pointe. [*Cryſtallus aquea, apice ſolo. Cryſtallus montana, apice uno*, WALL. *Cryſtallus aniſogona*, WELSCH.]

Il forme un priſme hexagone, qu'on peut voir dans Wallerius, *Planch. I*, *Fig.* 10. Il n'eſt point iſolé, mais ordinairement attaché à du quartz; de ſorte qu'il n'a pas de pointe de ce côté, qui eſt la baſe, ou qui ſert d'empatement.

2. Le cryſtal de roche à deux pointes. [*Cryſtallus aquea, binis apicibus. Nitrum quartzoſum aqueum*, LINN. 2. *Cryſtallus montana, utrinque acumi-*

nata, *WALL. Quartzum cryſtallis hexaëdris*, *utrinque acuminatis*, *diaphanis*, *CARTH. Iris vulgaris LUIDII. Cryſtallus* ἀμφήκεις *WELSCH. SCHEUCZERII.*

Sa figure eſt priſmatique, hexaëdre; & il a à ſes deux extrémités les pointes ou pyramides hexagones. Voyez *WALL. Pl. I*, *Fig.* 11. Cartheuſer prétend que tous les cryſtaux colorés ſont de cette eſpece; ce que l'expérience ne confirme pas, ſinon dans ces cryſtaux opaques, d'un rouge d'ochre pâle & mourant, & que l'on nous apporte d'Eſpagne, ſous le nom d'*Hyacinthes de Compoſtelle.* Ces cryſtaux ſont naturellement taillés à ſix faces ou priſmes, terminés en pointe par les deux extrémités.

3. Le cryſtal de roche pyramidal. [*Cryſtallus aquea pyramidalis*, *non priſmatica. Cryſtallus montana*, *pyramidalibus conſtans*, *abſque priſmate*, *WALL. Cryſtallus cujus plana intermedia omninò deſiderantur*, *BENO.*]

Il eſt compoſé de pyramides à ſix côtés, qui ſe réuniſſent par leurs baſes. Il n'affecte point de figure priſmatique hexagone. Voyez *WALLER. Pl. I*, *Fig.* 12 (*a*).

(*a*) OBSERVATION. On trouve une quantité étonnante de cryſtaux, dont la figure eſt des plus bizarres, & qui ne varient que par la cryſtalliſation, ou par les matieres même qu'ils renferment. Ce ſont des purs effets du hazard, qui peuvent être occaſionnés d'une infinité de façons, mais qui ne méritent pas qu'on y faſſe attention : tout ce que l'on peut conclure de ceci, c'eſt que les cryſtaux ſe produiſent journellement, que la matiere du cryſtal a été probablement fluide, pour avoir pu renfermer des corps étrangers & ſolides, comme nous le remarquons; des circonſtances locales auront enſuite dérangé l'équilibre des liqueurs; & les molécules cryſtallines, en ſe coagulant, auront affecté des figures extraordinares : il en eſt de même de chacun des ſels que l'on fait cryſtalliſer en chymie, & qui ayant ſa figure déterminée par ſes parties conſtituantes, prend cependant des formes bizarres dans les vaiſſeaux & contre l'intention de l'artiſte. Voyez *Henckel*, *de lapid. orig.* Il y a même quantité de cryſtaux qui paroiſſent renfermer des corps étrangers, & avoir une cryſtalliſation intérieure extraordinaire, ſans avoir rien d

4. Le cryſtal de roche creux. [*Cryſtallus montana, cavitate hexangulari, WALL.*]

Ce ſont les cryſtaux dans leſquels on remarque toujours une cavité hexagone.

Toutes ces eſpeces de cryſtaux ſont communément ſans couleur [*Cryſtallus aquea;*] mais on en trouve de colorés & dans toutes les nuances des pierres précieuſes [*Cryſtalli variis coloribus tinctæ, aut Pſeudo-Gemmæ coloratæ.*] On peut imiter la teinture de ces cryſtaux par le ſecours de l'art (*a*).

tout cela effectivement. Dans le premier cas, c'eſt un cryſtal étonné par le choc : des ignorans ſe prêtent facilement à l'illuſion; ils y croient voir de l'amyante, de l'argent qui végete, des opales, &c. mais ce n'eſt que l'effet de la réfraction des rayons lumineux, différemment modifiés. Dans le ſecond cas, M. Monti, *in Acta Bonon. p.* 315, prétend que c'eſt une quille de cryſtal hexagone qui en renferme une autre, & donne alors une figure à quatre côtés diſtincts. Quand les cryſtaux ſont équilatéraux, en regardant le ſoleil au travers, on remarque les différentes couleurs de l'arc-en-ciel; c'eſt ce qui a fait donner le nom d'*iris* au cryſtal, ſur-tout quand on y diſtingue une couleur de petit lait. Ce qu'on nomme *cailloux de Médoc, d'Alençon, du Rhin,* &c. ne ſont que des portions de cryſtaux de roches, détachées, roulées ou arrondies, & tranſportées accidentellement dans les endroits où on les trouve.

(*a*) La beauté & la rareté des pierres précieuſes ont déterminé les lapidaires à en faire d'artificielles. Il eſt parlé, dans l'Art de la verrerie de Neri, commenté par Kunckel, des moyens sûrs & faciles, trouvés, pour faire (en ce genre) marcher l'art preſque de pair avec la nature. Nous renvoyons à cet ouvrage les lecteurs qui deſireront des notions plus détaillées ſur cet art : nous nous contenterons de dire ici, que les diverſes ſubſtances dont on ſe ſert, pour y parvenir, ſont ou des ſables, ou des ſilex mêlés avec de la ſoude, &c. On en obtient, par la vitrification, un corps diaphane & ſans couleur, compacte & aſſez ſolide, pour être taillé, bruni & poli à la roue : c'eſt pendant la fuſion de cette eſpece de verre, nommé *cryſtallin*, qu'on jette des matieres métalliques, néceſſaires pour colorer le verre comme on veut. Dans cette opération, comme dans celle de la porcelaine, tout dépend du choix des matieres, de leurs doſes convenables, de l'adminiſtration du feu & d'une vitrification parfaite. On colore auſſi les cryſtaux à froid ou à chaux, par les ſucs des végétaux; ſi c'eſt à chaud, il ſuffit de faire rougir le cryſtal & de l'éteindre dans une teinture de bois de Bréſil; ſi c'eſt à froid, on a une huile de térébenthine chargée de verd-de-gris, ou un eſprit de vin bien déphlegmé & chargé d'une ſubſtance

ESPECE CLXII.

II. Cryſtal jaune ou fauſſe Topaſe.

[*Cryſtallus lutea. Pſeudo-Topaſius. Cryſtallus hexagona, flaveſcens*, WALL. *Cryſtallus colore flavo*, CARTH. *Iris ſubcitrina. Iris altera* PLINII, AGRICOL. LÆT.]

C'EST un cryſtal dont la couleur, qui tire ſur le jaunâtre, ne pénetre pas toujours la totalité de la pierre : elle ne fait quelquefois qu'une eſpece d'écorce autour de lui. Voyez SCHEUCHZ. *Itiner. Alpin. p.* 240 & 255.

On a,

1. Le cryſtal jaunâtre, ou la fauſſe topaze jaunâtre. [*Cryſtallus citrina. Pſeudo-Topazius citrinus*, WALL. *Citrium. Pſeudo-Topazius*]

C'eſt un cryſtal jaune, ſans mélange d'aucune autre couleur, & qui nous eſt apportée des Indes.

2. Le cryſtal jaune verdâtre, ou fauſſe topaze, d'un

réſineuſe quelconque, ſoit du ſang de dragon, ſoit de la gomme-gutte : on verſe de l'un ou de l'autre ſur du verre, cryſtallin, ou même ſur du cryſtal naturel, une quantité ſuffiſante, pour que la pierre baigne ; & au bout d'un certain tems, elle eſt aſſez agréablement teinte : on la monte, en mettant deſſous une feuille d'argent enfumé ou coloré comme la pierre. Il faut néceſſairement que ces cryſtaux ſoient très poreux, ou qu'ils ſe fendent en un nombre infini de petites crevaſſes imperceptibles dans toutes leurs ſurfaces, pour faire prendre à toute la pierre une ſeule couleur. Cette opération ne laiſſe pas que de diminuer de la tranſparence de la pierre ; il vaut mieux contrefaire les couleurs dans le cryſtal, en mettant, entre deux tables de cryſtal, une colle tranſparente & colorée, faite avec du maſtic, ou avec la gomme arabique ; enſuite on approche les deux tables ; on colle ſous la table inférieure une feuille d'argent legérement colorée & quarrée ; on les enchaſſe dans un anneau, dont la certiſſure cache l'union des deux pierres qu'on appelle alors *doublettes*. On reconnoît la fauſſeté de ces doublettes, par le taillé de l'angle, qui paroît toujours clair comme le verre.

jaune verdâtre, ou fausse chrysolite. [*Crystallus flava viridescens. Pseudo-Topazius virescens*, WALL. *Pseudo-Chrysolitus.*]

Sa couleur est d'un jaune verdâtre, plus ou moins pur & vif.

ESPECE CLXIII.

III. Crystal rouge, ou faux rubis.

[*Crystallus rubra. Pseudo-Rubinus. Crystallus hexagona rubescens*, WALL. *Crystallus colore rubro*, CARTH.]

SA couleur est d'un rouge plus ou moins vif, & souvent mêlé d'autres nuances. Ce crystal est, ainsi que le précédent & les autres especes, d'une figure toujours hexagone, comme les crystaux sans couleur, différent en cela des vraies pierreries, dans lesquelles la teinture métallique met des différences très-considérables dans la figure des crystallisations.

On a,

1. Le crystal rouge ou faux rubis rouge. [*Crystallus rubra. Pseudo-Rubinus ruber*, WALL. *Fluor ruber, carbunculo similis*, WORMII.]

La couleur rouge de ce crystal est sans aucun mélange.

2. Le crystal violet, ou faux rubis violet, ou fausse améthyste. [*Crystallus violacea. Pseudo-Rubinus amethystinus*, WALL. *Crystallus amethystina. Fluor amethystinus* LUIDII. *Crystallus colore violaceo, aut purpureo*, CARTH.]

Il ressemble assez à l'améthyste par sa couleur violette, qui est tantôt plus vive & tantôt plus foible.

3. Le faux rubis d'un rouge jaunâtre, ou la fausse hyacinthe. [*Cryſtallus rubra-flaveſcens aut fulva. Pſeudo-Rubinus hyacinthinus*, WALL. *Cryſtallus colore fulvo*, CARTH. *Pſeudo-Hyacinthus. Iris coloris hyacinthini*, LUIDII.]

Sa couleur eſt d'un rouge jaunâtre d'hyacinthe.

ESPECE CLXIV.

IV. Le cryſtal verd, ou fauſſe Emeraude.

[*Cryſtallus viridis. Pſeudo-Smaragdus. Cryſtallus hexagona vireſcens*, WALL. *Cryſtallus colore virideſcente*, CARTH.]

SA couleur eſt plus ou moins verte, & eſt aſſez agréable.

On a,

1. Le cryſtal d'un verd de pré, ou la fauſſe émeraude verte. [*Cryſtallus praſina. Pſeudo-Smaragdus viridis*, WALL. *Cryſtallus ſmaragdina.*]

Sa couleur verte eſt nette.

2. Le cryſtal verdâtre, ou faux béril, ou fauſſe aigue-marine. [*Cryſtallus vireſcens, aut Beryllina, aut Aqua marina ſpuria. Pſeudo-Smaragdus, Beryllinus*, WALL. *Pſeudo-Beryllus*, BOOT.]

Sa couleur eſt d'un verd de mer, ou d'un verd tirant ſur le bleu.

ESPECE CLXV.

V. Cryſtal bleu, ou faux Sapphir.

[*Cryſtallus cærulea. Pſeudo-Sapphirus. Cryſtallus hexagona, ſaphirina*, WALL. *Cryſtallus colore cæruleo*, CARTH.]

LA couleur de ce cryſtal eſt d'un bleu plus ou moins

foncé : elle ne chatoye cependant pas comme celle du vrai ſapphir.

ESPECE CLXVI.

VI. Le Cryſtal obſcur.

[*Cryſtallus obſcura. Cryſtallus hexagona, obſcura, WALL.*]

Quelque foncée que ſoit la couleur de ce cryſtal, elle n'eſt jamais tout-à-fait obſcure. Quand on expoſe ce cryſtal entre la vue & le jour, il paroît toujours un peu tranſparent. On ne fait pas un grand cas de ces cryſtaux.

On a,

1. Le cryſtal d'un rouge noir, ou le faux grenat. [*Cryſtallus rubra nigreſcens, Pſeudo-granatus. Cryſtalli nigri & ruffeſcentis coloris, SIBBALD. WALL. Lapis Alabandicus, ALDROVAND.*]

Sa couleur eſt d'un rouge foncé, & reſſemble à-peu-près à celle du ſang coagulé.

2. Le cryſtal brun. [*Cryſtallus fuſca, AUCTOR. Cryſtallus colore infumato, GESNER. Cryſtalli ſpecies nigrior, WAGNER.*]

Tel eſt le cryſtal de Pekin, & celui qui eſt connu dans le commerce ſous le nom de Topaze enfumée de Saxe : leur couleur eſt fort delavée & très-tranſparente.

3. Le cryſtal noir. [*Cryſtallus nigra, AUCTOR. Fluor ſubniger, WORMII. Iris coloris anthracini, LUIDII. Morion & Pramnion, PLIN. & AGRICOL.*]

Quoiqu'entiérement noir, il eſt cependant tranſparent : tous ces cryſtaux colorés contiennent une terre ou martiale, ou cuivreuſe. (*a*)

(*a*) OBSERVATION. Tous les cryſtaux des mines ſont colorés de même que les cryſtaux des roches ; on peut leur donner la

II. SOUS-DIVISION.

Pierres précieuſes ou Cryſtaux polygones (*a*).

[*Gemmæ. Cryſtalli poligonæ*, WALL. *Gemma figura plerumque hexaëdrâ, priſmatica, utrinque acuta, pellucida, limam reſpuens*, WALL. *Quartzum cryſtallis polyedris, diaphanis, duriſſimis*, CARTH. *Gemma vera.*]

ON appelle proprement pierres précieuſes, des pierres à pluſieurs côtés, formées dans la terre par la voie de la cryſtalliſation ; ces cryſtaux ſont tranſparens, peſans, très-durs, ne ſe poliſſent qu'avec peine ; alors ils prennent un éclat merveilleux, d'où partent de longs rayons, qui portent la lumiere avec force dans l'œil, & ſans que la pierre chatoye ; ces pierres n'entrent point en fuſion au feu, ou du moins très-difficilement & en petit nombre ; elles ne ſont point altérées par

même nomenclature, avec cette épithéte *minera* : leurs pointes ſont également pyramidales, hexagones ; mais on n'y remarque point d'aiguilles diſtinctes, c'eſt-à-dire, aucuns priſmes : tous ſemblent confondus, & ne faire qu'une maſſe juſqu'aux extrémités où les pyramides commencent ; ces ſortes de cryſtaux tapiſſent les cavités des mines : quelquefois ils ſont entre-mêlés avec les métaux mêmes ; bien des naturaliſtes appellent ces cryſtaux, *cryſtaux purs de quartz* ; ce qui reviendroit au même, le cryſtal n'étant qu'un quartz très-pur & très-tranſparent.

(*a*) Quant à la cryſtalliſation des pierreries, on ſçait, à n'en pas douter, qu'elles ont chacune en leur particulier une figure réguliere & déterminée ; mais cette configuration n'eſt pas propre à toutes les pierreries en général : c'eſt par cette raiſon, que les Grecs qui regardoient toutes les pierreries comme polygones, les ont nommées *paragonion* ; mais on verra dans la deſcription qu'on en va donner, qu'il y a des pierres précieuſes hexagones : c'eſt même ce qui a fait dire à Wolſterdorf *plerumque hexaëdra* ; & M. Linnæus qui les a caractériſées par leur figure analogue aux ſels, a cru devoir leur aſſigner l'epithéte de ces ſubſtances mêmes.

l'eau forte : elles n'indiquent pas, de même que les quartzs & les cryſtaux colorés, qu'il doive y avoir dans les environs où on les trouve, des matrices de métaux On eſt dans l'uſage de diſtinguer les pierreries en orientales & en occidentales ou Européennes, moins par la raiſon du pays d'où elles nous parviennent, que par leur dureté, le brillant, la tranſparence & leur peſanteur ſpécifique ; elles ont cependant d'autres propriétés qui les diſtinguent encore : c'eſt que les pierreries orientales peuvent ſouffrir une très-forte action de feu, ſans que leur couleur en ſoit altérée, & qu'au contraire les occidentales perdent en très-peu de tems la leur, & deviennent ſemblables à du cryſtal, ſi elles ſont tranſparentes, ou d'un blanc mat, ſi elles ſont opaques.

ESPECE CLXVII.

I. Le Diamant.

[*Adamas* AUCTOR. *Alumen lapideum pellucidum ſolidiſſimum*, LINN. 6. *Gemma pellucidiſſima, duritie ſummâ, colore aqueo, igne perſiſtens*, WALL. *Gemma nullo colore tincta*, WOLT. *Gemma vera colore aqueo*, CARTH. *Diamas. Anachites.*]

LE diamant eſt la pierre précieuſe cryſtalline, la plus pure, la plus dure & la plus compacte, la plus peſante & la plus diaphane, la plus brillante de toutes les pierreries & de toutes les cryſtalliſations, même les plus régulieres. Le diamant ſe diviſe par tablettes, comme les pierres ſpéculaires, à l'aide d'un inſtrument pointu. Toutes ces belles propriétés lui viennent de ce qu'il eſt compoſé de lames intimément appliquées, ou accrochées les unes dans les autres, vitreuſès dans la fracture comme le cryſtal de roche, ordinairement ſans couleur, comme de l'eau, mais quelquefois colorées : cette eſpece de pierrerie ne peut être uſeé & polie qu'avec la poudre d'*égriſée*, c'eſt-à-dire d'autres diamans noirs, troubles, obſcurs & qui ont encore une dureté ſupérieure au diamant blanc; elle reſiſte à la lime, ſe montre inaltérable au feu de verrerie & à celui du miroir ardent (*a*); elle acquiert la propriété phoſphorique, étant longtems frotée contre un verre dans les ténébres, ou après avoir été expoſée aux rayons du ſoleil, quelques heures avant l'expérience; le diamant produit encore ce phénomene, immédiatement après avoir été miſe à rougir dans le creuſet. Voyez LESSER *Litho-theolog. pag.* 308, & les *Mémoires de l'academie de Paris, année* 1707, *pag.* 1; *&* 1735, *pag.* 347. On prétend même que le diamant peut auſſi acquérir la propriété de répandre la lumiere dans l'obſcurité, quand on le plonge dans l'eau échauffée un peu au-deſſous du degré moyen de l'eau bouillante : il a encore la vertu d'attirer le maſtic noir (*b*).

(*a*) Les lapidaires prétendent que le diamant ſouffre la plus grande violence de toutes les eſpeces de feu, ſans en être altéré. M. Homberg dit que cette pierre ſe fond dès-lors qu'elle eſt mêlée avec de l'émeraude; les expériences faites en dernier lieu à Florence, & dont on trouve le détail dans la nouvelle édition françoiſe des Œuvres de Henckel, *in*-4°, ſemblent démontrer que le diamant eſt altérable au feu, tandis que le rubis y réſiſte davantage. Le ſouverain qui a bien voulu ſacrifier des pierres précieuſes d'un certain prix pour ces expériences, pourroit bien un jour faire un pareil ſacrifice, pour en conſtater la vérité.

(*b*) Le diamant, comme la plûpart des pierres tranſparentes, a la propriété d'attirer à lui la paille, les plumes, les feuilles d'or, le papier, les cheveux, le poil des animaux, la ſoie, &c. & peut-être que les pierres que Boyle & les autres auteurs avoient exceptées de ce nombre, deviendroient toutes électriques ou noctiluques, en les chauffant davantage, ou en les frotant plus longtems.

On a,

On a,

1. Le diamant octaëdre en pointe. [*Adamas arabicus. Adamas octaëdrus, turbinatus*, WALL.]

On le prendroit, au premier coup d'œil, pour un cryſtal hexagone; mais pour peu qu'on l'obſerve avec attention, on reconnoît qu'il ſe termine en une pointe à huit côtés : ces ſortes de diamans qui nous viennent des Indes & de l'Arabie, ſont, au jugement de bien des gens, les plus durs & les meilleurs : c'eſt cette ſorte de diamans que l'on taille & polit en brillans ; lorſque la pointe eſt défectueuſe, les lapidaires la retranchent & en font de fort belles tablettes.

2. Le diamant plat. [*Adamas tabellatus*, WALL.]

La figure & l'épaiſſeur de ces diamans varient beaucoup : ils ne ſe terminent pas en pointes; mais ils ſont entiérement plats, & comme ſi on les avoit coupés : les lapidaires en font des diamans en roſes, des pendeloques, &c. & qui ſont très-eſtimés.

3. Le diamant cubique. [*Adamas Malaca. Adamas teſſulatus*, WALL.]

Quoique ce diamant paroiſſe entiérement ſphérique, l'on diſtingue néanmoins fort aiſément, qu'il eſt comme formé par un aſſemblage de pluſieurs cubes brillans ondés : ces diamans nous viennent de Malaca ; les lapidaires s'en ſervent pour faire de très-belles tables quarrées

4. Le diamant arrondi. [*Adamas Europæ. Adamas rotundatus*, WALL. *Brontia adamantis æmula*.

Il eſt plus ou moins ſphérique; il eſt plus communément demi-ſphérique, rarement octogone ou cubique ; c'eſt le plus mauvais, le moins dur, le moins estimé des diamans, & celui qui approche le plus des crystaux (*a*).

(*a*) OBSERVATION. On est aujourd'hui dans l'usage de donner le nom de diamans à toutes les pierres, dont la dureté, l'éclat & la pesanteur spécifique égalent celles du diamant; c'est pourquoi les diamans varient tant dans leurs qualités : la couleur & la transparence y mettent encore de très-grandes différences : nous avons déja insinué que les meilleurs diamans sont blancs & non colorés, mais on en trouve présentement de roses, de bleux, de verds, de jaunes, &c. toutes pierres qu'on appelloit anciennement *Siderites*, & qui sont aujourd'hui des plus recherchées, lorsque la couleur en est également distribuée. L'on peut consulter sur la figure des diamans bruts *AGRICOL. de nat. foss. l. 6, p. 620*; De Laët, *de gemmis & lap. p. 3*; Boot *de lap. & gemm. l. 11, cap. 2, p. 120*; Borrichius, *in Act Hafn. Vol. VIII, p. 199*; Boyle dans son Traité *de Gemmis, p. 11, 13, 81*; Rieger & Kundmann, &c. & sur les causes de la crystalisation de toutes les pierres, *WALL. 227 & suiv.*

Plusieurs circonstances concourent à rendre plus ou moins estimables les diamans, sçavoir, 1° le plus ou moins d'éclat, provenant de la transparence de leur belle eau; 2° de leur extrême blancheur & belle forme, également distribuées dans la hauteur du fond qu'on leur requiert; 3° en la privation des taches, pointes, glaces, couleurs d'ochres, ardoisées, & des autres défauts qui les chargent si souvent, & les déprisent beaucoup : tel est à-peu-près le choix qu'on peut faire d'un diamant exactement blanc, sans couleur, ou richement coloré, l'un & l'autre sans défauts : les diamans jettent autant de longs rayons de toutes les plus belles couleurs, qu'ils ont de faces qu'on leur a faites par la taille, & au moyen de la roue; ils sont d'autant plus précieux qu'ils ont de hauteur de fond : alors leur valeur est estimée ou mesurée par des karats de chacun quatre grains; mais si le diamant excede le poids ordinaire, il monte à un prix dont la différence est incomparable, eu égard au prix courant, c'est-à-dire, qu'on estime quelquefois le karat jusqu'à 32 grains, & même 64 grains; cette valeur qui souvent est des plus arbitraire ne varie qu'à proportion de la pureté, de la dureté, de la pesanteur, de la grandeur, de l'étendue, en un mot de la perfection du diamant, sans y comprendre la phantaisie, la mode & l'avidité; c'est ce qui a fait dire à Wallerius, *stultitiam patiantur opes*. Il s'ensuit donc que tous les calculs & toutes les régles qu'ont voulu donner les auteurs n'ont rien de bien certain : on peut cependant consulter Tavernier, Wallerius, &c.

Les meilleures mines de diamans & les plus riches sont celles de Visapour & de Golconde dans les états du grand Mogol, dans le royaume de Bengale, dans l'isle de Borneo, dans les environs de Bisnagar aux Indes orientales, proche les villes de Décan & de Malaca; les diamans les plus beaux s'y trouvent dans une matiere pierreuse, & entourés de terre sablonneuse : ceux qui sont défectueux ont pour matrice une terre grasse, noire, ou d'une autre couleur : ceux qui sont noirâtres prennent naissance dans

ESPECE CLXVIII.

II. Topase.

[*Topazius. Gemma pellucidissima, duritie quartâ, colore aureo, in igne permanente*, WALL. *Gemma lutea, seu fusca*, WOLT. *Gemma vera colore aureo*, CARTH. *Chrysophis* PLINII. *Chrysoletus. Chrysolinus. Chrysolitus nonnullorum.*]

LA topaze ainsi nommée, selon Pline, de l'isle *Topazon*, située dans la province de Thebaïde, où on l'a rencontrée pour la premiere fois, est une pierre précieuse, polygone, diaphane, luisante, resplendissante, dont la couleur est d'un

une terre poreuse, comme limoneuse: Enfin les pierres précieuses, dit Tavernier, participent toujours de la couleur du sol dans lequel elles ont été produites; & l'on a remarqué que dans l'instant où on les taille, il en émane ou suinte un certain fluide, que les lapidaires ont, dit-il, bien soin d'essuyer. Les diamans ont différentes grosseurs & formes, une couleur naturellement grisâtre, terne à l'extérieur: l'on en a trouvé plusieurs dans les mines de Golconde, qui sont d'un très-grand prix; 1° un du poids de 279 $\frac{1}{2}$ karats, qui se voit au nombre des pierres qui ornent le thrône du grand Mogol: il est taillé en roses; & Tavernier estime cette pierre 150 liv. le karat, ce qui donne la valeur de onze millions 723278 liv. 4 sols; 2° le diamant du grand duc de Toscane du poids de 139 $\frac{1}{2}$ karats: il est taillé à facettes, & estimé 135 liv. le karat, ce qui donne une valeur de deux millions 608335 livres; 3° les deux beaux diamans du roi de France, sont 1° le Sancy du poids de 126 karats: il est taillé en double rose, il a coûté 600000 livres, mais on l'estime davantage; 2° celui du régent: il pese 547 grains ou 137 karats moins un grain, il est taillé en brillant, & a coûté deux millions cinq cent mille livres; mais il est estimé valoir le double.

Il se trouve aussi des diamans dans l'Arabie & la Macédoine: depuis quelques années l'on en a découvert des mines dans le Brésil, près la ville du Prince, dans la petite *riviere de Melhoverde*, qui sont très-abondantes & d'une assez belle eau; on les appelle *diamans du Portugal*: on les envoie en Hollande pour être taillés *en roses* & en Angleterre pour le *brillant*, où l'on prétend que des lapidaires François refugiés y excellent en ce genre, pour la régularité de la taille & du poli: on peut consulter M. d'Argenville sur la taille des diamans, &c. *p.* 172 *de sa Lithologie.*

jaune d'or très-vif & plus ou moins foncée, jettant des rayons foncés, verdâtres, un peu brunâtres ; elle conserve sa couleur dans le feu pendant un certain tems, & s'y soutient elle-même.

De Laët, dans son Traité des pierres précieuses, parle avec avantage de la topaze ; mais il se contredit dans l'ordre de la dureté ; unique propriété qui lui donne ce poli si éclatant & si admirable, & qui fait qu'elle résiste en quelque sorte à la lime.

La topaze est la chrysolite des anciens ; on croit qu'elle tire sa couleur du plomb : on en connoît de plusieurs especes.

Il y a,

1. La topaze orientale. [*Topazius orientalis.*]

C'est la plus estimée de toutes les topazes : elle naît dans l'Arabie ; elle est très-dure, d'une couleur d'or vif-clair & également distribuée, tirant sur la jonquille ou citron, diaphane, recevant bien le poli, conservant sa couleur dans le feu.

On choisit celle qui est plutôt satinée que veloutée, assez haute en couleur, sans cependant être d'un jaune trop outré, ni trop pâle, ni verdâtre, ni couleur d'eau, celle enfin qui paroît comme remplie de paillettes d'or, sans en contenir : on trouve quelquefois des topazes en Afrique, dans l'Egypte & près de la mer Rouge, qui ne different de l'espece précédente, qu'en ce qu'elles sont un peu moins dures ; elles sont néanmoins reçues dans le commerce comme topazes orientales.

2. La topaze occidentale. [*Topazius occidentalis.*]

Elle naît dans les Indes occidentales & en

Boheme : elle est en morceaux bien plus gros que la topaze orientale ; mais elle est moins belle, souvent chargée d'une couleur noirâtre, si tendre, que le poli paroît toujours gras & louche ; ce qui prive cette espece de pierre de l'éclat vif, brillant, & du jeu qu'elle devroit avoir.

Il y a encore la topaze de Saxe, dont la couleur est un peu jaunâtre, très-transparente, la forme prismatique, composée de lames comme le diamant & l'émeraude, & dont l'éclat est fort vif : elle se trouve dans des cavernes de la montagne de Schenekenberg, près de la vallée de Tanneberg, à deux milles d'Averbac ; ces cavernes sont formées par des rochers qui s'élevent au-dessus de la terre & dans lesquelles on la rencontre, tantôt entourée d'une marne jaunâtre, tantôt dans le quartz, ou parmi un grais crystallisé, tellement dur, qu'on peut s'en servir pour tailler les topazes elles-mêmes. Voyez la quatrieme Dissertation, qui se trouve à la fin de la *Pyritologie de Henckel ; traduction françoise*, extraite des *Acta physico-medica Acad. nat. cur. Vol, IV, obs.* 82, *p.* 316.

Depuis quelques années on a découvert dans le Brésil une espece de topaze qui a la singuliere propriété (étant exposée dans un petit creuset rempli de cendres, sur un feu gradué) de perdre sa couleur jaune & de s'y convertir en un véritable rubis balais des plus agréables : cette topaze est d'une couleur sourde enfumée & dont on ne faisoit aucun cas avant que le hazard eût présenté cette connoissance à quelques joailliers, & dont ils ont fait un mystere, jusqu'au moment où M. Dumelle, orfévre & metteur en œuvre, en a communiqué le secret à l'académie des sciences, par l'entremise de M. Guettard.

Il se débite dans les boutiques des droguistes,

à Francfort & à Marseille, pour l'usage de la médecine, des pierres luisantes, compactes & pesantes, sous le nom de Topaze d'Allemagne, ou de chrysolite occidentale *topazius nostras;* ce n'est qu'une espece de *spath vitreux* à feuillets parallélogrammes.

ESPECE CLXIX.

III. Hyacinthe.

[*Gemma Hyacinthus. Gemma plus minùs pellucida, duritie nona, colore ex flavo rubente,* WALL. *Gemma rubro-lutea*, WOLT. *Lyncurius* VETERUM, *Gemma vera ex flavo rubescente*, CARTH.]

LA couleur de cette pierre polygone est d'un rouge tirant sur le jaune, ce qui la rend plus ou moins transparente; elle entre totalement en fusion au feu, elle est plus legere & plus tendre que le grenat; aussi la lime a-t-elle facilement de la prise sur elle. Il y en a de différentes grosseurs & couleurs, qu'on distingue en orientales & en occidentales: quant à leur couleur, on prétend qu'elle est dûe au fer & au plomb.

On a,

1. L'hyacinthe d'un jaune rougeâtre, ou l'hyacinthe orientale. [*Hyacinthus orientalis. Hyacinthus colore ex flavo rubente,* WALL.]

Sa couleur est d'un rouge foible d'écarlate, ou de cornaline, ou de vermillon, tirant sur le rubis ou plutôt sur le grenat, au travers de laquelle on remarque ordinairement une legere nuance de violet, colombin ou d'améthyste; l'hyacinthe est très-resplendissante, dure, recevant un poli vif: on appelle cette pierre *la belle hyacinthe;* on la trouve dans l'Arabie, ordinairement de la grosseur d'un pois, quelquefois d'une petite aveline : on la rencontre encore près de Cananor, de Calecut & de Cambaya. On choisit celle dont la couleur tient quelque chose de la flamme rouge & jaune du feu, qui est plus délavée, qui n'a point de noirceur : ce n'est pas que les hyacinthes de couleur de pourpre safranée ne soient agréables, mais elles sont trop sujettes à être chevées.

2. L'hyacinthe d'un jaune de safran, ou l'hyacinthe occidentale. [*Hyacinthus occidentalis. Hyacinthus colore cróceo*, WALL. *Hyacinthus mas*, AGRICOLÆ]

Elle est moyennement dure, d'une couleur plus safranée, plus orangée & bien moins éclatante que la précédente ; elle ressemble quelquefois à la fleur du souci ou à la fleur d'hyacinthe ; elle nous vient du Portugal.

3. L'hyacinthe d'un blanc jaunâtre. [*Hyacinthus colore ex albo flavescente*, WALL. *Hyacinthus fœmina*, ACRICOLÆ. *Leuco-chrysos* PLIN. *Xistion* THEOPHRASTI.

Elle a beaucoup de ressemblance avec l'agate ou avec le succin qui est d'un blanc jaunâtre : lorsque la couleur en est jaune comme du succin ordinaire, on l'appelle *Chryselectrum*, PLIN., ou topaze succinée.

Il nous vient quelquefois de l'Arabie, de Boheme & du Puy en Vélai, sous le nom d'hyacinthes blanches, des petits crystaux de figure polygone : on les appelle *hyacinthes d'émail*, ou *souples de lait*.

4. L'hyacinthe couleur de miel, ou hyacinthe miellée. [*Hyacinthus colore & nitore melleo*, WALL. *Melli-chrysos* PLINII.]

Autant le *Chryselectrum* ressemble au succin, autant celle-ci ressemble au miel, tant par sa couleur, que par son éclat qui est foible & terne : ces deux dernieres sortes d'hyacinthes sont peu dures, peu transparentes, mal nettes, pleines de grains, ou de petites taches qui les font tailler à facettes pour en cacher les défauts; elles se soutiennent bien moins de tems dans le feu que les orientales : elles nous viennent de la Silésie & de la Boheme.

Les hyacinthes en général se vendent comme les améthystes.

Ce que l'on appelle *Jargon d'Auvergne*, sont des petits crystaux à facettes & colorés, bien des gens les regardent comme des primes d'hyacinthes : ils sont brillans & très-petits; on les rencontre communément dans le Vivarais près du Puy.

Les pélerins de saint Jacques de Compostelle nous apportent encore, sous le nom d'hyacinthes d'Espagne, des pierres rouges opaques, & qui ont une figure déterminée; ce sont des crystaux rouges à facettes, & pyramidaux par les deux extrémités, dont nous avons parlé, *Espec. CLXI, p.* 232.

La pierre d'hyacinthe est d'usage en médecine, elle entre dans une confection qui en porte le nom; les vertus qu'on lui attribue, paroissent avec raison bien suspectes aux yeux des personnes éclairées de la chymie : l'hyacinthe est un verre naturel qu'on se contente de préparer en le mettant en poudre sur un porphyre *lævigatione.* Il en est de même des autres pierres connues dans les boutiques de droguistes & d'apothicaires, sous le nom des *cinq fragmens précieux*, & qui ne sont que des particules d'émeraude, de sapphir, de topaze ou d'hyacinthe, de rubis & de grenat; fragmens qui résultent de ces pierres précieuses à l'instant où le lapidaire les dégrossit : souvent ces fragmens ne sont que des *primes de pierreries*, ou des *fluors*.

ESPECE CLXX.

IV. Rubis.

[*Gemma rubina. Alumen rubrum*, LINN. 6. *Gemma pellucidissima, duritie secunda, colore rubro, in igne permanente*, WALL. *Gemma rubicunda* WOLT. *Gemma vera colore rubro*, CARTH. *Carbunculus* PLINII. *Pyropus. Anthrax. Carbo.*]

LES rubis sont de très-belles pierres précieuses, diaphanes, brillantes, resplendissantes, rouges comme le feu & le sang, entre-mêlées d'une teinte bleue & de cramoisi qu'on remarque dans leur éclat ou leur jeu, ce qui les fait tant estimer: la figure de cette espece de pierre varie beaucoup; il y en a d'octogones, d'autres sont arrondies, il s'en trouve aussi d'ovales & d'oblongues; les rubis sont, après le diamant, les plus durs des pierreries; la lime n'a aucune prise sur eux: ils résistent puissamment à la plus grande violence du feu; ils ne sont que s'y amollir: leur couleur n'en est nullement altérée. *Voyez la Note, Esp.* 166. On rencontre cette pierre, tantôt dans un sable rouge, ou dans une espece de serpentine, ou dans une roche grisâtre & rougeâtre; ceux de Boheme & de Silésie se trouvent dans du quartz & dans du grais. On soupçonne que les rubis tiennent leur couleur du fer, quoique l'or uni avec l'étain puisse produire une couleur fort semblable à celle du rubis.

On compte quatre sortes de rubis, dont voici la distinction par les couleurs, en faveur des joailliers, chez qui cet usage est établi, & qui, lorsque cette pierre est parfaite, la font souvent monter à un prix excédent à celui d'un beau diamant du même poids; mais le cas est rare : le rubis est trop sujet à être glaceux, sourd, peu net, ou trop clair.

1. Le rubis oriental. [*Rubinus orientalis. Rubinus vivido rubro colore, WALL. Pyropus. Carbunculus, WOLT. Il verò Carbonchio Italorum. Alabandinus. Almandinus nonnullor.*]

Sa couleur est d'un rouge vif de cochenille ou de ponceau; il y en a aussi de couleur de cerise & de couleur de sang : on lit dans Wallerius, que lorsqu'un rubis oriental, d'un rouge vif de sang, pese au-delà de vingt karats, on l'appelle escarboucle, *Carbunculus* du mot grec ἄνθραξ *carbo*, qui signifie charbon : en effet le rubis dit Escarboule, doit être d'un rouge ou incarnat vif, briller comme un charbon allumé; & pour être agréable à l'œil, il faut que sa couleur lui paroisse naturelle : c'est le plus dur, & celui qui souffre le poli le plus vif de tous les rubis : il nous vient de Cambaya & de Bisnagar, de la montagne de Capelan, situées dans les royaumes d'Ava & de Pegu.

2. Le rubis balai. [*Rubinus Balassus, aut Balasius. Rubinus colore incarnato, subcæruleo mixto, WALL. Palatius, KRAUTERMANN. Gemma rosea, WOLT.*]

Sa couleur est d'un rouge clair, ou rose, ou de chair, mêlée d'une petite nuance bleue, qui fait que cette pierre tire un peu sur le cramoisi où le violet : les naturalistes, de même que Boëce de Boot, le font naître d'une matiere pierreuse, couleur de rose, qu'ils appellent mere ou matrice de rubis. Il est le moins dur des rubis, il nous vient quelquefois de Bisnagar, & d'une riviere de l'isle du Ceylan, mais plus communément de Silésie, du Mexique & du Brésil : il ressemble beaucoup au rubis fait avec la topaze du Brésil, & dont nous avons parlé, *Esp. CLXVII*, *p.* 241.

3. Le rubis spinel. [*Rubinus spinellus. Rubinus colore rubeo, subalbo, WALL. Gemma rubella, WOLT. Spinellus.*]

Sa couleur est d'un rouge clair, quelquefois mêlée de blanc, d'autres fois entiérement blanchâtre ou d'une couleur pâle; on peut même dire qu'en général, le fond de la couleur du rubis spinel est blanc, & que le peu de rouge dont il est chargé, pénetre très-facilement sa transparence; ce qui lui donne, étant poli, un jeu très-agréable & très-ami de l'œil : les lapidaires prétendent qu'il est plus dur que le précédent; cependant il n'en a pas l'éclat. On nous apporte le rubis spinel de la Boheme, de la Silésie, de la Hongrie & quelquefois du Brésil.

4. Le rubicelle ou petit rubis. [*Rubicellus. Rubacus. Rubacellus. Rubinus colore rubeo subflavo, WALL.*]

Ce rubis est d'un rouge pâle tirant sur le jaune, ou d'un rouge mêlé d'un jaune couleur de paille; c'est la plus mauvaise espece de rubis, en ce qu'il perd seul & facilement sa couleur dans le feu : on augmente cependant le peu de couleur que cette espece de rubis a naturellement, au moyen de la lime & du beau poli dont il est susceptible : on rencontre communément le rubicelle dans le Brésil, où il s'y en trouve quelquefois d'assez beaux, & que l'on regarde comme rubis balai ou spinel.

ESPECE CLXXI.

V. Grenat.

[*Granatus. Gemma plus minus pellucida, duritie*

octava, colore obscurè rubro, in igne permanente, lapide liquescente, WALL. *Gemma obscurè rubra*, WOLT. *Gemma vera obscurè rubra*, CARTH. *Garamanticus* PLINII. *Carchedonius*, PLINII. *Amethystus* VETERUM.]

COMME le grenat est une pierre précieuse, qui varie par l'intensité des couleurs & par la régularité des figures, il doit nécessairement y avoir des grenats de différentes beautés.

Pour la couleur il y en a d'un rouge foncé ou obscur; d'autres sont jaunâtres, violets & d'un brun foncé, ou cabochon tirant sur le sang de bœuf: le grenat n'a ni la transparence, ni l'éclat, ni le brillant des autres pierres précieuses, à moins qu'on ne l'expose à une lumiere vive; il entre totalement en fusion au feu; mais il y conserve sa couleur (*a*) qu'on prétend être dûe au fer & à l'étain: sa dureté le rapproche beaucoup de l'améthyste, mais elle ne le garantit point d'être attaqué par la lime.

Quant aux différentes figures qu'affecte le grenat, M. Wallerius en décrit sept variétés, sçavoir, 1° le grenat en rhomboïde, *Granatus rhomboïdalis*; en octaëdre, *octaëdricus*; en dodecaëdre, *dodecaëdricus*; à quatorze côtés, *decatessaroëdricus*; à vingt côtés, *icosaëdricus*; à vingt-quatre côtés, *icotessaroëdricus*; & le grenat de figure indéterminée, *Granatus incertâ figurâ*. Dans le commerce on comprend toutes ces sortes de grenats sous deux especes principales qu'il est facile de distinguer par leur beauté & par leur éclat; on

(*a*) M. Geofroi rapporte, dans sa Matiere médicale, que le grenat ne se décompose point dans le feu; il se fond, par le miroir ardent, en une masse vitreuse & métallique, qui participe d'un fer attirable à l'aimant: il ne perd point pour cela sa couleur.

les divise en grenat oriental & en grenat occidental.

1. Le grenat oriental. [*Granatus orientalis.*] C'est le plus beau, le plus estimé & le plus resplendissant de tous les grenats ; sa couleur est vive & tient le milieu entre l'améthyste & le rubis (*a*), en effet sa couleur est pourpre : on appelle le plus dur & le plus pur de cette sorte de grenats, *vermeille* : cette pierre précieuse nous est apportée de Syrie : on ne peut jouir de l'éclat ou du jeu de cette pierre, qu'au grand jour : car elle paroît noire à la lumiere d'une bougie.

2. Le grenat occcidental. [*Granatus occidentalis.*] Il a peu d'éclat, sa couleur est jaunâtre & tire sur celle de l'hyacinthe ; on nous l'apporte communément de la Silésie, de la Boheme & de l'Espagne.

Les grenats sont des pierreries assez communes, on les trouve ordinairement dans des ardoises ; dans toutes les pierres feuilletées : on les rencontre aussi dans la pierre à chaux, dans le grais & dans les pierres de roches.

ESPECE CLXXII.

VI. Améthyste.

[*Amethystus. Gemma pellucidissima, duritie septima, colore violaceo, in igne liquescens,* WALL. *Gemma purpurea,* WOLT. *Gemma vera, colore violaceo, aut purpureo,* CARTH. *Pœderós. Antheros* JONSTONII. *Gemma Veneris,* AGRICOLÆ. *Hyacinthus* VETERUM.]

L'AMÉTHYSTE est, selon Kundmann, *Rarior.*

(*a*) Malgré la conformité des couleurs qu'ont les grenats avec les rubis, l'améthyste & l'hyacinthe, ils se font facilement reconnoître par des noirceurs qui les caractérisent particuliérement, & dont les autres pierres sont privées.

nat. & art. p. 196, une pierre pentagone, pointue, belle, luiſante, très-tranſparente & reſplendiſſante. Wallerius dit qu'elle eſt polygone, cubique (*a*) & pointue. On en trouve de l'une & de l'autre figure. La couleur de cette pierre eſt violette, plus ou moins foncée, pure & vive. Elle ſe perd dans le feu, & la pierre elle-même y entre entiérement en fuſion. Elle eſt ſuſceptible d'un poli vif, & tient le ſeptieme rang des pierres (à compter du diamant) eu égard à ſa dureté. La lime a de la priſe ſur cette pierre. L'améthyſte ſe forme dans le quartz, comme les cryſtaux. On prétend qu'elle tire ſa couleur de l'or; cependant le fer & l'étain produiſent la même couleur. Comme les vraies améthyſtes ont des couleurs variées, que les unes ſont d'un violet pur, & que d'autres laiſſent appercevoir au travers de cette teinte du blanc, du couleur de roſe, du rouge, &c. on les a diſtinguées en améthyſtes orientales & en améthyſtes occidentales.

On a,

1. L'améthyſte orientale, ou l'améthyſte violette pure. [*Amethyſtus orientalis. Amethyſtus violaceus*, *WALL.*]

Sa couleur eſt également riche & éclatante, d'un beau bleu violet & colombin, ſans mélange d'aucune autre couleur. L'améthyſte orientale a ſeule la dureté eſſentielle, pour prendre un poli vif & très-brillant. C'eſt la plus eſtimée, & celle qui flate davantage l'œil. Elle ſe trouve en Perſe & dans l'Arabie.

2. L'améthyſte occidentale, ou l'améthyſte pâle.

(*a*) L'on trouve quelquefois des cryſtaux cubiques, dont la teinte reſſemble parfaitement à celle des améthyſtes : mais l'on ne doit pas pour cela confondre ces deux pierres enſemble : les améthyſtes ſont fuſibles & font feu avec l'acier, tandis que les autres cryſtaux ne ſont que des ſpaths colorés. Voyez *Ephem. nat. cur.*

[*Amethystus occidentalis. Amethystus violaceus, dilutus*, WALL. *Sapinos. Paranites.*]

Elle a ordinairement une couleur de gris de lin, imitant le vin clairet, mêlée d'un peu de bleu, laissant apperçevoir quelquefois un éclat de rose, au travers de la pourpre : c'est ce qui fait que l'améthyste occidentale n'est guéres moins recherchée que l'orientale, lors sur-tout que sa teinte est égale ; mais il est rare de la trouver parfaite dans cet état : elle est toujours, ou pauvre de couleur, ou inégale, & plus tendre que l'orientale : elle n'en a pas non plus l'éclat, ni le brillant. Quelquefois elles sont tout-à-fait blanches ; alors on en fait peu de cas. L'améthyste occidentale vient d'Italie, de l'Allemagne, des montagnes de Vic, de Catalogne & de Carthagene.

3. L'améthyste jaunâtre [*Amethystus violaceus, subflavus*, WALL. *Sacodion* PLINII.]

On distingue du jaune, ou des particules verdâtres, émeraudées, au travers du violet. Elle est tellement défectueuse, qu'on en fait peu de cas. On la trouve en Pologne, en Boheme, en Saxe & dans toute l'Allemagne.

4. L'améthyste rougeâtre. [*Amethystus violaceus, sanguineo mixto colore*, WALL.]

Sa couleur est violette, comme mêlée de sang, ce qui la fait tirer plus sur le rouge-brun que sur le violet. Elle n'est pas susceptible d'un poli bien vif. On la trouve en Espagne (*a*).

(*a*) OBSERVATION. Le prix de toutes les améthystes varie beaucoup : celles qui sont orientales augmentent dans une progression arithmétique, qui est fondée sur leur perfection & leur pesanteur spécifique ; *par exemple*, 2 grains sont comptés pour 3, 4 pour 7, 11 pour 16, tandis que les améthystes occidentales, telles sont celles de Boheme, de Saxe, &c. ne se vendent qu'à proportion de leur grandeur, c'est-à-dire, celles qui sont doubles, valent le double de celles qui sont simples, &c.

ESPECE CLXXIII.

VII. Sapphir.

[*Sapphirus. Gemma pellucidiſſima, duritie tertia, colore cæruleo, igne fugaci,* WALL. *Gemma cærulea,* WOLT. *Gemma vera, colore cæruleo,* CARTH. *Cyanus* PLINII.]

LE ſapphir eſt une pierre précieuſe, dont la figure eſt octogone, ou d'un plus grand nombre de côtés, très-dure, brillante, diaphane, reſplendiſſante. La couleur en eſt bleue comme de l'indigo (*a*), & ſe perd dans le feu, quoique la pierre elle-même réſiſte à ſa violence & demeure alors blanche comme le diamant. Le ſapphir eſt, après le rubis & le diamant, le plus dur des pierreries, & c'eſt par conſéquent la ſeconde pierre dure, en comptant depuis le diamant. Il repouſſe la lime & eſt très-difficile à graver. On diſtingue les ſapphirs dans le commerce en pierres bleues orientales & en occidentales. On rencontre ces pierreries aux mêmes endroits & dans les mêmes pierres que les rubis. Wallerius dit qu'il arrive même ſouvent qu'on trouve des pierres qui ſont à moitié rubis & à moitié ſapphirs.

On a,

1. Le ſapphir oriental, ou le ſapphir tout-à-fait bleu. [*Sapphirus orientalis. Sapphir cyaneus,* WALL. *Sapphirus mas.*

Sa couleur eſt d'un beau bleu céleſte, ou d'un azur excellemment beau, veloutée, riche & également diſtribuée, tirant un peu ſur la pourpre, & ſans être ni trop foncé ni trop clair. C'eſt le plus eſtimé & le plus recherché de tous les ſapphirs. Il

(*a*) Il n'eſt pas encore certain ſi la couleur des ſapphirs eſt dûe au cuivre, ou au cobalt, ou au fer.

nous

nous est apporté des Indes orientales. On l'y rencontre dans la montagne de Capelan, au royaume du Pégu, dans le Calécut, dans le Ceylan. Il nous en vient aussi de Bisnagar & d'autres lieux du Midi. C'est l'espece de sapphir si renommée de tous les auteurs, & qui étoit consacrée à Jupiter, & dont son grand-prêtre étoit toujours couvert.

2. Le sapphir occidental, ou le sapphir blanchâtre. [*Sapphirus occidentalis. Leuco-Sapphirus. Sapphirus cæruleus, subcandidus*, WALL.]

Le jeu & l'éclat de ce sapphir sont pour l'ordinaire d'un agrément tout opposé au précédent. Sa couleur est tantôt d'un blanc laiteux, mêlé d'un bleu leger; tantôt c'est un blanc clair, mêlé d'un beau bleu céleste. Ce sapphir est quelquefois aussi vif, & non moins éclatant que le sapphir oriental; mais sa couleur mixte le rend bien moins beau: d'ailleurs il est très-rare de trouver cette sorte de sapphir parfaite: elle est trop sujette aux défauts suivans, sçavoir, d'être tendre, sableuse, glacée, tachée, pleine de nuages, fumeuse, laiteuse, d'une couleur sourde & calcédonieuse; c'est ce qui fait qu'il est en général le moins estimé des sapphirs. On rencontre communément ce sapphir en Silésie, dans les confins de la Boheme & de la Misnie, au Val de Saint-Amarin en Alsace, & autres lieux de l'Europe. On en trouve aussi dans le Velay.

3. Le sapphir couleur d'eau. [*Sapphirus aqueus. Sapphirus aqueo dilutus*, WALL. *Sapphirus fœmina.*]

La couleur de ce sapphir est quelquefois d'un bleu si leger, qu'on le prendroit pour un diamant ou pour une pierre non colorée; les lapidaires l'appellent *sapphir d'eau*; & lorsqu'il n'a point du tout de couleur, ils le substituent souvent au diamant de petite teinte dont il approche par l'éclat, par la blancheur & par la dureté : on nous apporte ce ſapphir du Ceylan.

4. Le ſapphir verdâtre. [*Sapphirus praſitis. Sapphirus cæruleus ſubviridis* , WALL.]

Sa teinte n'eſt pas égale , on croit appercevoir au travers de ſa couleur bleue un mêlange de bleu moins foncé & de verd : ce ſapphir ſe trouve dans la Perſe (*a*).

ESPECE CLXXIV.

VIII. Chryſolite.

[*Chryſolitus. Gemma pellucidiſſima , duritie ſexta , colore viridi ſubflavo , in igne fugaci ,* WALL. *Gemma viridi lutea ,* WOLT. *Gemma vera ex flavo virideſcente ,* CARTH. *Chryſolampis. Chitim* ARCHELAI. *Beryllus nonnullorum. Topazius* VETERUM.

LA figure de cette pierre eſt polygone ou quadrangulaire , d'une tranſparence ſourde : bien des perſonnes la regardent comme une topaze occidentale ; mais elle eſt bien moins brillante , plus pâle , tirant ſur la couleur orangée : elle eſt quelquefois chargée d'une couleur verte claire , jaunâtre , émeraudée , qui ſe détruit dans le feu , quoique la pierre elle-même s'y ſoutienne. Plus la chryſolite eſt verdâtre , & moins elle eſt précieuſe ; auſſi cette pierre eſt-elle peu recherchée : elle eſt ſi tendre , que la lime a de la priſe ſur elle ; cependant elle approche beaucoup de l'émeraude , eu égard à la dureté. On croit que la couleur de cette pierre vient du cuivre mêlé au plomb.

(*a*) OBSERVATION. Il y a quelques auteurs qui regardent , mais improprement , l'œil de chat comme une ſorte de ſapphir. Nous en avons parlé , *Eſp.* 140. M. Lemery dit que le ſapphir a pris ſon nom d'un lieu nommé en grec Σαπφεὶρ d'où on le tiroit autrefois.

On trouve les chryſolites dans les Indes occidentales, en Boheme & dans toute l'Allemagne : il y en a de pluſieurs ſortes.

1. La chryſolite d'un verd clair. [*Chryſolitus ſubvireſcens. Chryſolitus colore aqueo virideſcente*, *WALL. Praſoïdes AGRICOL. & LAET.*]

Sa couleur eſt pâle ou aqueuſe, tire plus ſur le verd que ſur le jaune.

2. La chryſolite d'un verd de poireau, ou praſe. [*Chryſolitus viridi colore porrino*, *WALL. Praſius.*]

Cette pierre a beaucoup de reſſemblance par ſa couleur au poireau ; ſa teinte eſt égale, legere, claire & bien confondue, lorſqu'elle chatoye un peu des rayons d'un verd jaunâtre, & comme ſi elle contenoit des particules d'or : on l'appelle chryſopraſe, *Chryſopraſius colore viridi flaveſcente*, *WALL.* On en a vu même qui en contenoient ; on y remarque alors une legere teinte de jaune, mais l'éclat dominant eſt clair verdâtre.

3, Le chryſo-béril. [*Chryſo-beryllus. Choaſpites AGRICOLÆ.*

Les auteurs font une différence entre le *Chryſo-béril* & le *Choaſpites;* mais la dureté, la couleur d'un verd jaune, chatoyant, & toutes les autres particularités qu'on remarque dans ces deux pierres, ont tant de rapports entr'elles, que nous croyons devoir les regarder comme une ſeule & même pierre.

L'on peut encore rapporter ici le béril couleur de cire, *Beryllus cereus*, & le béril huileux, *Beryllus oleaginoſus*, que quelques auteurs rangent, tantôt avec les topaſes, & tantôt avec les hyacinthes.

Pluſieurs naturaliſtes rapportent qu'il ſe trouve des chryſolites d'une grandeur ſi extraordinaire, qu'on en avoit fait une figure de quatre coudées de haut, repréſentant Arſinoë, femme de Ptolémée Philadelphe; ce qui eſt difficile à croire.

ESPECE CLXXV.

IX. Béril ou Aigue-marine.

[*Beryllus, lapis dicta Aqua-marina. Gemma pellucida, duritie decima, colore thalaſſino, igne liquabilis,* WALL. *Gemma viridi-cærulea,* WOLT. *Gemma vera colore viridi-cæruleo ſeu glauco,* CARTH. *Augites* PLINII. *Thalaſſius marinus.*]

ON nomme *Béril* ou *Aigue-marine*, une pierre précieuſe polygone & tranſparente, d'un verd bleuâtre leger, dont la cryſtalliſation eſt feuilletée comme le diamant. On en connoît de deux ſortes, l'une orientale qui eſt le béril, & l'autre occidentale qui eſt l'aigue-marine.

1. Le béril, ou aigue-marine orientale. [*Beryllus, aut lapis dicta Aqua-marina orientalis.*

Ce béril a une couleur forte, d'un bleu verd, défectueux & ſourd, en un mot, chargée; quoique la moins dure des pierreries, on en trouve cependant, qui reçoivent un poli aſſez éclatant & qui font encore plaiſir à l'œil.

2. La pierre dite Aigue-marine, ou le béril occidental. [*Lapis dicta Aqua-marina, ſeu beryllus occidentalis.*]

La couleur de cette pierre eſt d'un verd de mer, appellé céladon, & qui eſt aſſez agréable; on y diſtingue du blanc, du bleu & du verd: cet enſemble imite très-bien l'eau d'une mer tranquille: cette pierre eſt diaphane, ſuſceptible d'un aſſez beau poli, vif & éclatant.

Le béril, comme l'aigue-marine ſont les moins

dures de toutes les pierres précieuses; la lime mord facilement sur elles. Ces sortes de pierreries entrent totalement en fusion dans le feu : c'est en général une pierre fort peu recherchée, à moins qu'elle ne soit de toute qualité : il ne s'en fait pas un grand commerce : on trouve ces pierres dans les Indes, à Madagascar, au pied du mont Taurus, sur le rivage de l'Euphrate. On les rencontre encore dans l'Allemagne & la Boheme.

Plusieurs auteurs disent que cette pierre, dans l'ancienne loi, faisoit partie du pectoral du grand prêtre.

Le mot d'*aigue-marine* est tiré du patois provençal, qui dit *aigue-marine*, pour *eau de mer*, de même que le patois auvergnac dit *aigue-chaude*, pour *eau chaude*.

ESPECE CLXXVI.

X. Emeraude.

[*Smaragdus. Gemma pellucidissima, duritie quintæ, colore viridi, in igne permanente*, WALL. *Gemma viridis*, WOLT. *Gemma vera colore viridi*, CARTH. *Limoniates* PLINII. *Prasimus. Gemma Neroniana. Gemma Domitiana.*]

CETTE pierre précieuse est polygone, d'une figure indéterminée, tantôt cylindrique ou cubique, tantôt prismatique ou quadrangulaire : Henckel dit même avoir vu une émeraude prismatique quadrangulaire avec une pointe applatie. Voyez *Ephem. nat. cur. Vol. IV*, *pag.* 318. L'émeraude est en canons dont les côtés sont inégaux & les angles obtus; elle est diaphane, resplendissante, d'une couleur verte très-agréable à l'œil, pendant le jour ; car aux lumieres elle paroît noire : elle résiste long-tems au feu ordinaire, sans que sa couleur s'altere ; cependant un feu violent & continu en dégage la couleur sous la forme d'une vapeur verdâtre & bleuâtre, alors cette pierre reste sans couleur & dépérit souvent dans l'action du feu ; mais si on se contente de l'échauffer fortement dans le feu, jusqu'à rougir, elle y deviendra bleue & acquerra la propriété de luire abondamment dans l'obscurité : on remarque qu'elle garde seulement cette couleur bleue, tant qu'elle est pénétrée par le feu, puisqu'en se refroidissant, elle la perd & qu'elle reprend ensuite la couleur verte qui lui est naturelle. Quoique la lime ait un peu de prise sur cette espece de pierrerie qui tient le cinquieme rang dans les pierres précieuses, eu égard à la dureté ; elle ne laisse pas de recevoir un poli vif & des plus éclatans. Elle se forme dans le quartz, dans la roche, & dans les mêmes pierres que les crystaux, & plus souvent encore dans la prime d'émeraude qui est sa vraie matrice : on soupçonne, avec assez de vraisemblance, qu'elle doit sa couleur à du fer mêlé avec du cuivre, ainsi que les bérils.

On a,

1. L'émeraude d'un verd avivé, ou l'émeraude orientale, ou l'émeraude de vieille roche. [*Smaragdus colore viridi cyaneo*, WALL. *Smaragdus orientalis, impropriè occidentalis nonnullor.*]

L'éméraude qu'on nomme orientale, est le *Zamarut* des Arabes, la *Pachée* des Perses & des Indiens. La couleur de cette sorte de pierre est d'un verd plus ou moins foncé, de sorte que le fond de sa couleur paroît souvent tirer sur le bleu ; on choisit celle qui est la plus dure, la plus pure, la plus diaphane, & qui réfléchit des rayons éclatans d'un beau verd vivace de prairie : on la trouve dans les Indes orientales & près de la ville d'Asuan en Egypte ; elle est en canons de la grosseur du pouce, dont les côtés sont inégaux & les angles obtus.

2. L'émeraude d'un verd très-clair. [*Smaragdus colore viridi diluto* , *WALL. Smaragdus occidentalis , impropriè dicta orientalis , nonnullorum.*

Elle est d'un verd clair, de sorte que la couleur verte qui en fait la base, paroît souvent tirer sur le jaune.

Les émeraudes occidentales varient beaucoup : on choisit celles dont la couleur est d'un verd leger, gai, agréable ; ce qui les rend si amies de l'œil, qu'on les préfere quelquefois aux orientales, quoiqu'elles n'en ayent pas la dureté & qu'elles ne rayonnent pas de même : elles nous viennent du Perou, de Carthagene, dans la vallée de Tunia. Il s'en trouve aussi dans l'Europe en Chypre, que l'on appelle *Emeraude bâtarde* ; c'est la plus tendre, la plus facile à tailler, la moins rayonnante & la moins estimée de toutes : quand la couleur de cette émeraude est d'un verd jaunâtre embruni, on l'appelle Péridot ; pierre si peu estimée des lapidaires, qu'ils ont admis en proverbe : *La pierre du Péridot, qui en a deux, en a trop.*

On rencontre dans le Bourbonnois, dans l'Auvergne & en Bretagne, des spaths vitreux, verdâtres & crystallisés, auxquels l'on a donné improprement le nom d'émeraude, *Smaragdus nostras* ; ces crystaux n'ont pas même la dureté de la prime d'émeraude.

Quant aux vraies pierres d'émeraude qui ont une certaine grandeur, il est rare qu'elles soient dures, d'une belle couleur, pures & sans défaut ; elles sont trop souvent remplies d'onglets, ou trop ſujettes à des nuages qui les obſcurciſſent & en ôtent totalement le jeu ; auſſi ſont-elles d'un prix tout-à-fait inégal, puiſqu'à égalité de poids, l'une ſe vend quelquefois douze fois plus cher que l'autre : c'eſt la couleur & la pureté qui mettent ces différences entre ces ſortes de pierreries.

Les anciens connoiſſoient douze ſortes d'émeraude qui nous ſont totalement étrangeres aujourd'hui, & ils avoient tant d'eſtime pour cette pierre précieuſe, qu'il étoit défendu de rien graver deſſus.

ESPECE CLXXVII.

XI. La Tourmaline.

[*Turmalina, Lapis theamedes* PLINII.]

CETTE pierre qu'on ne connoît en Europe que depuis 1717, & dont M. le duc de Noya a renouvellé la reputation, eſt une pierre tranſparente, d'un jaune obſcur, tenant du verd & du noir ; on l'apporte de l'iſle de Ceylan, toute taillée à face plate, & ſes côtés faiſant des degrés ; elle paroît inaltérable au feu médiocre auquel on l'expoſe pour voir l'effet ſingulier qu'elle a d'attirer & de repouſſer la cendre ; peut-être un feu plus violent l'altéreroit-il : en effet on y découvre, à l'aide du microſcope, de petites fêlures. On a pouſſé très-loin les obſervations ſur cette pierre ; on l'a comparée aux autres pierres précieuſes ; aux divers corps électriques, & aux aimans : elle conſerve dans la comparaiſon ſon caractere diſtinctif ; c'eſt le ſeul corps connu, qui ait beſoin d'être chauffé au feu pour acquerir la vertu électrique & qui ne l'acquiert pas par les autres moyens qu'on emploie pour électriſer les autres corps.

La lettre du duc de Noya, publiée en 1759, mérite à tous égards d'être consultée par les naturalistes.

GENRE XXXI.

V. Pierres composées, ou Roches.

[*Lapides mixti. Saxa*, *WALL. Lapides aggregati*, *CARTH. Petræ vulgares.*]

ON donne ce nom à des pierres formées par l'assemblage de deux, de trois pierres, ou même davantage qui sont plus ou moins dures, de différentes couleurs & dans diverses proportions, & dont nous avons parlé jusqu'ici : tels que les spaths, ou les fluors, les quartz, le mica, le petro-silex, &c. Les pierres de roche n'ont d'autre différence entr'elles, que celle qu'y met la nature des parties qui y dominent ; elles ont en général l'extérieur & l'intérieur tout dissemblables ; les particules qui les composent se levent par écailles ou par grains ; elles ne paroissent jamais unies & lisses, & se discernent pour la plûpart : étant cassées, elles sont d'une figure indéterminée, (c'est en quoi elles different du silex) toujours opaques, quelquefois luisantes dans la fracture, & de deux morceaux l'un n'est point convexe & l'autre concave ; elles sont moins dures que le caillou, quoique plus tenaces, ne font pas aisément feu avec l'acier, sinon dans les angles ; elles prennent un poli qui n'est pas éclatant, se vitrifient à un feu violent, sans s'éclater facilement : on les trouve par couches ou par filons, souvent en roches entieres dans les montagnes, comme on le peut voir en Dalécarlie & en Allemagne près de Freyberg, dans la *carriere* dite *de corail* & que Henckel a décrite dans sa Pyritologie ; ces pierres different aussi des agates, en ce qu'elles ne sont ni isolées ni répandues dans les champs, si ce n'est accidentellement ; elles ne se décomposent point à l'air & y conservent leur couleur : la pesanteur spécifique de ces pierres varie considérablement ; & comme on ne trouve dans leur intérieur aucun vestige de pétrification, ni de matieres étrangeres au Régne minéral, pas même à la classe des pierres, quelques naturalistes ont mis ce genre de pierres au nombre des pierres primitives & de toute antiquité.

La plûpart des pierres comprises dans ce genre, sont désignées dans les auteurs, sous le nom de petro-silex, ou de jaspe, ou de porphyre, ou de granite, ou de roche, &c. Nous avons taché d'en simplifier non-seulement l'étendue de la nomenclature, mais encore d'en rapprocher les genres, les especes & les variétés, &c. suivant l'exigence du cas, c'est-à-dire, d'après les propriétés, tant intérieures qu'extérieures ; nous n'avons pu cependant nous refuser à en faire trois sous-divisions, ainsi qu'on le verra.

I. SOUS-DIVISION.

Pierres de roche grossiere.

[*Saxum crassius. Petro-silex gregarius*, *WALLER*. Esp. 91.

LA couleur en est plus ou moins terne & le tissu grossier, de même que les parties qui la composent

& qui ne ſont pas ſuſceptibles d'un poli fort brillant. On y remarque quelquefois, & en abondance, du *Mica* ordinaire, ou blanc ou jaune.

ESPECE CLXXVIII.

I. Pierre de roche opaque, ou Roche ſimple ſablonneuſe.

[*Saxum opacum. Petro-ſilex opacus, intrinſecè compactus, mollior*, WALL. Eſp. 91. *Saxum ſimplex cotaceum, ibid.* Eſp. 158. *Saxum arenarium*, CARTH.]

CETTE pierre eſt aſſez dure, un peu grainue, quelquefois ſablonneuſe, entre-mêlée de particules ou paillettes luiſantes de mica, d'un tiſſu uni, aſſez ſerré, ne ſe met point par éclats : on n'y remarque que peu ou point de fentes ni de crevaſſes : elle produit foiblement du feu avec l'acier, mais ſe rompt en morceaux inégaux & de figures indéterminées ; elle prend le poli à un certain degré, c'eſt ce qu'on appelle proprement le caillou de roche, dit en Suédois *Haille-flinta* : il y en a de pluſieurs couleurs, de vertes, de brunes, de noires, de veinées, &c. Voici un exemple de la nomenclature par rapport aux couleurs.

1. La pierre de roche opaque verte. [*Saxum viride micans. Petro-ſilex opacus viridis*, WALL. Eſp. 91.

On en trouve en Suéde, dans la Dalécarlie, & ſur le bord du Rhin près de Lintz.

Voici un exemple de ces pierres de roches, par rapport aux propriétés.

2. La roche griſe mêlée de mica. [*Saxum mixtum inæqualiter micaceum. Saxum mixtum micaceum*, WALL. Eſp. 162.

On ne lui donne l'épithéte de *Mica*, que parce que cette ſubſtance y domine ; quand le quartz ou le ſpath fuſible, &c. l'emportent pour la quantité ſur les autres eſpeces, on ajoûte l'épithéte de *Quartzoſum*, ou *Spatoſum*, ainſi des autres. Quand la roche paroît tellement compoſée de parties égales, qu'on ne puiſſe pas décider laquelle de ces ſubſtances l'emporte ſur les autres, pour lors on y met l'épithéte d'*æqualiter* ; ſi la roche eſt d'une couleur variée, *Saxum marmoratum* : enfin il eſt impoſſible de déterminer le nombre des variétés des roches ; elles changent accidentellement dans une montagne ſuivant ſa poſition & la nature des matieres conſtituantes.

II. SOUS-DIVISION.

La Roche en maſſe.

[*Saxum petroſum, ſolidum. Saxum petroſum, fruſtulaceum. Saxum petroſum, lapidibus majoribus concretum*, *WALL.* Eſp. 169.]

ON nomme ainſi les pierres de roches qui ſe trouvent en grandes maſſes, compoſées de toutes ſortes de matieres, ou de pierres qui ſont comme collées ou cimentées les unes aux autres & qui paroiſſent s'être formées les unes dans les autres : Daniel Tilas, *Hiſtoire de l'Academie royale de Suéde, année* 1743, dit qu'il y a des carrieres de pierre de cette eſpece à Maſſevola dans la Dalécarlie orientale ; nous avons obſervé qu'une partie des montagnes qui bordent le Rhin dans les environs de Lintz ſont auſſi compoſées de diſtance à autre, d'un *Saxum* ſemblable. Les parties qui entrent dans la composition des pierres de cette sous-division, ne different de celles de la précédente, qu'en ce qu'elles paroissent liées d'une maniere si subtile ou si forte, qu'on ne peut les séparer méchaniquement : c'est cette propriété qui rend ces pierres susceptibles du poli, & qui leur donne une couleur belle & vive.

ESPECE CLXXIX.

I. La Roche composée de Cailloux.

[*Saxum petrosum siliceum. Saxum petrosum siliceo corneum*, *WALL.* Esp. 170.

CETTE pierre n'est pas absolument en grandes masses; elle est composée de cailloux & de petits morceaux de la roche de corne feuilletée, qui se trouvent entre les couches irrégulieres de cette derniere espece de pierre. On la trouve en plusieurs endroits de la Suéde, de la Norvege, & près Remoulins en France : quelquefois cette roche est mêlée de sable & de caillou, comme on en voit en différens endroits de la Suisse; alors elle approche beaucoup des caracteres extérieurs du porphyre sablonneux & des poudingues : elle en differe moins par la nature des pierres qui la composent, que par leur arrangement.

ESPECE CLXXX.

II. Porphyre ou roche dure à petits points.

[*Porphyrites. Porphyr. Saxum durum, granosum, distinctum, aut punctatum. Jaspis durissima rubens, lapillis variis inspersis*, *WALLER. Saxum jaspidis, Porphyrius*, *CARTH.*]

LE porphyre est un caillou de roche plus

dur, mais moins compacte que le jaspe; sa couleur est ordinairement rougeâtre, brunâtre, violette, quelquefois verdâtre ou grisâtre. Il est composé de fragmens de quartz demi-transparent, & rarement de fluors ou de spath fusible, mais plus communément de feld-spath opaque, à petit grain, égal & blanchâtre : ces petites taches tantôt rondes ou longues, tantôt quarrées & comme crystallisées, paroissent former avec le quartz un assemblage de petites pierres comme collées ou cimentées les unes aux autres : quelquefois les taches sont noirâtres & brillantes ; leur couleur ressemble à une sorte de plombagine que les Allemands & les Suédois nomment *Bleyertz* (*a*).

On a,

1. Le porphyre rouge. [*Porphyr. Porphyr rubens lapillulis albis*, *WALL. Leucosticos PLIN.*]

Ce porphyre qui tire sa nomenclature du mot grec πορφύρα *purpura* est d'une couleur rouge purpurine, plus ou moins foncée, jamais vive ; elle tire souvent sur le brun ; rarement noirâtre, entre-mêlée de taches blanches, qui sont, tantôt opaques & ternes, & tantôt demi-transparentes & vitreuses, ce qui les fait regarder comme quartzeuses : on trouve de ce porphyre à Klitten près d'Elfdal, dans la Dalécarlie orientale ; on en rencontre aussi des morceaux dans les lits des rivières de l'Allier en Auvergne, & de la Loire ; ce qui sert de preuve qu'il doit y avoir dans les

(*a*) M. Estêve (dans les Mémoires de l'académie royale des sciences de Paris,) dit qu'on remarque ces taches du *molybdæna*, dans la grande urne de porphyre, qui est déposée dans le temple de Bacchus, aujourd'hui la sainte Agnès, près de Rome : on en voit aussi dans le grand vase du Vatican, dans les colonnes & l'urne du maître-autel de sainte Marie majeure, tous monumens qui sont, dit-il, les plus grands morceaux de porphyre, échappés aux Barbares.

environs des plus grandes maſſes de porphyre.

2. Le porphyrite. [*Porphyrites. Porphyr purpureus, lapillulis diverſi coloris, WALL.*]

Cette pierre ne differe de la précédente, que par ſes taches ou grains, qui ſont plus petits & ordinairement de différentes couleurs.

3. Le porphyre brocatelle. [*Porphyr rubens, lapillulis flavis, WALL. Marmor Thebaïcum nonnull.*]

Les taches ou points en ſont toujours jaunâtres, & également diſtribués ſur un fond rouge obſcur, quelquefois verdâtre.

On a eu tort de mettre ce porphyre parmi les marbres, à cauſe de ſa couleur, puiſqu'il eſt plus dur que le jaſpe, ne ſe diſſout point aux acides, mais ſe vitrifie à un feu violent, & s'y change en un verre ſolide & compacte; le caillou de Rennes qu'on peut autant regarder comme un porphyre de cette eſpece qu'un jaſpe proprement dit, a également les mêmes propriétés, ainſi que le ſuivant

4. Le porphyre rouge à taches noires. [*Porphir Ægiptiacus. Porphyr rubens, lapillulis nigris, WALL. Syenites. Stignites. Pyrrhopœcilon. Granito roſſo, ITALICE.*]

Quelques auteurs ont appellé ce porphyre, *Granite rouge* & l'ont déſigné comme une eſpece de jaſpe; mais outre qu'il eſt plus dur que ces eſpeces de pierres, il eſt entre-mêlé de taches noires de molybdêne, & a d'ailleurs toutes les propriétés du vrai porphyre : il eſt, au rapport de Pline le Naturaliſte, *Hiſt. Nat. PLIN. L.* 36, *chap.* 8, & de Woodward, le même que celui dont on faiſoit anciennement les colomnes & les obéliſques d'Egypte, qu'on a mis au rang des ſept merveilles du monde : ce porphyre ſe trouvoit dans l'Arabie déserte (*a*) d'où on le transportoit par mer en Egypte : on le rencontroit encore dans la Numidie, & même en Egypte : on conserve à Rome & à Versailles des monumens précieux de ce porphyre antique.

5. Le porphyre verd. [*Porphyrites arenaceus, & colore variegatus.*]

Ce porphyre est assez rare, & estimé des modernes; on le connoissoit si peu dans les derniers siécles, qu'il n'y avoit que les joailliers qui le tailloient, de même que le porphyre rouge, en petites plaques & autres petits bijoux qu'on portoit en amulettes, tantôt pour arrêter le sang, lorsque la pierre étoit rouge, tantôt pour dissiper la mélancolie, lorsque la pietre étoit verte; on est encore peu revenu de ce faux préjugé : cependant l'usage le plus ordinaire du porphyre est aujourd'hui de le tailler en bustes, en vases, en tables, en molettes & pierres, pour servir à broyer les couleurs & les corps les plus durs qu'on veut réduire en poudre subtile ou en pâte fine.

6. Le porphyrite sablonneux. [*Porphyrites arenaceus, & colore variegatus.*]

Cette espèce de porphyre, quoique poreux, ne laisse pas que d'être solide, très-dur & pesant : il est composé de petits grains de quartz extrêmement liés les uns aux autres, susceptible du poli, faisant feu contre l'acier : l'on diroit, au premier coup d'œil, que cette pierre n'est que le squelette du porphyre, & qu'il n'y manque plus

(*a*) M. Estêve dit dans les *Mémoires de l'académie royale des sciences de Paris*, qu'on trouve aujourd'hui en France, dans la vaste forêt de Lesterelle en Provence, un porphyre, dont la dureté, la beauté, le prix & l'usage dans la sculpture & l'architecture, ne le cédent en rien au porphyre de l'Arabie, comme on peut le voir par les divers monumens de ce porphyre, qui ont été construits depuis très-long-tems en Europe, & qui sont des mieux conservés.

que

que la pierre de roche (ou une eſpece de ſable fin & quartzeux qu'on remarque dans le porphyre) pour en remplir les petites cavités : en effet quand on examine avec attention l'arrangement des particules de cette pierre, on connoît aiſément de quelle maniere elles ſe sont unies, & comment ſe peut former de jour à autre le porphyre que quelques naturaliſtes regardent comme une pierre de toute antiquité : on trouve de ce porphyre dans le lit de pluſieurs rivieres qui ont leur ſource dans des montagnes à couches. Tilas, *Hiſt. des Pierres*, *pag.* 13, dit qu'on rencontre auſſi cette eſpece de porphyre à Elfdal en Orſtendal.

ESPECE CLXXXI.

III. Le Porphyre, Poudingue, ou le Porphyre à gros grains & de différente nature.

[*Porphyr, Pudden-Stone ſeu Poudingt-Stoone. Porphyr maculis majoribus aut inæqualibus diſtinctum. Saxum petroſum diverſis lapidibus concretum*, WALL.]

ON donne le nom de poudingue à un mélange de petits cailloux, qui ſont ou arrondis, ou triangulaires, très-durs, & de la nature du ſilex ou quartz, qui ſont fortement cimentés les uns à côté des autres, de maniere qu'à l'aide du poli vif & éclatant, dont pluſieurs d'entr'eux ſont ſuſceptibles, ils ne reſſemblent pas mal au porphyre.

ESPECE CLXXXII.

IV. Granite ou Roche ſimple.

[*Granitum. Saxum granoſum vulgare*, *aut Saxum mixtum micaceum. Saxum ſimplex*, *WALL.*]

ON appelle ainſi cette pierre parce qu'elle eſt compoſée de grains : elle n'eſt pas extrêmement mélangée, puiſqu'elle n'eſt formée que par l'aſſemblage de deux matieres ou de deux eſpeces de pierres, de trois au plus, entre leſquelles il y en a une pour l'ordinaire qui y domine, [c'eſt le quartz (*a*),] tandis que l'autre n'y eſt qu'interpoſée; [c'eſt ou le feld-ſpath, ou le petro-ſilex,

(*a*) Plus le quartz & le feld-ſpath, ou le petro-ſilex dominent dans la compoſition du granite, & plus il eſt beau & durable. Les ſuperbes obéliſques ou aiguilles qui ſont à Rome, nous en fourniſſent une preuve peu équivoque. Ces monumens, élevés en l'honneur des Rois d'Egypte, il y a plus de quatre mille ans, & qui ne ſont point encore altérés par les injures du tems, ne ſont que des granites compoſés de quartz, de feld-ſpath ou petro-ſilex, & de *mica*. Outre la bonté des parties conſtituantes du granite, le local & la durée de ſa formation ſont encore des circonſtances qui ne contribuent pas pour peu à ſon indeſtructibilité. Il faut être artiſte, pour connoître le degré de perfection de cette pierre ; car ſi on la mettoit en œuvre avant ſa *maturité*, elle *dépériroit*, & ſe *déliteroit* ; ou, comme l'on dit en terme d'art, elle mourroit ; c'eſt ce qui arrive journellement aux grandes colomnes de la place de Séville, qui ſont modernes, & qui ont déja beaucoup dépéri.

Quand on veut travailler un granite au ſortir de la carriere, il ne faut pas le prendre à la ſuperficie de la montagne, parce qu'il ſeroit trop tendre & trop facile à ſe détruire ; mais il faut le choiſir à quelques pieds de profondeur, ſonder les veines les plus compactes & dures, que le grain en ſoit bien lié par un ciment ſolide, afin qu'en le taillant, l'ouvrage en ſoit beau, plein & ſuſceptible d'un poli vif. Lorſqu'une maſſe de granite eſt ſortie de ſa carriere & poſée ſur champ, on la ſépare facilement en morceaux, en creuſant dans la maſſe une tranchée de quelques pouces de profondeur, dans laquelle on chaſſe enſuite, à force de maſſues, des coins de fer, qui la font éclater en morceaux plus ou moins réguliers & unis.

& rarement le ſpath fuſible ;] la troiſieme eſt le *Mica.* Les particules qui compoſent le granite ſont différemment colorées, plus ou moins grandes & dures, ſuſceptibles d'un poli, tantôt plus, tantôt moins vif, ſelon que le cément terreux qui les unit, a plus ou moins de ténacité & de rapport avec le mélange des pierres. Le granite eſt communément dur à tailler, donne beaucoup d'étincelles avec l'acier, prend bien le poli : expoſé au feu, il s'y vitrifie, à l'exception du *mica* & du cément qui ſouffrent la même violence du feu ſans en être altérés ; ils y perdent au plus leur éclat & leur ténacité.

On a,

1. Le granite vulgaire, ou le granite mêlé de feld-ſpath & de quartz. [*Granitum noſtras vulgare; Granitum pſeudo-ſpathoſo-quartzoſum. Saxum ſimplex ſpathaceum*, WALLER.]

C'eſt le granite dont on ſe ſert le plus ordinairement dans la ſculpture & l'architecture : il a pour baſe le feld-ſpath, ou le petro-ſilex opaque, dans lequel il ſe trouve des grains oblongs de quartz & d'autres petits points vitreux, à facettes, quelquefois en quarrés longs; il y en a de pluſieurs couleurs : on en trouve en Bourgogne près d'Agey, & qui eſt rougeâtre, très-dur & de bonne qualité : on en trouve auſſi en Suéde Voyez TILAS, *Hiſt. des Pierres.*

2. Le granite quartzeux abondant en mica. [*Granitum quartzoſo-micaceum. Saxum ſimplex quartzoſum*, WALL.]

Outre le quartz & le mica qui entrent dans la compoſition de ce granite, on y diſtingue toujours un peu de petro-ſilex; comme le quartz y eſt en quantité plus ou moins grande, la bonté & la nature de ce granite doivent néceſſairement varier; aussi est-il plus ou moins blanc, dur & facile à mettre en grains : il ne prend pas un beau poli; il pétille dans le feu, & y forme un verre assez compacte, & fort semblable à un *lettier* couvert de mâche-fer. Ce granite se trouve en Provence, en Italie, en Espagne & en Egypte.

3. Granite réfractaire & abondant en quartz. [*Granitum indestructibile & refractorium. Saxum simplex. Apyrum aut Apyro-quartzosum*, WALL.

Ce granite qui résiste au feu ordinaire de verrerie sans s'y altérer, est un mêlange de grains quartzeux, grainus, semblables à du sable, & de *Mica* : il se divise quelquefois en lames, *Granitum fissile* ; mais le plus souvent il n'est point feuilleté, *Granitum non fissile.* On en trouve près de Clermont en Auvergne, dans les environs de Soleure en Suisse, & d'Obwesel sur le bord du Rhin & en plusieurs endroits de la Suéde. Il est fait mention dans les *Ephemer. nat. curios. Vol. VI, pag.* 136 *&* 139, d'une espece de roche simple non feuilletée, mêlée de mica, *Saxum simplex fissili micaceum :* elle a quelque rapport avec ce granite; mais elle en differe essentiellement en ce qu'elle entre facilement en fusion au feu.

4. Le granite destructible, ou abondant en spath. [*Granitum mox destructibile*, *plerumque spato micans. Saxum simplex calcareo-spatosum*, WALL.]

Il est formé d'un assemblage de particules calcaires propres au marbre, jointes à du spath vitreux, & à quelque peu de *Mica* ou de *Molybdæna :* les parties de ce granite sont très-aisées à distinguer ; on peut même souvent avec la main en détacher ou séparer les unes des autres les particules qui les composent; il se détruit facilement : tel eſt pour la plûpart le granite des environs d'Alençon, qui en ſe décompoſant, devient farineux en partie, fait effervescence avec les acides, & paroît aſſez analogue au kaolin dont nous avons parlé, *Eſpece XLVIII* (a).

III. SOUS-DIVISION.

Pierres de roches de couleurs vives.

[*Saxum ſubtilius. Petro-ſilex jaſpideus, WALLER. Corneus opacus polituram admittens, colore vario & variegato, WOLT. Jaſpis.*]

CETTE pierre eſt en général d'une couleur vive,

(a) OBSERVATION. Le granite eſt une des pierres à bâtir les plus précieuſes ou au moins les plus eſtimées. L'hiſtoire nous apprend que les richeſſes de l'Egypte conſiſtoient autrefois dans l'abondance & la beauté du granite qui ſe trouvoit dans ce pays. Il n'y a pas encore long-tems qu'il n'étoit fait mention en ce genre, que du célebre rocher de granite rouge, ſitué dans le milieu du vallon de Raphidim, à cent pas du mont Oreb ; rocher que Moïſe nomma *Tentatio.* Les voyageurs ont encore occaſion de voir pluſieurs anciens monumens de ce granite rouge, que les Egyptiens avoient faits, telle que la colonne de Pompée, les pyramides & les obéliſques de Cléopatre ; tous magnifiques ouvrages qui, après la deſtruction de la monarchie de ces peuples, ont ſervi & ſervent encore à l'ornement des plus riches capitales, tant de l'Europe que de l'Egypte même.

L'Egypte n'eſt pas la ſeule matrice du granite : nous avons déja dit que pluſieurs provinces de la France, telles que la Normandie, la Bretagne, la Limoge, l'Auvergne, le Forez, le Lyonnois & le Beaujolois, la Bourgogne, le Languedoc, la Provence, &c. renferment des carrieres immenſes de cette pierre, d'où l'on peut tirer des blocs ou morceaux des plus énormes, dont la dureté permet d'en faire des ouvrages auſſi beaux & auſſi durables qu'avec les granites de Grèce & de la haute Egypte : on peut s'en convaincre, en examinant les vaſes, les meubles d'architecture, les ſtatues coloſſales qui en ſont faits, depuis pluſieurs années, & qui ſont de toute conſervation : on s'en ſert, ainſi que du porphyre, à paver les lieux des endroits où ces pierres ſont communes. Voyez ce qu'en a dit M. Guettard dans les *Mémoires de l'académie royale des ſciences de Paris,* 1752.

belle, & mêlée, quoiqu'entiérement opaque : elle eſt très-dure, fait facilement feu avec l'acier, ſe travaille comme le marbre, & reçoit un poli d'un éclat parfait, parce que les particules qui la compoſent ſont étroitement unies les unes aux autres : cette pierre entre en fuſion dans le feu, & s'y change en un verre ſolide & compacte (*a*).

ESPECE CLXXXIII.

I. Jaſpe d'une ſeule couleur.

[*Jaſpis unicolor*, AUCTOR. *Silex margaceus*, *rupeſtris*, LINN. 4. *Jaſpis ſubtilis*, *eleganter colorata*, *unicolor*, CARTH.]

ON n'y remarque qu'une ſeule couleur, mais elle eſt vive.

On a,

1. Le jaſpe blanc. [*Jaſpis unicolor alba. Jaſpis unicolor lactea*, WALLER. *Galaxia. Galactites*, PLINII.]

Il reſſemble, par ſa couleur blanche & laiteuſe, à un cryſtal opaque.

2. Le jaſpe gris. [*Jaſpis unicolor ſubalba. Jaſpis. unicolor cana*, WALL. *Corſaïdes.*]

Sa couleur imite aſſez celle des cheveux gris.

3. Le jaſpe jaune. [*Jaſpis unicolor flava*, WALL. *Terebinthizuſa* PLINII. *Jaſpis onychina.*]

La couleur eſt tantôt citrine, tantôt d'un jaune foncé, ou imitant la térébenthine cuite : ce jaſpe eſt fort rare ; il ſe trouve principalement à Hikie, près d'Elfdal, dans la Dalie orientale.

(*a*) On ſoupçonne, avec aſſez de fondement, que le jaſpe n'eſt qu'un petro-ſilex très-dur, d'un grain égal, & parvenu à ſon entiere maturité : on le reconnoît à ſa caſſure & à ſes propriétés, qui ſont communes entre les jaſpes colorés & non colorés ; quelquefois même il ſe rencontre dans le porphyre, en place du feld-ſpath, d'où il réſulteroit que le petro-ſilex ſeroit ordinairement la matrice du jaſpe, & quelquefois la baſe du porphyre.

4. Le jaſpe rouge. [*Jaſpis unicolor rubeſcens, WALL. Lapis ſanguinalis. BOST. Hæmachates IMPERAT.*]

On en voit de cinq nuances, ſçavoir, d'une couleur de pourpre, ou d'un rouge couleur de roſe, ou couleur de ſang, ou couleur de la ſarde, ou d'un rouge-brun : ce jaſpe ſe trouve dans les mêmes endroits que le précédent.

5. Le jaſpe d'un brun foncé. [*Jaſpis unicolor ſpadicea, WALLER.*]

Sa couleur eſt peu agréable, & reſſemble beaucoup à celle du porphyre rouge.

6. Le jaſpe d'un gris de fer ou verdâtre. [*Jaſpis unicolor ferrea, WALLER.*]

Comme ſa couleur tire communément ſur le verd d'olive, on l'appelle quelquefois prime d'émeraude, *mare ſmaragdinum* : il n'eſt au plus que la matrice de la prime d'émeraude.

7. Le jaſpe verd. [*Jaſpis viridis unicolor. Jaſpis viridis phoſphoreſcens, WALLER. Malachites PLINII. Pavonius ALDROVANDI. Jaſpis ſmaragdo ſimilis KENTMANNI.*]

Il eſt communément tout-à-fait opaque, & d'une couleur verte, noirâtre & brunâtre, ou un peu verdâtre, brillante, demi-tranſparent, & acquiert au feu la propriété de reluire dans l'obſcurité : on ne doit pas le confondre avec la malachite qui eſt une mine de cuivre, ni avec la prime d'émeraude proprement dite.

8. Le jaſpe bleu. [*Jaſpis unicolor cærulea, WALLER. Jaſpis ærizuſa PLINII.*]

La couleur de ce jaſpe eſt d'un beau bleu céleſte, ſemblable au lapis lazuli, avec lequel cependant il ne le faut pas confondre.

9. Le jaſpe noir. *Jaſpis unicolor atra, WALLER.*]

Ce jaſpe eſt tout-à-fait noir; bien des perſonnes

s'en servent comme d'une pierre de touche, & le désignent souvent sous ce nom : on sçait néanmoins que la pierre de touche est un *basaltes.*

ESPECE CLXXXIV.

II. Jaspe bleuâtre ou Pierre d'azur.

[*Jaspis cærulescens. Lapis lazuli. Cyaneus lapis. Lazulus lapis. Jaspis colore cæruleo & alio mixto, Cuprifer, WALLER* (a). *Cuprum cæruleum compactum, polituram admittens, WOLTERSD.*]

LE fond de cette pierre est d'une belle couleur bleue de cuivre, entre-mêlée de veines de pétro-silex ou de feld-spath blanc, très-dur : on y distingue quelquefois des petits grains, soit pyriteux, soit d'or, soit de mica jaune.

Linnæus, *system. p.* 179, appelle cette pierre bleue *cuprum cæruleum*, parce qu'elle est en apparence une mine de cuivre très-riche; mais elle differe beaucoup de la mine bleue de cuivre qui est toujours tendre, riche, facile à réduire, tandis que celle-ci est très-dure, pauvre & comme réfractaire à la même violence de feu : d'ailleurs on se

(a) La pierre d'azur éprouvée par M. Margraf, est celle de Friedberg : il l'a dépouillée des particules de *mica*, qui l'accompagnent; & dans cet état, il l'a soumise aux épreuves les moins équivoques, telles que sa digestion dans l'alcali volatil, sa dissolution dans les acides, & sa précipitation par le même alcali, sans découvrir aucun indice que le cuivre soit le métal colorant de cette pierre ; en la traitant au feu de fusion, avec différentes substances capables de se vitrifier, bien loin d'obtenir des verres qui parussent colorés par le cuivre, ses résultats ont presque tous indiqué la présence d'un fer ; ensorte que M. Margraf se croit autorisé à conclure, 1° que le lapis lazuli ne contient aucun cuivre; 2° que le fer est la base de sa couleur. Il reste à sçavoir encore si les pierres d'azur de toutes les contrées se ressemblent, au point de rendre générale la conséquence que M. Margraf tire sur la seule espece qu'il ait analysée.

conforme ici à la nature de la pierre qui est pesante, dure, opaque, susceptible d'un beau poli, & qui n'appartient pas plus à la classe des mines de cuivre, que le porphyre à celles de fer.

On a,

1. La pierre d'azur foncé ou l'azur oriental. [*Lapis lazuli orientalis. Lazuli lapis obscurè cæruleus, punctulis pyritaceis albis*, WALLER. *Lapis stellatus*, MESUÉ. *Lapis radiatus*, MIREPS. *Sapphirus* PLINII. *Lapis lazuli colore cæruleo, miculis flavis nitentibus, distincto gaudens*, CARTH.

CETTE pierre est d'un bleu vif ou foncé, toujours marbrée & mêlée, soit de grains de pyrites, & de particules de sable micacé, soit de petits grains d'or & d'argent : elle est très-dure, se casse irrégulierement, fait feu avec le briquet; calcinée au feu, loin de s'y détruire, sa partie colorée acquiert de l'intensité, & y devient plus éclatante : elle ne s'altere point à l'air, mais y conserve son éclat; ce n'est qu'après plusieurs calcinations & extinctions dans le vinaigre, qu'on parvient à en extraire cette belle couleur bleue, vive & fine, connue sous le nom d'*outremer* (a), & qui sert

(a) L'outremer, *ultrà marinum, præparatum terreum, intensè cæruleum, de lapide lazuli præparatum*, WALLER. est une préparation dont on trouvera une description fort étendue dans Anselme de Boot, *Histor. lap. & gemmar. p.* 179, & qui est plus abrégée dans Neumann, *Prælectiones chemicæ, p.* 489 : on commence par comminuer le lapis lazuli; ensuite on le réduit sur le porphyre en une poudre impalpable qu'on arrose avec l'huile de lin : on fait en outre une pâte avec parties égales de cire jaune, de colophone & de poix-résine, c'est-à-dire, de chacun une demi-livre; on y joint une demi-once d'huile de lin, deux onces de térébenthine, & deux onces de mastic pur. On prend quatre parties de ce mélange, & une partie du lapis lazuli qui a été broyé avec l'huile de lin; on mêle le tout, & on le laisse digérer en cet état pendant un mois ou environ : ensuite on pétrit fortement ce mélange dans de l'eau un peu plus que tiéde, jusqu'à ce

dans la peinture, & quelquefois dans la teinture.

Cette pierre nous vient en morceaux de diverses grosseurs, & informes de l'Asie : on la trouve en Perse, à Golconde ; c'est la plus belle & la plus estimée : on choisit celle qui est la plus pesante, la moins chargée de raies blanches, d'un bleu formé, étendu & vif, afin que les bijoux qui en sont faits ayent une surface totalement bleue : on en trouve quelquefois en Suède, en Prusse, en Pologne, en Boheme, en Chypre, en Espagne & en Egypte ; mais il est si tendre, qu'à peine peut-on le polir : c'est en quelque sorte un lapis lazuli occidental.

2. La pierre d'Armenie. [*Lapis Armenus. Lapis lazuli pallidè cæruleus, punctulis albis*, WALL. *Jaspis cærulea, punctis albis ornata*, CARTH. *Lapis Armenis, seu Melochites*, LEMERY.]

La pierre Armenienne, appellée pierre d'azur femelle, ou cuivre d'azur occidental, est graveleuse, raboteuse, opaque, bien moins dure que le lapis lazuli ; ne recevant que peu ou point de poli, sa couleur est ou d'un verd bleu, pâle, ou d'un bleu clair, ou d'un verd gai, mêlé de brun, parsemé de points blanchâtres, spatheux, qui ressemblent à des grains de sable : on n'y remarque aucunes particules de pyrites ni d'or. Comme ses caracteres extérieurs la rapprochent quelquefois du vrai lapis lazuli, il n'est pas étonnant que les marchands Juifs & Turcs confondent ensemble ces deux pierres, afin d'y gagner davantage, en les vendant impunément pour du vrai lapis à ceux qui n'ont pas une connoissance suffisante des pierres, &c. Cependant la pierre Armenienne differe essentiellement du vrai lapis, en ce qu'elle se calcine au

que la couleur bleue s'en sépare : enfin on décante la liqueur, & l'on obtient une poudre qui est l'outremer, & que l'on fait secher.

feu, qu'elle y entre facilement en fusion, & que sa couleur s'y détruit : la poudre bleue qu'on en retire est encore bien inférieure en beauté & en durée à l'outremer ; mais elle est en revanche la pierre colorée en bleu, dont on retire le plus abondamment du cuivre, & de la meilleure espece, en ce qu'elle est, pour ainsi dire, privée de fer, d'arsenic, & de soufre.

C'est avec cette pierre qu'on fait le bleu de montagne artificiel des boutiques.

On s'en sert aussi en peinture & en teinture, après qu'elle a été préparée sous le nom de cendre verte, pour suppléer aux vraies ochres bleues de montagne : sa préparation consiste à prendre les morceaux les moins chargés de *gangue*, c'est-à-dire, de spath, à les mettre en poudre, les broyer sur le porphyre, & procéder ensuite comme en l'opération de l'outremer, par ce moyen on obtient différentes nuances ; la premiere s'appelle *petit outremer*, ou *poudre d'azur commun*. La deuxieme, *cendre verte ;* la troisieme, *verd de terre ;* & la quatrieme, *verd d'eau*. Anselme de Boot, dans son Traité *De Lapid. & Gemm. p.* 296, dit que pour obtenir le bleu de montagne, il suffit de bien pulvériser la pierre d'Armenie, de l'agiter long-tems dans l'eau, la laisser précipiter, la retirer, la broyer de nouveau avec de l'eau de gomme, enfin de l'étendre dans beaucoup d'eau ; la partie la plus fine se précipitera sous la forme d'une poudre : on la ramassera, & on la fera sécher, c'est alors ce qu'on nomme *bleu de montagne des boutiques*.

La pierre d'Armenie est ainsi nommée, parce qu'elle venoit autrefois de cette contrée ; mais on nous l'apporte aujourd'hui de Pouzzol, de Naples, du comté de Tyrol, de Boheme & de Wirtemberg ; on l'y trouve dans les environs des mines d'argent : nous en avons trouvé en Auvergne, & près de Bourbon-l'Archambault dans une matrice de quartz cryſtalliſé & de ſpath fuſible.

Lemery dit que la pierre d'Armenie préparée eſt en uſage en médecine comme déterſive & deſſicative extérieurement, & comme purgative intérieurement, ſur-tout pour les maniaques : La doſe en eſt, dit-il, depuis un ſcrupule juſqu'a quatre ; nous ne conſeillerions cependant pas de s'en ſervir intérieurement, non plus que de l'outremer, ni des pierres précieuſes & vitreuſes, les premieres ne pouvant purger qu'à raiſon de leurs particules cuivreuſes, qui, ſelon l'expérience, ſont toujours d'une conſéquence infinie ; les autres ne le ſont peut-être pas moins. La pierre d'azur *lapis lazuli*, ou la pierre bleue, *lapis cyaneus*, dérive du grec κυανὸς λίθος. *Lazulus* eſt tiré de l'arabe *azul*, ou de l'hébreu *iſul*, *uſul*, qui ſignifient la même choſe.

ESPECE CLXXXV.

III. Le jaſpe fleuri.

[*Jaſpis variegata* AUCTOR. *Jaſpis ſubtilis eleganter colorata, variegata*, CARTH.]

ON donne ce nom à un jaſpe composé de pluſieurs couleurs, qui tantôt ſont mêlées enſemble, ce qui fait chatoyer la pierre, & tantôt ſont diſtinctes & ſéparées, ce qui la fait paroître panachée ou mouchetée & de différentes couleurs.

On a,

1. Le jaſpe fleuri blanc. [*Jaſpis variegata albeſcens*, WALL.]

Le fond en eſt blanchâtre & moucheté, pour l'ordinaire de jaune & de noir. Voyez VELSCH. HECATOST.

2. Le jaspe fleuri gris. [*Jaspis variegata grisea*, *WALL.*]

Il est orné de taches rouges ou d'autres couleurs, sur un fond gris, *VELSCH. ibid.*

3. Le jaspe fleuri rouge. [*Jaspis variegata rubra*, *punctulis nigris*, *vel lineis albis*, *WALL.* 3 *&* 8.]

Le jaspe fleuri rouge est, selon Agricola, *De nat. fossil.* parsemé, tantôt de points, tantôt de raies vertes ou noires : le jaspe fleuri des anciens, qu'on appelle *Grammatias*, a une raie blanche, sur un fond rouge ; & quand il en a plusieurs, on l'appelle *Polygrammos*.

4. Le jaspe fleuri brun. [*Jaspis variegata fusca*, *WALL.*]

Il est parsemé de points blancs sur un fond brun. Voyez *AGRICOLA*.

5. Le jaspe fleuri verd, ou le jaspe verd sanguin. [*Jaspis variegata viridis*, *WALL.*]

On remarque que les taches qui y sont distribuées sans ordre, ont une couleur rouge changeante ou mêlée.

Lorsque le jaspe fleuri est moucheté en jaune, on l'appelle Pierre de panthere, *Lapis pantherinus*.

6. Le jaspe fleuri verdâtre ou bleuâtre, ou le jaspe Héliotrope. [*Jaspis Heliotropius. Jaspis variegata*, *obscurè viridis punctulis intensè rubris*, *WALL.*]

C'est le jaspe le plus estimé ; sa couleur est d'un verd foncé ou bleuâtre, parsemée de points d'un rouge de sang : les anciens lui attribuoient de grandes vertus en medecine : ils le portoient en amulettes pour se préserver de l'épilepsie, des hémorragies, & pour briser la pierre du rein.

7. Le jaspe veiné. [*Jaspis venosus*, *WALL. Prasius*, *Leucochloros ALDROVANDI.*]

On y remarque communément des veines blanches, quelquefois bleues, & pour l'ordinaire des taches noires : le fond est de couleur verdâtre.

ESPECE CLXXXVI.

IV. Le Jaspe-agathe.

[*Jasp-achates. Pseudo-achates* LINN. *Mus. Tessin.* 3, 5. *System.* n° 3. *Silex marmoreus rupestris*, LINN. 3. *Petro-silex semi-pellucidus intersecè compactus, mollior*, WALL. *Petro-silex semi-pellucidus. Achates immatura.*]

CETTE espece de jaspe qui prend très-bien le poli, se divise en morceaux minces, inégaux & de figure indéterminée ; ses particules sont écailleuses comme de la pierre à chaux : il est traversé de lignes blanchâtres ou de petits filons qui paroissent demi-transparens, le fond de sa couleur est obscur & presqu'entiérement opaque ; on en trouve de toutes les couleurs à Salberg, à Dannemore, en Provence & en plusieurs autres lieux.

ESPECE CLXXXVII.

V. Le Jaspe-onyx.

[*Jaspis onyche mixta. Jasponix* AUCTOR.]

LORSQUE le silex demi-transparent ou l'agate se décelent dans le jaspe, par veines tranchantes, en la maniere de l'onyx, alors on appelle une telle pierre Jaspe-onix.

On a,

1. Le jaspe-onyx trouble. [*Jasponix onyche tectus*, WALL. *Capnias.*]

C'est un jaspe opaque, d'un rouge pâle, dans lequel on distingue facilement des ondes d'agate fumeuse, qui s'y trouvent interposées de façon à

CINQUIEME CLASSE. SELS. [*SALIA*,] pag. 287.

ORDRES. [*ORDINES.*]	SOUS-DIVISIONS. [*SUBDIVISIONES.*]	GENRES. [*GENERA.*]		ESPECES.	[*SPECIES.*] G	Pag.
Pag.	Pag.	Pag. XXXII. Alun. [*Alumen.*] 290	CLXXXVIII.	Alun natif ou vierge.	*Alumen nativum.*	291
			CLXXXIX.	Alun de plume.	*Alumen plumeum verum.*	292
			CXC.	Terre alumineuſe.	*Terra aluminaris.*	294
			CXCI.	Pierre alumineuſe.	*Lapis aluminaris.*	295
		XXXIII. Vitriol. [*Vitriolum*, . . . 298	CXCII.	Vitriol verd natif.	*Vitriolum viride martiale.*	301
			CXCIII.	Vitriol bleu natif.	*Vitriolum cæruleum cupreum.*	304
			CXCIV.	Terre vitriolique de cuivre.	*Vitriolum terreum.*	306
			CXCV.	Vitriol blanc.	*Vitriolum zincinum.*	307
			CXCVI.	Terre calaminaire vitriolique.	*Terra calaminaris vitriolica.*	308
			CXCVII.	Vitriol mixte.	*Vitriolum hermaphroditicum.*	Ibid.
			CXCVIII.	La pierre vitriolique, &c.	*Minera vitrioli.*	310
		XXXIV. Sel alkali. [*Baurach* VETERUM. . . . 317	CXCIX.	Natron d'Egypte.	*Anatron, &c.*	318
			CC.	Sel mural.	*Aphro-natron.*	321
			CCI.	Halinatron.	*Halinatron.*	Ibid.
		XXXV. Sel neutre. [*Sal neutrum* . . . 322	CCII.	Sel neutre pur.	*Sal neutrum purum.*	323
			CCIII.	Sel de chaux.	*Neutrum calcareum.*	324
			CCIV.	Sel neutre calcaire.	*Neutrum acidulare.*	Ibid.
		XXXVI. Nitre. [*Nitrum.*] 327	CCV.	La Terre nitreuſe.	*Terra nitroſa.*	329
		XXXVII. Sel commun, ou Sel marin. [*Sal commune, cubicum, &c.*] . . . 330	CCVI.	Sel gemme ou Sel foſſile.	*Sal gemma.*	331
			CCVII.	La terre de ſel gemme.	*Tera ſalis gemmæ.*	334
			CCVIII.	Pierre mêlée de ſel gemme	*Sal cædùum.*	Ibid.
			CCIX.	Sel marin.	*Sal marinum.*	335
		XXXVIII. Sel ammoniac. [*Sal ammoniacum.*] . . . 338	CCX.	Le Sel ammoniac en croûtes.	*Sal ammoniacum cruſtoſum.*	339
			CCXI.	Le Sel ammoniac des volcans.	*Sal ammoniacum gleboſum.*	340
		XXXIX. Borax. [*Borax.*] 342	CCXII.	Le Borax brut ou crud.	*Borax crudus nativus.*	343
		XL. Sel de Tartre. [*Sal Tartari.*] . . . 345	CCXIII.	Le Tartre blanc.	*Tartarus albus.*	348
			CCXIV.	Le Tartre rouge.	*Tartarus ruber.*	Ibid.

connoissons sous les noms spécifiques, d'alun, de vitriol, de tartre, de natron, de nître, de sel gemme ou sel commun, de sel ammoniac & de borax, &c.

Tous les sels ont la propriété de se dissoudre dans l'eau, d'entrer en fusion dans le feu; les uns y deviennent fixes; les autres s'y volatilisent sous la forme d'une fumée, ou d'une vapeur non-enflammée : ces corps portés sur la langue, font éprouver aux papilles nerveuses (siége du goût) & à l'odorat, une alternative de sensations & de saveurs froides ou chaudes, âcres ou fades, aigres ou salées, en un mot, y excitent & laissent une sensation bien différente de celle qui est occasionnée par leur pesanteur spécifique. Ces substances varient beaucoup entr'elles; les unes sont opaques ou transparentes; les autres odorantes, de différentes formes & figures.

Les chymistes distinguent & divisent ces corps par leurs propriétés particulieres, c'est-à-dire, en sels acides, en sels alcalis & en sels neutres.

En *sels acides* (sous leur forme fluide) quand ils font un mouvement de gonflement ou d'effervescence avec les terres & les pierres alcalines, même avec les substances animales, reconnues propres à faire de la chaux, telles que les coquilles d'œufs, les huitres, les perles, les coraux, les yeux d'écrevisses, &c. de même encore, quand ils teignent en rouge les liqueurs, ou teintures bleues, extraites des végétaux : ainsi la nature de ce sel se reconnoît par l'action qu'il a sur les corps alcalins des régnes de la nature.

Ceci étant, c'est une nécessité physique que les

pésanteur spécifique de ces corps, doit beaucoup varier, ainsi que leur couleur; aussi sont-ils singuliérement altérés par le lavage & l'ignition.

sels

sels alcalis doivent produire à leur tour les mêmes phénomenes sur les substances acides ; & c'est ce qu'on ne peut révoquer en doute : ils ont même (au contraire des sels acides) la propriété de faire prendre à toutes les couleurs bleues, tirées des végétaux, une assez belle couleur verte ; au lieu que les acides les changent en rouge : les sels alcalis se distinguent entr'eux, sous deux propriétes différentes ; les uns sont des alcalis fixes (*a*) qui entrent en fusion dans un feu modéré, sans se dissiper ; ils sont solubles dans l'eau : ceux qui sont minéraux, ne tombent que peu ou point en *deliquium*, & n'ont point la grande causticité des alcalis végétaux ; les autres sont alcalis volatils : ils se subliment & même disparoissent à l'action d'un feu assez doux : cette derniere espece est assez rare dans le régne minéral ; elle se trouve plus communément dans le végétal, & plus abondamment dans l'animal.

Ce que l'on nomme *sel neutre*, n'est point un sel acide particulier, ni un sel alcali proprement dit ; il n'en a point les effets : c'est seulement un sel qui résulte de l'union ou de la combinaison de ces deux différens sels que nous venons de décrire, c'est-à-dire, qu'il est le produit d'un sel alcali saturé par un sel acide, ou d'une substance acide saturée par un autre de nature alcaline ; telle est la maniere dont se forment les *sels neutres* & les *terres neutres :* l'on peut dire en général, que dans les différentes combinaisons des acides avec les alcalis, l'art comme la nature, parviennent à produire un grand nombre de différens sels neutres :

(*a*) Sur l'alcali fixe minéral, voyez Hoffmann, *Dissertat. de sale medicinali carolinarum :* & sur l'alcali volatil minéral, Henckel, *Schediasmata mineralogica.*

tout dépend du degré de ſaturation, & de l'abondance des corps terreſtres.

Les ſels comme les bitumes, les ſoufres & les métaux ne ſe trouvent que rarement purs: ils ſont ordinairement mêlés avec de la terre, ou fortement attachés à de la pierre; ce ſont ces ſubſtances qui cauſent tant de changemens à tous les corps de la nature.

Mais quels que ſoient les ſels, nous ſçavons apprécier leur utilité dans les arts & métiers; les aluns & les vitriols teignent en noir; les ſels ſalés engraiſſent les beſtiaux; le nître fertiliſe les terres; le borax rend les métaux ductiles, &c. En un mot, tous contribuent à la formation des foſſiles; & ſi l'on fait attention que tout ce qui eſt ſur terre, animaux, végétaux, minéraux, contient ou fournit du ſel, les ſels doivent être conſidérés comme des corps qui nourriſſent ou en ſoutiennent d'autres, ſans l'appui deſquels ils ſe détruiroient promptement.

Voici les genres & les eſpeces des différens ſels minéraux, auxquels nous joindrons le ſel de tartre, quoiqu'il appartienne aux végétaux.

GENRE XXXII.

I. Alun. [*Alumen.*]

L'ALUN eſt un ſel minéral auquel la cryſtalliſation donne une figure octaëdre, *figura ferè teſſulata*, c'eſt-à-dire, d'un ſolide à huit pans, taillé en pyramide triangulaire, dont on a coupé les angles; de ſorte que quatre de ſes ſurfaces ſont hexagones, & les quatre angles triangulaires. Voyez

WALLER. Fig. 15. Ce ſel ſe fond au feu, bouillonne & y donne enſuite de l'écume, ſe gonfle conſidérablement, ſans devenir plus fluide, & finit par s'y calciner en une maſſe blanche, très-legere & poreuſe, ſemblable à de la chaux; c'eſt ce qu'on appelle alun calciné, *Alumen uſtum.*

L'alun eſt ſujet à l'efflorefcence, d'une ſaveur fort aſtringente; il exige quatorze fois autant d'eau chaude que ſon poids, pour ſe mettre en diſſolution: on le dit compoſé d'un acide ſulfureux (*a*), & de terre argilleuſe. Voyez POTT. *Lithogeogn. pag.* 32.

L'alun eſt connu depuis long-tems: Pline en a parlé ſous le nom de *ſaumure de la terre;* c'eſt peut-être d'après l'autorité de ce naturaliſte, que quelques auteurs ont fait dériver l'étymologie *d'Alumen ab* ἁλμὴ *ſalſugo*, ſaumure, parce qu'en effet, l'alun diſſous dans une liqueur, a un goût approchant de celui de la ſaumure: les anciens Grecs l'ont auſſi appellé συπτὴρια pour déſigner un ſel, dont la ſaveur eſt ſtyptique & aſtringente.

ESPECE CLXXXVIII.

I. Alun natif ou vierge.

[*Alumen nativum* AUCTOR. *Alumen nudum, purum,* CARTH.]

C'EST un véritable alun qui ſe trouve naturellement tout formé, tantôt dans le charbon de terre, & communément dans les ardoiſes alumineuſes, tantôt dans les pyrites & terres alumi-

(*a*) Le ſel acide, *Sal acidum*, change de nature dans le feu, & s'y volatiliſe; il fait effervefcence avec tous les alcalis, & rougit toutes les teintures bleues des végétaux: on le reconnoît encore à ſa ſaveur aigre, aſtringente; il n'a point de figure déterminée.

neuſes qui ſont un peu chargées de vitriol ; cet alun naturel n'eſt jamais ſi pur ni ſi tranſparent que celui qui ſe diſtribue dans le commerce : il eſt ordinairement mêlé de matieres étrangeres.

Il y a,

1. L'alun vierge ſolide. [*Alumen nativum ſolidum*, WALLER.]

Il eſt preſque toujours d'une figure irréguliere & indéterminée ; lorſqu'il eſt farineux, on ajoûte l'épithéte de *farinoſum*.

2. L'alun vierge cryſtalliſé. [*Alumen nativum cryſtalliſatum*, WALLER.]

On ne le rencontre que très-rarement : quand il eſt en petits cryſtaux ſemblables à de la laine, on ajoûte l'épithéte de *lanuginoſum*.

ESPECE CLXXXIX.

II. Alun de plume, ou Alun ſciſſile.

[*Alumen plumeum verum. Flos aluminis*, LEMERY. *Alumen nativum plumoſum*, WALLER. *Alumen nudum nativum plumoſum*, WOLT. *Trichitis*, DIOSCOR. *Alumen*, *Schiſton*, LINN. *Vitriolum ferri nudum*, *album*, *filamentoſum*, *filamentis longitudinalibus*, *rectis*, *aut leviſſimè flexis*, *densè unitis*, CARTH.] (a)

LEMERY, *Hiſtoire générale des drogues ſimples*, dit que cette ſorte de ſel minéral ſe trouve en

(a) Cartheuſer, p. 43, regarde l'alun de plume comme un vitriol, lorſqu'il dit : *Ab auctoribus pro ſpecie aluminis habetur, ſed majori jure vitriolo & quidem martiali accenſetur, id quod non ſolum ex ſapore acido, ſtyptico & magnâ ſolubilitate in aquâ, ſed & indè cognoſcitur, quòd ſolutio ejus aquoſa ab infuſo gallarum colorem violaceo-nigrum, à ſale autem alcali tam fixo, quàm volatili colorem obſcurè viridem, qui mox in flavum tranſit, acquirat, in utroque caſu cum turbatione pelluciditatis & præcipitatione pulveris terreo martialis conjunctum.*

» morceaux de diverses grosseurs, composés » d'un grand nombre de beaux filamens droits, » très-blancs, cryſtallins, reſplendiſſans, ramaſ- » ſés les uns proche des autres en toufe cylin- » drique, mais ſe ſéparant aiſément, ſoutenus » par une terre brute, moins fibreuſe & moins » blanche que la partie fibreuſe. Cet alun ſe trouve » en Egypte, en Macédoine & aux iſles de Sar- » daigne, & de Milo; ſon origine vient d'une » liqueur blanche, laiteuſe & alumineuſe de la » terre, qui ſe trouvant naturellement ramaſſée en » certains lieux commodes ou bien diſpoſés, s'y » coagule peu-à-peu, s'y criſtalliſe, & s'y éle- » ve, de maniere qu'elle paroît plutôt une vé- » gétation, qu'une cryſtalliſation. » Ce véritable alun de plume qui eſt encore décrit dans un des *Mémoires de l'académie des ſciences*, ſe fond dans la bouche, & a un goût doux & aſtrin- gent, approchant de celui du ſel de ſaturne, mais moins fort. On en trouve auſſi en Norwege, dans la Laponie Suédoiſe, à Malthe, & en Eſpagne, dont la figure eſt ſemblable à de la laine, ou à de l'amyanthe : il eſt ſouvent interpoſé dans des cryſtalliſations vitrioliques & barbues.

Il eſt aſſez rare de rencontrer l'alun de plume ſemblable à celui que Lemery décrit ; auſſi lit-on dans cet auteur, que ce véritable alun de plume ne ſe trouve gueres que dans les cabinets des curieux : en effet celui qui ſe vend chez les droguiſtes & les apothicaires, n'eſt communé- ment que du faux asbeſte, ou du gypſe ſtrié, qui ſe diſtingue aiſément de l'alun de plume, en ce que ces ſubſtances ſont inſipides, & ne ſe diſſolvent point dans l'eau : nous avons eu occaſion d'en voir pluſieurs fois des morceaux dans les magazins d'Amſterdam & de Londres, du poids de vingt à vingt-cinq livres ; ils nous ont paru ſemblables au gypſe ſtrié, brillans dans les fractures, diſpoſés intérieurement en faiſceaux, ſoyeux, minces, blancs & longs, friables & s'écraſant facilement ſous les doigts en morceaux indéterminés, extérieurement blanchâtres ou cendrés, farineux, devenant jaunâtres à l'air, d'un goût d'abord inſipide, mais bientôt âcre, produiſant ſur la langue & ſur la peau des mains une eſpece de demangeaiſon.

Ce ſel qui eſt en partie diſſoluble dans l'eau, devient comme fluide dans le feu, & a été nommé *Trichites*, par Pline & Tournefort, de la figure de ſes parties, qui ſemblent déliées comme les poils d'une chevelure ; c'eſt par la même raiſon que quelques auteurs l'ont appellé Alun de plume ou Sciſſile, par la facilité qu'il a de ſe diviſer. Tournefort a parlé dans ſon *Voyage du Levant*, *Tom. I*, *p.* 163, des carrieres d'où on le tire.

Lemery parle d'un autre alun de plume, qu'il dit naître dans les mines de Négrepont ; mais les propriétés qu'il lui aſſigne, nous font préſumer que c'eſt une eſpece d'amyanthe, & qu'en général, tout ce que l'on nomme alun de plume, n'eſt qu'un faux asbeſte, ou un gypſe ſtrié.

On ſe ſert en quelques pays de la diſſolution de l'alun de plume, pour empêcher ou modérer l'odeur qui vient de la ſueur des aiſſelles & des pieds.

ESPECE CXC.

III. Terre alumineuſe.

Terra aluminaris. Alumen terrâ & bitumine mineraliſatum, WALLER. *Alumen terrâ mixtum*, CARTH.]

ELLE a un goût aſtringent, une odeur bitumineuse ; s'enflamme dans le feu, & y exhale souvent une vapeur ou fumée sulfureuse : elle est de différentes couleurs.

On a,

1. La terre alumineuse blanche. [*Terra aluminaris, alba*, WALLER. *Alumen terra simplici mixtum*, CARTH. *Terra Melia* CÆSALP.]

Comme elle contient peu d'alun, elle produit de même une legere sensation sur la langue ; elle n'a presque point d'odeur : on trouve cette terre dans l'isle de Milo dans l'Archipel.

2. La terre alumineuse brune. [*Terra aluminaris fusca*, WALLER.]

Par ses propriétés intérieures & extérieures, elle tient le milieu entre la terre alnmineuse blanche, & celle qui est noire : on en trouve près de Torgau en Saxe, & dans le Soissonnois.

3. La terre alumineuse noire. [*Terra aluminaris nigra*, WALLER. *Alumen terrâ bituminosâ mixtum*, CARTH.]

Sa couleur est plus ou moins noire ; elle contient beaucoup d'alun d'une saveur fort astringente, & brûle dans le feu en y exhalant une odeur bitumineuse : on en trouve en Allemagne près de Freyenwald, & à Commun en France.

ESPECE CXCI.

IV. Pierre alumineuse.

[*Lapis aluminaris. Alumen lapide mineralisatum. Alumen minerali alio mixtum*, WOLT.]

Il y en a de différentes couleurs & qualités.

1. La pierre alumineuse fissile. [*Fissilis aluminaris. Alumen lapide fissili mineralisatum*, WALLER. *Alumen lapideum aut Schistus alumi-*

naris, WOLT. *Alumen fissili inhærens*, CARTH. *Lapis atramentarius nonnullor.*]

Elle eſt plus ou moins dure, graſſe & brillante à l'œil & au toucher, peſante, jaunâtre, brunâtre, noirâtre, d'un goût ſtyptique ou aſtringent, donnant dans le feu une legere odeur de bitume, ſe décompoſant peu-à-peu à l'air, & paroiſſant alors chargée de petits cryſtaux, dont la ſaveur eſt alumineuſe : lorſqu'on entaſſe une certaine quantité de cette pierre & qu'on l'expoſe à l'air dans les tems humides, elle devient d'abord humide & blanchit ; ou plus ordinairement encore, elle ſe détruit, s'échauffe conſidérablement au point de s'enflammer quelquefois : ce même phénomene arrive à toutes les mines d'alun entaſſées : la pierre alumineuſe accompagne fréquemment les terreins charbonneux & pyriteux, ce qui ne contribue pas pour peu aux inflammations ſouterreines, aux exploſions, &c. Il ne faut qu'une foible connoiſſance de la chymie & de la nature des pyrites, pour concevoir de quelle maniere cela arrive : on rencontre de cette pierre alumineuſe dans diverſes montagnes de la Siberie : quelquefois auſſi ce ſel s'y trouve ſous la forme des ſtalactites (*a*) ; celle qu'on rencontre à Gieſen, reſſemble à une groſſe ardoiſe.

2. Pierre alumineuſe, mêlangée de terre calcaire. [*Alumen lapide calcareo mineraliſatum*, WALLER. *Alumen calcareo inhærens*, CARTH. *Calcareus aluminaris*, ACELDEMA.]

(*a*) On ſçait aujourd'hui à n'en pas douter que cette pierre atramentaire, que l'on trouve formée en ſtalactites, & que les Ruſſes appellent *kamenoie maſlo*, (mot corrompu de kamina maſla), & les Allemands *ſteinbutter*, eſt une eſpece de calchitis. Cartheuſer doute ſi elle eſt produite par une ardoiſe alumineuſe tombée en efforeſcence, ou ſi elle doit être rapportée au vitriol, Gmelin penſe d'après ſes expériences, qu'elle eſt formée d'un acide vitriolique, d'un ſel alcali minéral, joint à du fer & à une certaine ſubſtance graſſe.

Cette pierre eſt rougeâtre, d'un goût ſtyptique, & produit une effervescence très-ſenſible avec les acides : en effet, outre les propriétés particulieres à l'alun qu'elle contient ou qu'elle peut produire, elle donne encore les mêmes phénomenes par ſa calcination, & ſa décompoſition, que la pierre à chaux (*a*) : elle ſe trouve à la Solfatara, c'eſt de cette eſpece qu'on tire l'alun rouge appellé alun de Rome, *Alumen Romanum.*

5. La pierre alumineuſe & charbonneuſe. [*Lithanthrax aluminaris*, *WALL. Alumen bituminoſum terreum*, *WOLT.*]

On en trouve près de Commodau en Boheme, en Lorraine & dans pluſieurs autres endroits : elle eſt ordinairement recouverte & entre-mêlée de terres ou pierres de différentes nature & couleurs & deſquelles on retire avec ſuccès du vitriol, de l'alun, du bleu de Pruſſe, des ochres rouges & jaunes.

6. Pierre ou ochre qui contient de l'alun & du zinc. [*Lapis aluminaris & calaminaris.*]

Outre l'alun qu'elle contient en abondance, il s'y trouve auſſi du zinc : telle eſt la mine près de Tſchern en Allemagne (*b*).

(*a*) Wallerius, *Obſerv. p. 306*, prétend que l'acide du ſoufre ne ſe trouve point dans la terre alumineuſe rougeâtre de Rome, quand on en a fait la lixiviation, ni dans la pyrite ſulfureuſe, ni dans la pierre calaminaire, à moins qu'on n'ait laiſſé ces matieres quelque tems expoſées aux injures de l'air : cet acide eſt-il venu de l'air, ou par la ſuite s'eſt-il formé dans le feu, ou enfin étoit-il tout formé, mais dans l'impuiſſance de ſe manifeſter avant ſa déliqueſcence ?

(*b*) OBSERVATION. L'alun qui ſe débite dans le commerce eſt artificiel ; on le tire tantôt de certaines ſources, dont les eaux tiennent en diſſolution une grande quantité d'alun, & qu'il ſuffit d'évaporer pour l'en retirer : *Nous en avons parlé dans notre hydrologie* ; tantôt il ſe retire par lixiviation des terres dures ou des pierres tendres calcaires, d'une couleur rouſſâtre ou griſâtre, & dont la ſuperficie eſt toute efleurie, telles qu'on en trouve en Italie à la Solfatara près de Pouzzol, & aux *Allumieres*

GENRE XXXIII.

II. Vitriol.

[*Vitriolum. Calcanthum*, LEMERY.]

LA premiere cryſtalliſation de ce ſel minéral a

de Civita Vecchia, tantôt des pierres ſchiſteuſes ou ardoiſes noirâtres, comme il s'en rencontre dans les provinces d'Yorck, & près de Lancaſtre en Angleterre, ou de ces pyrites très-ſulfureuſes, parſemées de taches argentines, comme il s'en voit dans la mine de ſoufre de Dylta en Suéde, tantôt des terres calaminaires, alumineuſes, luiſantes, bitumineuſes & inflammables, telles qu'il s'en trouve dans des terreins très-profonds, proche Valenciennes en France, près d'Edimbourg en Ecoſſe, & aux environs de Cork en Irlande.

Les mines qui contiennent de l'alun, ſe trouvent toujours diſpoſées par lits, & communément voiſines des charbons de terre: Boccone nous apprend dans ſon *Muſæo di fiſica è di experienze, p. 246*, que la mine d'où on tire l'alun romain, ſe trouve par lits, & qu'elle ſe rencontre dans les environs des eaux thermales & minérales.

Voici la maniere dont on prépare maintenant l'alun de Rome aux *Allumieres de Civita Vecchia*; on prend au pied occidental des roches de la Solfatara, (lieu autrefois nommé *Forum Vulcani aut Campus Phlegræcus*,) une quantité d'une pierre calcaire rouſſatre, blanchâtre, griſe comme de la marne, & de la même conſiſtance: on en remplit les trois quarts des chaudieres de plomb enfoncées pour cet effet dans le terrein, dont la chaleur fait monter en cet endroit le thermometre de M. de Reaumur à 37 degrés au-deſſus de la congelation; on verſe enſuite de l'eau dans chaque chaudiere juſqu'à ce qu'elle ſurnage la mine de trois à quatre pouces: la chaleur du terrein échauffe le tout; & par ſon moyen le ſel ſe dégage de la terre, & vient ſe cryſtalliſer à la ſurface; mais comme dans cet état il eſt encore fort impur, on le fait fondre de nouveau avec de l'eau chaude contenue dans un grand vaſe de pierre qui a la forme d'un entonnoir, & cryſtalliſer enſuite, pour lors on obtient un ſel en beaux cryſtaux, & les matieres étrangeres ſe précipitent au fond de l'entonnoir de pierre. Cette deſcription de l'alun romain a été faite par M. l'abbé Nollet, au retour de ſon voyage d'Italie: on nomme cet alun, *alun di rocca*, ou *alun de Civita Vecchia*, *alun ſaint*, *alun rouge*. En effet, il eſt rouge à l'extérieur; mais il eſt blanc dans l'intérieur.

L'alun de roche ſe prépare différemment: par exemple, ſi on

la figure d'une lozange ou d'un quarré, dont les angles sont aigus ou disposés en rhomboïdes. Voyez *WALL. Fig.* 12. Ces mêmes crystaux venant à être dissous dans l'eau, si on les fait crystalliser de nouveau, ils affectent de prendre une figure dodécaëdre, tantôt plus, tantôt moins réguliere. Voyez *ibid. Fig.* 14. On observe que souvent, dans la solu-

le tire des terres pyriteuses proprement alumineuses, (mais qui cependant contiennent toujours quelques autres substances inflammables & tout-à-fait étrangeres,) on doit les mettre en grand tas, pendant un an pour le moins, exposées à l'air sous des hangars, avant que d'en faire usage, afin qu'elles s'y décomposent ou s'y développent entiérement, & qu'elles deviennent propres à être lavées, pour donner leur sel : on a soin de prévenir l'embrasement qui résulte quelquefois de la décomposition de ces sortes de terres salines, lors sur-tout qu'après de grandes pluies, elles reçoivent les impressions d'une chaleur excessive, soit de l'atmosphere, soit des rayons du soleil; car cet embrasement est en pure perte pour les entrepreneurs, indépendamment des dangers qui peuvent s'ensuivre. On connoît que la mine ou terre alumineuse est en état de donner son sel, lorsqu'elle est toute couverte de flocons, & que les particules qui la composent, sont désunies & devenues très-tendres; alors on la met dans des auges de bois ou des réservoirs semblables, & remplis aux deux tiers d'eau : on l'y laisse séjourner vingt-quatre heures ou environ; on la remue de tems en tems; puis on retire cette eau qui est chargée de la partie saline, en la faisant couler par des tuyaux de bois, jusques dans l'attelier où on la fait bouillir & évaporer : on continue de remettre de nouvelle eau sur la terre, pour en extraire tout le sel; ce qui se reconnoît à son insipidité; après quoi, on expose encore la terre, pendant un an, à l'air; & au bout de ce tems, elle produit encore de l'alun qu'on retire par les mêmes opérations que ci-dessus : après cela, on jette souvent comme inutile la terre qui a diminué de plus des deux tiers de son premier volume : l'évaporation de ces eaux chargées d'alun, se fait dans des grandes chaudieres de plomb, qu'on entretient toujours pleines, jusqu'à ce que le sel ne contienne que la juste quantité d'eau nécessaire à sa crystallisation. On décante la liqueur bouillante dans une très-grande cuve de bois, afin que la terre jaune du vitriol, suspendue dans l'alun, & qui empêcheroit la formation & la crystallisation de l'alun, se précipite. Il faut ici de l'expérience, pour connoître les degrés d'évaporation, d'épuration, & les moyens nécessaires de remédier à tous les accidens contraires : on fait passer la liqueur de la grande cuve dans plusieurs autres cuves moins grandes; on l'y laisse séjourner pendant quelques jours, en observant de la remuer deux ou trois fois par jour, afin que les parties hétérogenes à la nature de l'alun puissent s'en dégager & se préci-

tion, il se précipite au fond du vase des particules métalliques ou demi-métalliques : c'est ce qui a fait appeller le vitriol sel métallique, *Sal metalliferum*. Le vitriol produit sur la langue une saveur styptique,

piter : souvent la liqueur étant refroidie, ne produit pas encore un pur alun, alors on y joint ce qu'on appelle le *fondant*, c'est-à-dire, la matiere qui résulte après l'évaporation de l'eau-mere des savonniers, & l'on en fait dissoudre dans de l'eau une quantité suffisante, pour achever de dégager toute substance étrangere d'avec l'alun ; quelquefois même on est obligé de se servir ou d'une forte lessive, soit de cendres gravelées, soit de cendres de bois neuf, ou de l'urine putrifiée, ou d'un peu de chaux vive : il faut néanmoins apporter une attention singuliere, pour ne pas décomposer l'alun, en détruisant l'obstacle qui empêchoit la crystallisation & la pureté de l'alun : quand tout ceci est fait, on laisse encore bouillir la liqueur nouvellement décantée, & on continue de l'évaporer jusqu'à pellicule ; alors on la met dans des bariques ou tonneaux, aux parois desquels l'alun se crystallise dans l'intervalle de vingt à trente jours. Comme toute la liqueur ne se coagule point en sel, on est obligé de la retirer par des trous qu'on a fait au fond & autour du tonneau ; quelquefois l'on renverse l'embouchure du tonneau dans une des chaudieres, afin que le sel s'égoutte : c'est ainsi que se prépare l'alun de glace : on l'envoie aux épiciers dans ces mêmes tonneaux, qui pesent ordinairement chacun dix quintaux ou un millier. Il n'est pas rare, quand on casse le tonneau, de ne trouver qu'un seul bloc de crystal d'alun, sous la forme qu'on lui voit dans toutes les boutiques : on le nomme alun blanc, ou alun de roche, *alumen rupeum* : ses crystaux sont octaëdres, blancs, clairs, transparens, semblables au crystal de Madagascar : c'est l'espece d'alun le plus en usage chez les monnoyeurs, & notamment chez les teinturiers, qui s'en servent, pour rendre leurs teintures claires, vives & plus durables que ne fait l'alun de Rome. L'alun mêlé avec le vitriol, donne de l'appui à l'encre, qui, sans lui, perceroit le papier ; & les couleurs des étoffes perdroient de leur éclat, s'il n'étoit dans la base de leur teinture.

On dit que les aluns de Suéde, d'Angleterre & d'Espagne participent abondamment d'un vitriol, & ceux d'Italie, du sel marin : c'est sans doute à la nature de leurs différentes additions, que nous devons la variété qui se remarque dans leurs couleurs & dans leurs crystallisations.

Ce que l'on appelle Alun saccharin, est une composition qui se fait avec l'alun de roche, les blancs d'œufs & l'eau de rose, cuits ensemble, jusqu'à une telle consistance, qu'on en puisse former des petits pains coniques pyramidaux, de la grosseur du pouce, & qui prennent, en se refroidissant, la dureté & la configuration d'un pain de sucre même : on se sert de cette préparation, en la faisant dissoudre dans du vinaigre, pour raffermir les peaux molles, & pour rendre les armes luisantes.

acide & austere. Il se fond très-facilement dans le feu, avec bouillonnement, & devient d'abord fluide comme de l'eau; ensuite il s'y desseche en une matiere semblable à de l'écume, mais solide, un peu dure, cependant compacte, & facile à réduire en poudre. On connoît plusieurs especes de vitriols, qui ont des couleurs & des propriétés très-différentes (*a*).

Tous les vitriols exigent seize fois autant d'eau que leur poids, pour être entiérement dissous. En cet état, ils ont la propriété de noircir la teinture des plantes astringentes, des noix de galle, & d'en faire de l'encre. On trouve ces sortes de sels tout naturellement formés, tantôt en crystaux, tantôt en stalactites, & tantôt sous la forme d'un duvet, attachés contre les parois, en haut, & dans le bas de quelques grottes & minieres métalliques, dans le Hartz, en Hongrie, dans le pays de Liége, &c.

ESPECE CXCII.

I. Le Vitriol verd, ou la Couperose verte naturelle.

[*Vitriolum viride martiale. Vitriolum ferreum*,

(*a*) Le vitriol est, selon Wallerius, *Observat. 2, p. 299*, un sel métallique formé par un acide sulfureux ou vitriolique, mêlé avec de l'eau qui, après avoir dissous quelque métal, s'est crystallisé sous la forme d'un sel. On sçait que la nature produit autant d'especes de vitriol, qu'il y a de substances métalliques susceptibles d'être mises en dissolution par un acide sulfureux. Le fer, le cuivre, le zinc, sont, de tous les métaux, ceux avec lesquels il a le plus d'affinité: l'acide sulfureux, (continue Wallerius) ne se trouve pas seulement dans les pyrites, mais encore à la surface & dans le sein de la terre, dans l'eau, dans les plantes astringentes, dans l'atmosphere, dans le régne animal; d'où l'on peut conclure que, quoiqu'on puisse regarder la pyrite comme la seule matrice ou miniere du vitriol, cela n'empêche point que l'acide du soufre n'existe même dans les endroits où la pyrite ne se trouve point, & que par-tout où il se trouve de l'acide sulfureux mêlé à de l'eau, & en même tems un des métaux que nous venons de citer, il n'y ait aussi du vitriol.

viride, cubicum, LINN. 1. *Vitriolum ferri, viride, nativum*, WALL. *Vitriolum nudum, nativum, viride, ferro impraegnatum*, WOLT. *Vitriolum ferri nudum, viride*, CARTH. *Vitriolum ferri. Vitriolum Martis* AUCT.]

LA couleur de ce vitriol eſt ordinairement verte. Il ſe décompoſe facilement à la chaleur, & ſe réduit en une poudre griſe. Si on le fait diſſoudre dans l'eau, il ſe dépoſe une matiere jaune au fond du vaſe; & au bout d'un certain tems, il donne une couleur jaune au verre dans lequel on en a fait la diſſolution. On trouve ce vitriol dans les montagnes à couches, où il y a des pyrites, & notamment à Baumanshol & dans le mont Rammelsberg à Goſlar.

On a,

1. Le vitriol martial en cryſtaux. [*Vitriolum ferri cryſtalliſatum*, WALL. *Vitriolum Martis cryſtalliſatum, cryſtallis cubicis*, CARTH.]

Ce vitriol eſt très-rare : on ne le rencontre guéres que dans les cabinets des curieux, ainſi que les variétés ſuivantes.

2. Le vitriol martial en ſtalactite. [*Vitriolum ferri ſtalactiticum*, WALL. *Vitriolum Martis ſtiriaeforme*, CARTH.]

On en trouve dans la cavité des filons métalliques. Il eſt fortement attaché à la pierre & aux parois des ſalbandes, & reſſemble aux glaçons qui pendent aux toits. Sa figure, tant intérieure qu'extérieure, eſt irréguliere & indéterminée.

3. Les fleurs de vitriol de Mars. [*Vitriolum ferri germinans*, WALL. *Vitriolum Martis lanuginoſum*, CARTH.]

Il s'en forme en pleine campagne, ainſi que dans le fond des mines. Elles reſſemblent aſſez à des flocons de laine frisés. Leur épaisseur & longueur est plus ou moins considérable.

(a) OBSERVATION. Le vitriol verd des boutiques, *vitriolum viride officinarum*, tel qu'il se débite chez les épiciers-droguistes, pour l'usage des arts & métiers, est artificiel : on le retire, 1° par la lotion des terres & pierres vitrioliques, sulfureuses, qui contiennent du fer; 2° par l'élixation des pyrites vitriolico-martiales; 3° par la cémentation des eaux vitrioliques, ferrugineuses & cuivreuses, qu'on fait évaporer selon les procédés suivans.

Les terres & pierres qui sont empreintes de vitriol, ont une couleur tantôt jaune, tantôt rouge ou noire. On ne s'occupe à retirer le vitriol de ces pierres ou terres, qu'autant qu'elles contiennent peu de métal, autrement on les exploite comme substances métalliques.

Les pyrites vitriolico-ferrugineuses & sulfureuses sont, de toutes les substances fossiles, celles qui produisent la plus grande quantité de couperose verte : on traitoit autrefois bien différemment qu'on ne fait aujourd'hui, les pyrites sulfureuses, *pyrites sulfureus rudis*, pour en obtenir tous leurs produits : on en tiroit d'abord le soufre par la distillation; & du résidu qu'on laissoit quelque tems exposé à l'air, on en obtenoit du vitriol; enfin de ce qui restoit encore, on en tiroit, au bout d'un certain tems, de l'alun, par la lixiviation; mais aujourd'hui on n'en retire plus l'alun; on se sert immédiatement du résidu du vitriol, pour faire la couleur rouge nommée sanguine *spurius*, ou crayon *rouge-salé*, qu'on emploie dans les grosses couleurs.

Aujourd'hui, pour procéder à l'opération du vitriol artificiel, on ramasse une grande quantité de pyrites vitriolico-martiales, ou pyrites sulfureuses martiales. (*Voyez la classe des pyrites.*) On les amoncele les unes sur les autres, à la hauteur de trois à quatre pieds ou environ, dans un terrein élevé & exposé à l'air libre : on les laisse, en cet état, éprouver l'action de l'air, du soleil & de la pluie pendant deux ou trois années : on a soin de les remuer de trois mois en trois mois, afin de leur procurer une efflorescence égale par-tout. On remarque qu'elles commencent par se gercer, se déliter & augmenter de volume; elles s'échauffent considérablement : c'est en cet instant, que le soufre se décompose, & que le vitriol pur se forme & commence à paroître en maniere de flocons blanchâtres, grisâtres, sur la superficie des pyrites elles-mêmes, dont le tissu ne cesse de se détruire de plus en plus, sur-tout à l'issue des pluies, à cause que l'eau les pénetre, en dissolvant la partie saline, & leur fait perdre le brillant ou le faux éclat métallique qu'elles ont.

C'est ainsi que l'eau chargée des portions de sel vitriolique martial, provenant des pyrites que nous avons dit être entassées sur un lieu élevé, tombe dans des canaux qui vont se rendre dans des citernes que l'on a formées exprès dans les environs : on y en laisse amasser une assez grande quantité, pour suffire à

ESPECE CXCIII.

II. Le Vitriol bleu, ou le Vitriol de cuivre.

[*Vitriolum cæruleum. Vitriolum cupri. Vitriolum*

plus d'une évaporation : on laiſſe repoſer cette eau ; enſuite on en remplit des grands vaiſſeaux de plomb expoſés ſur le feu : on la fait évaporer, juſqu'à ce qu'il ſe forme, à ſa ſuperficie, une pellicule terne ; alors on ceſſe le feu, & on retire la liqueur qu'on conduit dans des bariques de bois, expoſées au frais. Quelques jours après que la liqueur eſt totalement refroidie, on la trouve convertie, pour la plûpart, en cryſtaux d'une belle couleur verte, de figure rhomboïdale ; telle eſt la préparation du vitriol de Dantzick & du pays de Liége. Comme ce vitriol ne participe que du fer, il conſerve aiſément ſa couleur : celui d'Angleterre eſt en cryſtaux de couleur verte brune, d'un goût doux, aſtringent, approchant de celui du vitriol blanc. Le vitriol, dans lequel on remarque une ſurabondance de fer, eſt d'un beau verd pur : c'eſt celui dont on ſe ſert pour l'opération de l'huile de vitriol : celui d'Allemagne eſt en cryſtaux d'un verd bleuâtre, aſſez beaux, d'un goût âcre & aſtringent : ils participent non-ſeulement du fer, mais encore d'une portion de cuivre, puiſque frotés contre l'acier, ils y laiſſent une trace rouge de cuivre : cette eſpece convient fort à l'opération de l'eau forte.

Le vitriol verd ſe retire encore d'une autre matiere que des pyrites : dans les mines où l'on exploite le cuivre, le fond des galeries eſt toujours abbreuvé d'une eau provenante de la condenſation des vapeurs qui régnent dans ces mines ; quelquefois même il ſort, par quelques ouvertures naturellement pratiquées dans le bas de ces mines, une liqueur thermale très-bleuâtre & legérement verdâtre : c'eſt le *vitriolum ferreum & cupreum aquis immixtum.* On adapte, à l'orifice de cette iſſue, un tuyau de bois, qui conduit la liqueur dans une citerne remplie de vieille ferraille : la partie cuivreuſe en diſſolution, qui donnoit au mêlange une couleur bleue, fait divorce & ſe dépoſe en forme d'une boue rouſsâtre ſur les morceaux de fer, qui ont plus d'affinité avec l'acide vitriolique, que n'a le cuivre ; alors la liqueur, de bleuâtre qu'elle étoit pour la plus grande partie, ſe change en une belle couleur verte, ſimple & martiale : on la décante dans une autre citerne, dont le niveau eſt pratiqué à la baſe de la précédente : on y plonge de nouveau un morceau de fer, lequel, s'il ne rougit pas, ni ne ſe diſſout point, fournit une preuve conſtante que l'eau ne participe que d'un fer pur, & qu'elle en eſt ſuffiſamment chargée ; alors on procede à l'évaporation & à la cryſtalliſation : celle-ci ſe fait en portant la liqueur chaude, ſoit dans différens tonneaux de bois de chêne ou de ſapin, leſquels ſont garnis d'un bon nombre de branches

cupreum,

cupreum, cæruleum, dodecaëdron, LINN. 2. *Vitriolum cupri cæruleum, nativum*, WALL. *Vitriolum nudum, nativum, cæruleum, cupro imprægnatum*, WOLT. *Vitriolum cupri nudum, cæruleum*, CARTH. *Vitriolum Cypri, aut Cyprium. Vitriolum Veneris.*]

IL eſt d'une couleur bleue. Si l'on en frote un fer dur, bien poli & bien mouillé, il y dépoſe une couleur rouge, ſemblable à celle du cuivre roſette. Le goût en eſt auſtere & déſagréable. Il eſt compoſé d'acide vitriolique & de cuivre. Diſſous dans l'eau, il rend la teinture de noix de galle jaune ou jaunâtre : ſi, au contraire, on verſe ſur ſa ſolution de l'alcali, elle deviendra d'abord d'un bleu plus foncé qu'elle n'eſt naturellement, & il ſe dépoſera auſſi-tôt une terre bleuâtre.

On a,

1. Le vitriol bleu en cryſtaux. [*Vitriolum cupri*

de bois fourchues, longues de quinze pouces, & différemment entre-croiſées, ſoit dans des foſſes ou des auges garnies de planches, dans leſquelles on ſuſpend des morceaux de bois, qui reſſemblent à des herſes, étant hériſſés de plus de cinquante chevilles ou pointes : c'eſt ainſi qu'en multipliant les ſurfaces ſur leſquelles le vitriol s'attache & ſe cryſtalliſe, l'on accélere la cryſtalliſation & ſa régularité : on obtient auſſi du vitriol martial des eaux de ſources cuivreuſes & ferrugineuſes, dont nous avons parlé dans notre Hydrologie : on en trouve une fontaine à Neuſol en Hongrie. Le cuivre qui eſt précipité par la cémentation, n'eſt point perdu ; on le réduit & on le fait paroître ſous la forme métallique qui lui eſt propre, en le confondant avec de la mine de cuivre ordinaire, à l'inſtant où l'on procede à la purification de ce métal par la fonte. C'eſt ce même cuivre que l'on précipite par le moyen de l'eau cémentatoire, qui ayant la propriété de prendre (par incruſtation) la même figure du fer qu'on a mis tremper dans le diſſolvant, a paru d'abord un phénomene ſuffiſant pour prouver la tranſmutation du fer en cuivre. Pluſieurs impoſteurs avides du gain, & connoiſſant la ſimplicité de cette ingénieuſe opération, l'ont répétée plus d'une fois en public, moins pour le triomphe de leur art, que pour ſe faire croire partiſans dans l'alchymie ſublime.

cryſtalliſatum, *WALL.* *Vitriolum Cupri cryſtallis dodecaëdris CARTH.*]

2. Le vitriol bleu en ſtalactites. [*Vitriolum cupri ſtalactiticum*, *WALL.* *Vitriolum cupri ſtiriæforme*, *CARTH.*]

3. Les fleurs de vitriol cuivreux. [*Vitriolum cupri germinans*, *WALL.* *Vitriolum cupri lanuginoſum*, *CARTH.*]

On rencontre ces différentes variétés de vitriol bleu ou de cuivre, de la même maniere que celles du vitriol verd. Elles ne different extérieurement que par la couleur.

ESPECE CXCIV.

III. Terre vitriolique de cuivre.

[*Vitriolum cupri, terrâ mineraliſatum.*]

ON nomme ainſi des terres, dont la couleur eſt bleuâtre ou verdâtre, qui ont une ſaveur auſtere, & dans leſquelles on trouve aiſément du vitriol cuivreux, mais rarement ſans mélange.

On a,

1. La terre vitriolique verte de cuivre. [*Terra vitriolica viridis cupri.*]

2. La terre vitriolique bleue de cuivre. [*Terra vitriolica cærulea cupri* (a).]

(a) OBSERVATION. Le vitriol de cuivre, ou de Chypre ou de Hongrie, *vitriolum cupreum*, *aut Cypreum*, *aut Hungarium*, tel qu'on le trouve dans le commerce, eſt une production de l'art : on le fait par la cémentation du cuivre avec du ſoufre ou des pyrites ſulfureuſes : ſouvent il eſt le réſultat des liqueurs bleues, vitrioliques, purement empreintes de particules cuivreuſes, & qui ſe trouvent dans des ſources au-dedans des mines de cuivre : quelquefois ce ſel eſt produit au moyen d'une diſſolution de cuivre, faite par l'eſprit de vitriol foible, qu'on fait évaporer enſuite & cryſtalliſer.

Les cryſtaux de cette eſpece de vitriol ſont d'une très-belle couleur bleue céleſte, taillés en pointes de diamant, d'une fi-

ESPECE CXCV.

IV. Vitriol blanc, ou Couperose blanche, ou Vitriol de zinc.

[*Vitriolum album. Vitriolum zinci album Officinarum. Vitriolum zinci album, oblongum;* LINN. 4. *Vitriolum album, zinco impregnatum*, WOLT. *Vitriolum zinci, nudum, album*; CARTH.]

LA couleur en est blanche : mais elle jaunit facilement, pour peu qu'elle soit exposée aux impressions de l'air. La couperose blanche est la moins âcre de tous les vitriols, d'un goût doux, astringent, & entre très-aisément en fusion dans le feu. Dissous dans l'eau, il blanchit avec l'alcali ; mais il noircit communément la teinture de noix de galle. Ce sel est composé d'acide vitriolique & de zinc. On y reconnoît toujours quelques particules, soit de fer, soit de cuivre, soit de plomb (*a*). On le trouve à

gure rhomboïdale décaëdre : leurs lozanges sont applaties ; ils produisent une saveur très-âcre & corrosive, aussi s'en sert-on en médecine comme d'escarotiques.

Ce sel cuivreux a différens noms ; on l'appelle *vitriol de Chypre*; *vitriol d'Hongrie*, parce qu'il nous vient de ces pays-là : on l'a encore appellé *vitriol bleu*; *vitriol céleste*; *vitriol d'azur*; *vitriol de cuivre* ou *de Venus*, à raison de la couleur & de ses propriétés.

(*a*) Wallerius, *Observat. p.* 294, prouve que le vitriol blanc, qui vient de Goslar ou d'Allemagne, paroît contenir, indépendamment du zinc, qui est sa base, du fer, du cuivre, du plomb ; 1° du fer, par la propriété qu'a l'aimant d'attirer la terre blanche vitriolique ; 2° du cuivre, en ce qu'il rend rouge une clef ou un morceau d'acier poli & mouillé, & que dissous dans l'eau, il s'en précipite une poudre qui fait prendre une couleur bleue à l'esprit de sel ammoniac : il doit naturellement contenir du plomb, puisqu'il est produit par une substance qui en contient toujours : tout ceci tend à faire croire que le vitriol blanc, qui se tire à Goslar, contient un mélange de zinc, de fer, de cuivre & de plomb. On appelle cette couperose *vitriol de zinc*, parce qu'il a ce même métal pour base, & que c'est à lui qu'est dûe la blancheur qu'on y remarque : on l'appelle

Goslar ; & sous toutes les mêmes variétés des vitriols précédens.

ESPECE CXCVI.

V. Terre calaminaire vitriolique, ou Miniere de zinc.

[*Terra, seu Lapis calaminaris vitriolicus. Minera zinci.*]

ELLE contient ordinairement, outre d'autres matieres, des petits crystaux de vitriol blanc. C'est un zinc qui a été mis en dissolution par l'acide vitriolique. On l'appelle couperose brute.

ESPECE CXCVII.

VI. Vitriol mixte.

[*Vitriolum mixtum. Vitriolum hermaphroditicum*; WALL.]

ON donne ce nom à un vitriol qui est composé de plus d'une substance métallique, & dans lequel on reconnoît l'alliage du vitriol martial avec celui du cuivre, & quelquefois aussi celui du zinc. Sa couleur est verdâtre, bleuâtre intérieurement, & d'un blanc bleu jaunâtre extérieurement.

On a,

1. Le vitriol mixte, composé de fer & de cuivre. [*Vitriolum cupreo-ferreum, viridi-cærulescens, stalactiticum*, LINN. 3. *Vitriolum ferreo-cuprum*,

aussi quelquefois *vitriol neutre métallique* : son nom, dans le commerce, est *couperose blanche* ou *vitriol de Goslar*, du nom du lieu où il se prépare le plus abondamment; nous en parlerons ci-après. Comme le vitriol de zinc est quelquefois minéralisé par le soufre, alors on est obligé de détruire ce dernier par l'ustion, avant de procéder à la lixiviation.

nudum, ex viridi & cæruleo mixti, CARTH. *Vitriolum mixtum, ferreo-cupreum*, WALL.]

On le trouve très-communément dans les mines de cuivre de Hongrie, ſous la forme de ſtalactites ou de cryſtaux, dont la couleur eſt d'un bleu leger de ſapphir tirant ſur le verd clair de l'émeraude. C'eſt celui que les Adeptes recherchent avec tant d'empreſſement : quelquefois il eſt en flocons lanugineux, ou ſans figure déterminée (*a*).

2. Le vitriol mixte, compoſé de fer, de cuivre & de zinc. [*Vitriolum mixtum, cupreo-ferreo-zincinum*, WALL.]

Il ſe montre ſous la forme de ſtalactites ou de fleurs ; ſa couleur eſt mêlée de blanc & de verd, ou d'un verd clair, au travers duquel on remarque du bleu : on peut le regarder comme un mélange de trois eſpeces de vitriols, le martial, le cuivreux, & celui de zinc (*b*).

(*a*) OBSERVATION. Le vitriol blanc ou couperoſe blanche du commerce eſt, ainſi que les vitriols précédens, un ſel artificiel, qui nous vient de Goſlar & de quelques autres lieux ; il eſt en morceaux blancs plus ou moins nets, reſſemblant à du ſucre : on le tire ou par l'évaporation des eaux minérales vitrioliques, qui participent abondamment du zinc, ou d'un vitriol verd, qu'on deſſeche juſqu'à blancheur ; enſuite on le diſſout dans de l'eau, & on le fait évaporer : tantôt, & le plus ordinairement, ce vitriol ſe retire des différentes terres ou pierres calaminaires, jaunâtres ou ochracées, & qui contiennent, ſoit du plomb, ſoit du cuivre, quelquefois du biſmuth & de l'arſenic, mais plus communément du fer & du zinc, & ſouvent toutes ces ſubſtances à la fois, comme nous l'avons dit ci-deſſus.

(*b*) OBSERVATION. La plûpart du *vitriol romain* que l'on trouve chez les droguiſtes & les apothicaires, n'eſt communément qu'un vitriol mixte de cette eſpece, qu'on a diſſous, & fait évaporer preſque juſqu'à ſiccité, ſur un feu très-doux : c'eſt pourquoi ſa cryſtalliſation n'a point de figure déterminée ; elle produit une maſſe informe, qu'on caſſe en petits morceaux, tels que nous les voyons dans le commerce. Comme ce vitriol eſt plus cher que les précédens, pluſieurs perſonnes ſont dans l'uſage de lui ſubſtituer des petits morceaux du vitriol verd & bleu d'Allemagne. On choiſit ceux qui étant ſurchargés de fer, acquierent bientôt à l'air une couleur jaunâtre & un tiſſu

ESPECE CXCVIII.

VII. Terre, ou Pierre vitriolique proprement dite (*a*).

[*Minera vitrioli. Terra aut Lapis vitriolica : Lapis atramentarius nonnullorum. Vitriolum terrâ aut lapide mineralisatum*, WALL. *Vitriolum rude sive minerali alio mixtum*, WOLT. *Vitriolum lapidi immixtum*, CARTH.]

C'EST tantôt une terre pure mêlée de vitriol, ou une pyrite vitriolique décomposée & tombée en efflorescence : il est aisé d'y reconnoître cette espece de sel à son goût qui est styptique comme celui de l'encre ; lorsque cette terre est endurcie, on l'appelle Pierre vitriolique : dans l'un & l'autre état, elles sont sujettes à se décomposer & à se recomposer, c'est ce que nous avons déja eu lieu de dire plusieurs fois ; les variétés suivantes sont encore dans ce même cas : on les trouve dans les mines de vitriol ; on pourroit même les regarder comme les minieres de ce minéral. Les anciens leur ont donné différens noms : elles sont de plusieurs couleurs, & contiennent quelquefois une substance métallique.

farineux : on fait entrer le vitriol romain dans la composition de la fameuse poudre de sympathie. Tous les vitriols artificiels sont plus styptiques, plus âcres au goût, plus pesans & moins réguliers que les vitriols naturels ; ils entrent aussi plus difficilement en dissolution, & ont des modifications entr'eux, selon qu'ils contiennent plus ou moins de parties cuivreuses.

Il y a encore quelques autres especes de vitriols d'une composition singuliere ; & quoiqu'on les rencontre facilement dans la terre, nous avons cru devoir en faire mention ci-après.

(*a*) Les terres & les pierres ne contribuent en rien par elles-mêmes à la formation des sels ; mais elles les contiennent & leur servent de matrice, de même qu'à tous les autres minéraux & même aux métaux.

On a,

1. La pierre vitriolique griſe appellée SORY. [*Sory. Terra vitriolica cinerea, Lapis atramentarius, griſeus*, WALL.]

C'eſt une terre ou pierre vitriolique atramentaire, d'un gris clair, quelquefois un peu foncée, & qui tombe facilement en efforeſcence : elle prend le nom de *ſory*, quand elle eſt un peu dure.

On trouve le ſory dans les mines de Chypre, d'Egypte, de la Lybie, & quelquefois dans celle d'Eſpagne.

Cette ſubſtance eſt à peine connue des naturaliſtes ; on ne la rencontre gueres que dans les magazins de drogue au Caire. Les Egyptiens prétendent qu'elle eſt la matrice de tous les *calchitis*, en ce qu'elle leur ſert d'enveloppe : cette ſubſtance eſt deſſicative & aſtringente.

Le mot *ſory* eſt un nom Egyptien (*a*).

2. La terre ou pierre vitriolique jaunâtre appellée MYSY. [*Miſy. Terra vitriolica flava indureſcens. Miſy Græcorum. Lapis atramentarius flavus*, WALL.

Helving *in lithogr. Angerb.* parle d'une terre vitriolique couverte d'une écorce ou d'une enve-

(*a*) Le *ſory*, ſelon Dioſcoride, eſt une ſubſtance foſſile, minérale, vitriolique, très-obſcure, peu compacte, impure, terreſtre, poreuſe ou pleines de trous, d'une odeur fétide & pénétrante, d'un goût ſtyptique & très-aſtringent. Comme le ſory accompagne ſouvent les calchitis, pluſieurs auteurs ont cru qu'il n'étoit même qu'un calchitis, altéré & décompoſé dans la mine par le laps du tems. Lemery dit qu'il y a plus d'apparence que c'eſt un mélange de vitriol & de bitume calcinés par les feux ſouterreins, que ſa couleur eſt noire, & qu'on néglige de le ramaſſer depuis pluſieurs ſiécles ; c'eſt ce qui l'a rendu ſi rare, & qui oblige de lui ſubſtituer le calchitis naturel : on a cependant obſervé que le ſory déſigné dans Pline pour un vrai calchitis, changé en mélantéria, & de mélantéria en ſory, a été, de tout tems, connu en Egypte, & qu'il y a été plus commun que le calchitis proprement dit.

loppe jaunâtre : lorsque cette terre est endurcie, elle prend le nom de *Misy des Grecs* (a) ; on en trouve dans les charbonnieres de Liége, & dans les environs de Namur. Elle a les mêmes propriétés que le vitriol rouge.

3. La terre rouge ou pierre rouge de vitriol, appellée Calchites, ou Colcothar naturel (*b*). La pierre atra-

(*a*) Le misy des Grecs est, selon Dioscoride, une espece de vitriol rouge (*calchitis*,) ou une matiere minérale vitriolique, luisante, brillante, de couleur d'or, ordinairement changeante, ou d'un jaune de soufre & orangée, fort variée : il se trouve dans les mines de cuivre des montagnes de Solorés en Chypre.

Mathiole, sur Dioscoride, *p.* 729, dit que le *misy* est dur & semblable à l'or, qu'il reluit comme une étoile, & qu'il se trouve en Chypre. M. Guettard, *dans son deuxieme Mémoire sur la comparaison des minéraux du Canada avec ceux de la Suisse*, dit qu'à Grassen, de même que dans les Alpes de Surenen, on trouve une pyrite d'où il sort du misy naturel.

Nous avons reçu de Malte, en 1755, un morceau de misy, dont la couleur, le tissu & le goût sont fort analogues au calchitis : ce misy est jaunâtre à l'extérieur, peu rouge en dedans, mais friable, legérement tendre, facile à tomber en efflorescence, & à former des petits crystaux tout-à fait semblables à ceux qui se produisent sur la superficie des masses de calchitis, qui sont exposées à l'air, d'où il paroît que Pline auroit eu raison de dire que le calchitis devient, par la suite des tems, un vrai misy. Pour nous confirmer dans cette opinion, nous avons pris un gros morceau de calchitis rouge, dont nous avons enlevé la croûte ou les couches extérieures, qui sont ordinairement grisâtres, jaunâtres, jusqu'à la partie la plus rouge. Nous avons exposé celle-ci à l'air pendant l'espace de trois mois ; & au bout de ce tems, nous l'avons trouvée recouverte d'une nouvelle croûte, dont les premiers feuillets étoient grisâtres comme le sory, ensuite brunâtres, jaunâtres comme le misy. Nous avons répété plusieurs fois cette expérience, qui a donné constamment les mêmes phénomenes ; ainsi l'opinion de Pline ne porte point à faux, comme le croient quelques naturalistes ; elle nous confirme même que si le misy, qu'on nous envoie dans le commerce, n'a point été enlevé d'une masse de calchitis, c'est au moins une substance fort analogue, sujette aux impressions de l'air, & qui a été pénétrée de maniere à être moins dure, plus friable, & plus jaunâtre que le calchitis ; peut-être ça été une pyrite de la nature de celle des Alpes, qui s'est décomposée & changée en misy.

(*b*) Le vitriol rouge des boutiques, appellé *colcothar*, n'est que le résidu du vitriol verd, dont on s'est servi pour la distillation de l'huile du vitriol ; il contient, à volume égal, plus de terre métallique ferrugineuse, que les autres vitriols artificiels.

mentaire, appellée *rouge*. [*Lapis vitrioli rubra. Calchitis nativa rubra Officinarum. Vitriolum rubrum. Calchos Græcorum. Lapis atramentarius ruber*, WALL.]

C'eſt un vitriol, dont la couleur eſt d'un rouge foncé entiérement, & qui eſt en morceaux pierreux, jaunâtres intérieurement, informes, compactes, durs & peſans, brillans dans les fractures, comme le cuivre rouge poli, ſouvent marbrés par des veines de calchitis d'une autre couleur : il n'eſt pas rare d'y rencontrer quelques particules de fer ou de cuivre, ou de pyrite ſulfureuſe non décompoſée, leſquelles reluiſent tant, que quelques perſonnes les prennent ſouvent pour des fragmens de métal précieux : ce vitriol rouge, quoique moins rare que les précédens, & que ceux dont nous ferons mention ci-après, ne ſe trouve pas communément en France : on ne le rencontre guères qu'en Allemagne & en Suéde, dans les environs des mines de cuivre ou de fer, & quelquefois dans le voiſinage des volcans, où il y a des terres alumineuſes : il eſt d'une ſaveur acerbe, ſtyptique & très-vitriolique, ſe liquéfiant, & ſe diſſolvant aiſément dans l'eau, mais jamais en entier.

Quelques anciens ont décrit cette ſubſtance foſſile, comme ſuſceptible de changer de couleur & de former des couches de différentes qualités ; que c'étoit aux diverſes altérations du calchitis ou

C'eſt par cette raiſon qu'on eſt fort indécis ſur le rang qu'on doit donner au vitriol rouge naturel, que quelques-uns regardent au contraire, comme une mine de cuivre pénétrée par l'acide vitriolique, & calcinée par les feux ſouterreins, & qui eſt nommée *calchitis* ou *calchantum* du grec *χαλκὸς æs, cuprum*, cuivre. M. Lemery dit que le colcothar artificiel peut être réduit, par le feu de fuſion, en un véritable fer, & ce fer être réduit tout-à-fait en vitriol martial, par la diſſolution. Il n'en ſeroit pas de même du calchitis natif ; il produiroit au moins un vitriol de fer mêlé de cuivre, c'eſt-à dire, un vitriol des Adeptes, en ce qu'il participe toujours d'un peu de cuivre, dans une plus grande quantité de fer.

vitriol rouge, que nous devions ce qu'on appelle *misy*, *sory* & *melanteria*, dont Dioscoride, Mathiole, & notamment Pline, ont parlé. Nous avons déja cité ce que Pline avoit écrit du misy qui se change en mélantéria, & celle-ci en sory. Pomet, dans son *Histoire générale des drogues simples*, dit cependant n'avoir pu observer ce même phenomene sur des gros morceaux de calchite, qu'il conservoit depuis long-tems; mais nous avons déja cité l'expérience que nous avions répetée d'après la citation de Pline, qui est en faveur de ce naturaliste.

L'on voit quelquefois, dans des cabinets de curieux, des morceaux de calchitis natif, d'une couleur grisâtre, verdâtre & bleuâtre, tâchetée de points rougeâtres: elle nous vient d'Espagne ou de Saint Lo-en Normandie, où elle se trouve dans des couches de terres ferrugineuses & voisines d'anciennes mines de mercure: c'est une espece de vitriol martial.

Les calchitis naturels n'ont guères d'autre usage que d'être un des ingrédiens de la grande thériaque d'Andromaque: c'est un fort astringent; mais comme ils sont assez rares, très-chers, & qu'ils contiennent souvent beaucoup de cuivre, on leur substitue le calchitis ou colcothar artificiel; matiere qui reste dans la cornue, après la distillation de l'huile du vitriol; quelquefois même on y substitue la couperose blanche, calcinée jusqu'à la couleur rouge.

4. La terre ou pierre vitriolique noirâtre, dite la Mélanterie ou la Pierre atramentaire noire. [*Terra solida vitrioli nigra. Melanteria* AUCTOR. *Lapis vitrioli atra* VETERUM. *Lapis atramentarius niger*, WALL.]

On trouve cette terre noire & tendre dans les

endroits où il y a des eaux vitrioliques & ferrugineuſes, qui ont arroſé des feuilles ou des écorces vertes de plantes aſtringentes, telles que des bruyeres, des chênes, des mouſſes, &c. ce qui produit un ſédiment, lequel étant durci, prend le nom de mélanterie, *melanteria* du mot grec *μέλας niger*, parce que cette maſſe noircit l'eau qu'on verſe deſſus : on trouve cette ſorte de pierre atramentaire, qu'on peut regarder comme une encre naturelle, en Cilicie, en Chypre, en Egypte & dans l'Aſie mineure (*a*).

5. La pierre atramentaire mineraliſée & connue ſous le nom de Ruſma. [*Lapis atramentarius mineraliſatus, vulgò, Ruſma.*]

Le ruſma ſelon Bellonius eſt un mineral, dont le tiſſu & la couleur reſſemblent beaucoup à du mâche-fer; cet auteur rapporte en avoir vu une mine dans la Galatie, aujourd'hui ville de Cuté, où il y eſt abondamment répandu.

(*a*) OBSERVATION. La mélanterie eſt, ſelon Dioſcoride & Mathiole, une matiere minérale, vitriolique, dont il y a deux eſpeces :

La premiere (au rapport de Lemery & de Pomet,), ſe forme comme un ſel minéral, à l'entrée des mines de cuivre, d'où on la ſépare facilement.

La deuxieme ſe trouve au haut des mêmes mines, en maniere de congelation, ſous la figure d'une pierre unie, polie, tantôt dorée, tantôt brunâtre; elle eſt plus ou moins pure, d'un goût de vitriol fort âcre & ſtyptique.

Dioſcoride prefere cette derniere ſorte de mélanterie à la premiere, & principalement lorſqu'humectée avec de l'eau, elle devient plus noire, & qu'elle noircit réciproquement ce même fluide, comme quand on verſe de la diſſolution de vitriol martial ſur une teinture de noix de galle; expérience que nous avons répétée pluſieurs fois, & avec ſuccès.

Cette ſubſtance, à laquelle Dioſcoride attribue une vertu cauſtique, eſt rès-rare. Pline dit que c'eſt un *miſy* converti en *melanteria* par ſucceſſion de tems. Quelques modernes penſent que la mélanterie eſt, comme le ſory, un composé de bitume & de vitriol, mais en proportions différentes, & qui a éprouvé, dans l'intérieur de la terre, des degrés de feu bien differens aux vitriols précédens.

Nous conſervons dans notre cabinet quelques morceaux de rufma que M. * * *, medecin de ſa Hauteſſe nous a envoyé en 1753 : ils ont beaucoup de rapport avec le calchitis de Suéde, le même goût & le même tiſſu, excepté cependant que leur couleur eſt plus foncée ; ſi l'on en jette quelque peu ſur les charbons ardens, il en part auſſitôt une vapeur qui fait ſoupçonner que c'eſt un calchitis mineraliſé par le ſoufre & l'arſenic.

Tous les naturaliſtes qui ont parlé de cette ſubſtance minérale, l'ont regardée comme un cauſtique, & qui, entr'autres uſages, eſt très-propre pour l'alopécie, ou la chute des poils.

En effet, ce minéral eſt un dépilatoire ſi ſpécifique & tellement en uſage parmi les Turcs de l'un & l'autre ſexe, que le grand-ſeigneur, au rapport de Pomet, en tire plus de trente mille ducats par an : les marchands de Conſtantinople en font paſſer une grande quantité dans tout le reſte de l'Orient, même juſques dans l'Aſie, où les ſaltinbanques l'apportent mêlé avec du réalgar : ce dépilatoire eſt à peine connu de nom en France ; il y eſt même ſi rare, que ceux qui en ont, le vendent au poids de l'or aux curieux : Pomet (en conſidérant peut-être moins la rareté & la valeur de ce minéral en France, que ſes propriétés particulieres) dit que ſi le ruſma nous étoit connu, on le préféreroit à la chaux & à l'orpiment, en ce qu'il a plus de force, plus de vertu, & qu'on peut s'en ſervir ſans danger (*a*).

(*a*) OBSERVATION. Les vitriols, ſans parler de leurs uſages généraux en médecine, ſont des plus utiles à la phyſique, à la chymie & dans la plûpart des arts & métiers. Les teinturiers, les chapeliers, les fourreurs, les peauſſiers, les corroyeurs, s'en ſervent, pour donner de l'intenſité à leurs couleurs noires. On ſçait que ces ſels entrent dans la compoſition de pluſieurs eſpeces d'encres; en un mot, ils ont tant de propriétés, que quelques alchymiſtes ont cru que *vitriolum* étoit un

GENRE XXXIV.

III. Sel Alkali.

[*Baurach. Nitrum* VETERUM.]

Ce ſel eſt en partie fixe & en partie volatil, ſans figure déterminée, ſe cryſtalliſe difficilement ; mais il forme une maſſe comme ſpongieuſe qui ſouvent tombe d'elle-même en poudre : elle fait efferveſcence avec tous les acides & produit les mêmes phénomenes que les alcalis : le goût en eſt cauſtique, brûlant, l'odeur un peu fetide ; il exige, pour ſe mettre en ſolution, au moins trois fois plus d'eau que ſon poids ; une partie de ce ſel eſt volatile, donne de l'odeur & répand dans le feu une fumée d'une ſaveur très-âcre ; l'autre partie eſt fixe au feu & y entre en fuſion ; il eſt d'une ſaveur âcre & n'a communément point d'odeur.

nom myſtérieux, en diſant que les lettres qui le compoſent, ſont les premieres des mots ſuivans :

V *iſitabis*
I *nteriora*
T *erræ*
R *ectificando*
I *nvenies*
O *ptimum aut occultum*
L *apidem*
V *eram*
M *édicinam.*

ESPECE CXCIX.

I. Le Natron ou Sel alkali terreux, ou Soude blanche d'Egypte.

[*Anatron, Sal terrenum Ægyptum. Alkali orientale impurum terrestre, WALL. Natron, Nitrum VETERUM* (a).]

C'EST un ſel alcali, minéral, qui eſt en partie fixe, & toujours mêlé avec des corps terreſtres, quelquefois avec le ſel marin ou avec un ſel alcali volatil, de maniere cependant que c'eſt toujours l'alcali qui y domine, puiſqu'il produit encore une efferveſcence aſſez conſidérable avec tous les acides : il exige trois ou même quatre fois ſon poids d'eau chaude, pour être mis en diſſolution, & il n'eſt que peu attaqué par l'air ; cette eſpece de ſel, dont on ſe ſervoit autrefois en France pour faire du ſavon & du verre, ſe trouve en Egypte, en Syrie, à Theſſalonique, dans la Babylonie & aux environs de Smirne (*b*) ;

(*a*) Ce n'eſt que depuis peu de tems, qu'on eſt certain que le nître des anciens & le natron des modernes ont une ſignification ſynonime. es deſcriptions faites par les voyageurs qui ont parcouru les pays orientaux, & les expériences chymiques qu'on en a faites, nous ont confirmé dans cette comparaiſon. On a découvert que le natron n'étoit autre choſe qu'un ſel alcali impur & mêlangé Voyez *Carol. Cluſius de Exot. L. II ; Bellonii Oſerv. cap. 2 ; Voyage du Levant de Tournefort, L. II, p. 780 ; Pomet, Dictionnaire des Drogues, Part. III, chap. 35, p. 767. Hiærne Paraſceve, p. 71, &c. Idem, Tentam. Chemiæ IV ; Hoffmanni Opuſc. phyſ. med. p. 152, &c. & p. 277 ; Neumanni Prælect. Chem. p. 1615 ; Geofroy, mat. med. T. I, p. 112. Pott. de Borace, p. 59, &c. Crameri Ars docim. edit. recent. p. 23, &c.*

(*b*) Nous voyons rarement aujourd'hui du vrai natron dans le commerce : c'eſt communément un ſel artificiel, dont nous parlerons à la fin de cette note. Le natron d'Egypte eſt, pour l'ordinaire, un ſel tétraëdre ou quadrangulaire, d'une ſaveur peu amere, qui a tous les principes & les propriétés, ou à-peu-près, de notre ſel alkali ordinaire. Tous les auteurs qui en ont parlé, l'ont bien regardé comme un ſel foſſile, qui devoit en-

le sel alcali que l'on trouve dans les eaux thermales & de plusieurs autres fontaines minérales,

trer pour beaucoup dans la composition des végétaux, des animaux & même des minéraux; mais ils n'ont, en quelque façon, donné rien d'instructif sur son histoire & sur l'usage qu'on en fait en Egypte. Lemery dit que le natron est un sel tiré par l'évaporation & la crystallisation de l'eau du Nil en Egypte; que ce sel âcre au goût, comme le sel marin, est en masses blanches crystallisées, pesantes, de mauvaise odeur, & qui s'humectent facilement à l'air. Pline dit que le Nil agit dans les salines de ce nître *natron*, comme la mer dans celles du sel commun; mais Pline peut bien s'être trompé, en ce que les lacs destinés à l'opération de ce sel, ne sont point voisins de ce fleuve, & que l'élévation de leur sol est tellement supérieure au niveau du Nil, qu'ils ne peuvent jamais être inondés: c'est donc à une eau particuliere, qui s'est ainsi combinée dans les couches de la terre, que nous devons cette espece de sel.

On lit, dans le *Recueil de différentes observations curieuses*, que les lieux où se produit le natron, sont deux lacs appellés *étangs nîtreux*, dont le premier est situé dans le désert de Scithie ou Nitrie, à deux journées de Memphis. Il a cinq lieues de long sur une de large: l'autre lac, nommé en arabe *Nébidé*, occupe un terrein de trois lieues & demie de long, sur une demi-lieue de large: il est situé à douze ou quinze milles de l'ancienne Hermopolis, aujourd'hui Damanchou, & à une journée d'Alexandrie.

Ces lacs sont, au contraire de ceux du sel marin, à sec pendant le printems, l'été & l'automne: leur sol est toujours uni & ferme. Ce n'est qu'au commencement de l'hiver, qu'il suinte au travers des parois des lacs, & à l'opposite de la mer, une liqueur saline, rougeâtre, obscure, d'un goût pénétrant, & qui en remplit les bords quelquefois jusqu'à la hauteur de quatre à cinq pieds. Plusieurs semaines après que cette liqueur a cessé de filtrer, & qu'elle s'est évaporée à moitié ou environ, divers ouvriers tout nuds, descendent dans ces lacs, & s'y promenent çà & là avec des barres de fer longues de six pieds & épaisses comme le doigt. Ils frapent, avec ces barres pointues par un bout, les blocs de crystaux, comme on fait en France, dans les carrieres à plâtre, avec de semblables outils; & par ce moyen, ils en détachent des morceaux plus ou moins gros & durs, & dont la figure est irréguliere. Ils les jettent sur le bord du lac, où ils égouttent; après quoi, ce sel devient blanc, transparent, & est dans son degré ordinaire de pureté & de perfection. On voiture celui du grand lac, par le moyen du Nil, au bourg de Terrané: on l'y range en pile; mais cela n'empêche pas qu'il ne se desseche considérablement, jusqu'à ce qu'il soit vendu & consommé: on transporte celui de Nébidé à Damanchou, où on l'enferme dans des magasins.

Pour être entiérement instruit de l'histoire de ce sel, il faut sçavoir que les paysans du district de Terrané sont dans une obli-

ne differe pas beaucoup du natron ; on l'appelle *Alcali in acidulis, vel Thermis Hospitans*, WALL. Il contient seulement un peu d'acide, *Alkali acidulare* ; il a d'ailleurs toutes les propriétés des sels

gation forcée de transporter, sur des chameaux, près de trente à quarante mille quintaux de natron du grand lac, jusqu'au bord du Nil ; & ceux d'autour de Nébidé, vingt à vingt-cinq mille à Damanchou : aujourd'hui ils entreprennent plus volontiers cette corvée, en ce qu'elle leur tient lieu de la taille, pour les terres ensemencées.

Les Arabes ont un soin particulier de nettoyer ces lacs, & d'en retirer, tous les ans, le limon, jusqu'à deux pieds de profondeur ; & malgré ces précautions, il se reproduit, tous les ans, de nouvelle terre limonneuse, par le séjour de la nouvelle liqueur de natron, puisqu'après chaque crystallisation, on trouve toujours le fond de ces lacs au meme niveau. On porte ce limon, qui contient du natron, sur les terreins maigres, pour les fertiliser. Ces peuples prennent encore un soin plus particulier, dans les vues d'améliorer leur terre : ils remplissent des grandes fosses de tous leurs chameaux & autres cadavres d'animaux qui viennent à mourir, & les recouvrent de terre d'alun ou de pierre calcaire ; & quand une fois toutes ces matieres sont réduites & confondues, elles sont en état ou de produire une espece de natron, ou d'engraisser les terres & de procurer une récolte abondante. Le natron a encore beaucoup d'autres propriétés. Les Arabes s'en servent pour blanchir leur cuivre, leur sel commun, ou le sel gemme, qui se trouve quelquefois, en été ou au printems, dans les lacs : on s'en est servi long-tems pour blanchir le linge ; & c'est cette propriété qui l'avoit fait appeller *soude blanche* : on s'en sert en Egypte, pour faire du savon & du verre : il est en usage chez les teinturiers du Levant, & notamment chez les orfevres du Caire, qui attribuent à ce sel les mêmes propriétés qu'à la manganaise & au borax. Les boulangers d'Alexandrie le font entrer dans le sorgo, pâte faite avec le riz, &c. & dont la plûpart des paysans font leur nourriture : ce sel lui donne une bonne saveur, la rend tendre, poreuse & legere. On dit que les rôtisseurs en attendrissent leurs viandes, que les bouchers s'en servoient aussi dans le dernier siécle, en place de sel marin, pour saler leurs cuirs ; mais depuis qu'il a été defendu d'en apporter en France, il est devenu très-rare : on lui substitue le natron artificiel que l'on appelle quelquefois Sel de verre (*anatrum factitium*,) & qui est composé, selon Lemery, avec dix parties de salpêtre, quatre parties de chaux vive, trois parties de sel commun, deux parties d'alun de roche, & deux parties d'alun de vitriol ; on fait dissoudre le tout dans du vin sur le feu ; on coule la dissolution, & on la fait évaporer en consistance de sel : ce sel peut être employé comme le borax, pour purifier les métaux & faciliter leur fusion ; il n'est pas aussi propre à les souder.

alcalis

alcalis, proprement dits ; tel eſt le ſel terreux de Swalbach, *ſal terrenum Swabacenſe*, qui ſe trouve auſſi dans les eaux de Carlsbad *Carolinæ*, de Tœplitz *Tæplicenſis*, *&c.*

ESPECE CC.

II. Sel mural. Aphro-natron.

[*Aphro-natron. Alkali compactum cryſtalliſabile, corporibus ſuperficialiter adhærens*, WALL. *Alkali fixum muris fornicatis adhærens*, CARTH. *Aphro-nitrum* VETERUM.]

LE ſel mural eſt un alcali minéral, qui n'a pas à la verité la pureté ni la force de l'alcali végétal : il ſe forme, contre les murs de toutes les maiſons, en petites maſſes compactes, faciles à mettre en poudre ; ſa figure eſt irréguliere & indéterminée : il eſt ſouvent mêlé de matieres étrangeres & ſurtout de chaux ; on l'appelle *aphro-natron murarium* : on le trouve quelquefois contre les parois de la pierre à plâtre dont il participe un peu, *Aphronatrum gypſeum* ; c'eſt ſans doute pour cette raiſon que ce ſel gonfle dans le feu, y fait du bruit, mais ſans détoner comme le ſalpêtre : il ſoutient longtems l'action du feu, ſans entrer en fuſion, & fait effervefcence avec les acides, ſans que rien ſe précipite ; la cryſtalliſation lui donne la figure quadrangulaire, aiguë, oblongue ou de parallélipipedes.

ESPECE CCI.

III. Halinatron.

[*Halinatron. Halinatrum* VETERUM. *Alkali non cryſtalliſabile ſuperficialiter corporibus ſtriatim adhærens*, WALL.]

ON ne rencontre ce ſel alcali, que par rayons

ou par bandes dans l'intérieur des vieilles voûtes & contre toutes les parois des vieux bâtimens ; on l'appelle *Halinatron ruderum ;* quelquefois on le trouve sur la superficie de certaines terres ; il est alors fort impur *Halinatron terrestre :* ce sel a un goût lixiviel, il ne se crystallise point ; mais lorsqu'on le fait bouillir dans l'eau, il fume beaucoup ; & comme il contient ordinairement un peu d'alcali volatil, il se dissipe même entiérement en vapeur (*a*).

GENRE XXXV.

IV. Sel neutre.

[*Sal neutrum* AUCTOR. *Sal medium. Neutrum.*

Ce sel, qui est le résultat de la combinaison d'un

(*a*) OBSERVATION. Indépendamment des lieux où l'on rencontre les sels alcalis terreux, dont on vient de parler, on en trouve encore, soit de volatils, soit de fixes dans différentes eaux ; telles sont les eaux de Lauchstad, *Alcali volatile minerale fontium & lapideum. Sal lauchstadiense,* WOLT. On en rencontre aussi dans le marbre noir, dans toutes les pétrifications animales, même dans les terres les plus fertiles, ainsi qu'on le peut voir par les expériences de J. Adolph-Kulbel, dans sa Dissertation *de causâ fertilitatis terrarum.* On le trouve encore, mais différemment modifié, dans toutes les matieres qui se rencontrent dans le voisinage de la mer, comme on le remarque dans la contrée de Coromandel, entre Tegno-patan & la mer ; il y est mélangé avec le sablon. Voyez JOAN. OTTO ELGIUS *in Miscellan. A. C. N. ann.* 9 & 10, *obs.* 196. Nous disons qu'on en trouve dans différentes terres, telles que la craie, l'argille, la marne, l'ardoise, les spaths ; dans toutes les pierres animales, les pétrifications, les tophacées, même dans l'urine & dans la corne de cerf, &c. Voyez *Urb. Hiarn. Tent. chem. Tentam.* 4. On en rencontre aussi dans les végetaux ; tels sont les tartres, les cendres gravelées, la potasse, &c.

acide avec un alcali, a une cryſtalliſation ſenſible, mais dont la figure eſt fort variée (*a*), tantôt en parallélipipedes, tantôt en cubes creux & tantôt en pyramides; ſa ſaveur eſt un peu amere & déſagréable : il entre facilement en fuſion au feu & s'y diſſipe en plus ou moins grande quantité; il exige différentes proportions d'eau pour ſa ſolution.

ESPECE CCII.

I. Sel neutre pur.

[*Sal neutrum purum* AUCTOR.]

CE ſel prend dans la cryſtalliſation une figure irréguliere, l'air le rend farineux extérieurement; mais il conſerve toujours ſa clarté & ſa tranſparence intérieurement.

On a,

1. Le ſel neutre pur en pyramides creuſes. [*Neutrum purum pyramidale cavum*, WALL.]

Il forme des pyramides quadrangulaires, creuſes en dedans, & imite des entonnoirs quarrés; les quatre côtés des pyramides ſe terminent en pointe : on trouve de ce ſel neutre dans la Bothie orientale; on le rencontre auſſi près de Baden en Suiſſe : ſes pyramides ſont également creuſes & diſpoſées en entonnoir, de maniere que ſix enſemble forment un cube creux au milieu *cubicum cavum*. Voyez

(*a*) Comme la cryſtalliſation de toutes les eſpeces de ſels neutres en chymie, ne dépend, en général, que de certaines loix, moyennant leſquelles ils affectent réguliérement certaines figures, à moins que quelques circonſtances étrangeres n'apportent des obſtacles à la régularité de leurs cryſtaux; de même auſſi les ſels naturels ſont formés ſuivant certaines loix qui leur font toujours conſtamment prendre la même figure & la même conformation, à moins que, par quelqu'accident, la nature ne ſoit troublée dans ſon opération.

WALL. *Fig.* 20 ; & les *Ephem. nat. cur. Vol. II*, *p.* 46. *app.* SCHEUCHZER. Quelquefois ce sel est quadrangulaire & oblong, & rempli dans le milieu, c'est-à-dire, solide à l'interieur ; les côtés en sont cependant un peu inégaux, & comme en parallélipipedes, *lateribus inæqualibus paralellipipedeum.* Ce sel farine beaucoup ; on en trouve à Umerstad. Voyez l'*Histoire de l'acad. royale des sciences de Suéde*, 1740, *p.* 245.

ESPECE CCIII.

II. Sel de Chaux.

[*Neutrum calcareum. Neutrum calcareum efflorescens*, WALL. *Aphro-nitrum nonnullorum.*]

Ce sel est tantôt blanc, & tantôt jaunâtre ; ses propriétés sont différentes du sel mural & de l'halinatron, dont nous avons parlé : il naît aussi dans des lieux bien différens, puisqu'on le trouve tout formé contre les parois des souterreins & dans le fond des mines, sous la figure de rayons. Voyez FRED. HOFFMANN. *Oper. philos. & chem. T. II*, *pag.* 343. Ce sel a une saveur amere, fleurit & perd sa transparence à l'air : il n'entre point en effervescence avec les acides ; mais l'huile de tartre par défaillance en précipite une terre calcaire ou spathique.

ESPECE CCIV.

III. Sel neutre calcaire.

[*Neutrum acidulare. Neutrum calcareo-mixtum acidulare*, WALL.]

Plusieurs eaux minérales & thermales participent

de ce sel qui prend à la crystallisation la forme de parallélipipedes : il devient farineux à l'air ; l'huile de tartre par défaillance coagule sa solution & en fait précipiter une terre blanchâtre & calcaire qui alors fait effervescence avec les acides.

On a,

1. Le sel d'Epsom ou le sel d'Angleterre. [*Sal Ebesbamense, aut Epshomiense. Neutrum acidulare Anglicanum*, WALL. *Sal Anglicanum. Natrum nativum, Anglicanum. Sal catharticum amarum* RECENTIUM.

Ce sel, à qui la crystallisation donne la figure prismatique & quadrangulaire, se dissout facilement dans l'eau & exalte la couleur bleue du syrop de violettes ; il perd, en fondant, la moitié de son poids.

On l'appelle ainsi *Sel d'Epsom*, du nom du lieu nommé *Epsom*, distant de quinze milles de Londres, où il y a une fontaine d'eau minérale, & à l'embouchure de laquelle on en trouve de tout crystallisé, tel que nous le voyons ordinairement : il a un goût frais & amer ; il purge fort doucement (*a*) : on l'appelle quelquefois sel anonyme.

2. Le sel de Sedlitz, ou de Seidfuchtz, ou de

(*a*) Quelques-uns regardent le sel d'Epsom comme un sel de Glauber, à cause de la conformité de leurs crystaux qui sont en colonnes tétraëdres, d'un goût frais, salé & amer, dissolubles dans une même quantité d'eau, se fondant facilement dans le feu ; mais ils different par leur base ; celle du sel d'Epsom étant calcaire, & celle du sel de Glauber étant alcaline, & la même que celle du sel marin. Voyez le *Mémoire sur la magnésie de M. Blach, dans les Essais littéraires & physiques de la société royale d'Edimbourg, Tom. I* ; d'où il résulte que le sel d'Epsom seroit un sel neutre formé de l'alcali minéral uni avec l'acide vitriolique. Lister paroît être le premier qui ait décrit le sel neutre d'Angleterre, dont on vient de parler. Voyez LISTER *de Font. medic. Angliæ, p.* 8. FRID. HOFFMAN. *Opera philos. chem. Tom. II, p.* 50. C'est pour cela qu'on lui avoit donné tant de noms différens.

Boheme. [*Sal Sedlizense, vel Seidschuzense. Natrum acidulare Sedlizense*, WALL.]

Quoiqu'il soit composé des mêmes principes que le sel d'Epsom, cependant il produit des effets différens : il entre en fusion au feu, & y devient transparent, fluide & aqueux ; il est très-amer & a la propriété de rendre les teintures bleues végétales, verdâtres.

Le sel d'Egra *sal Egranum*, celui de Carlsbad *sal thermarum Carolinarum*, le sel d'Ester *sal Esteranum*, & celui de Wisbad *sal Wisbadense*, sont de la même nature que le sel de Sedlitz (*a*).

(*a*) OBSERVATION. Tout le sel que l'on nous envoie quelquefois d'Angleterre, le plus communément de Lorraine, sous le nom de *sel d'Epsom*, n'est pas naturel : c'est pour l'ordinaire, un sel artificiel, qu'on prépare à Portsmouth, de la maniere suivante : On se sert de l'eau-mere épaisse, c'est-à-dire, de la dissolution du sel qui ne se crystallise plus, qui reste après le raffinage du sel commun d'Espagne & de Portugal ; on mêle jusqu'au point de saturation à cette eau-mere, qui est calcaire, alcaline, du résidu de la distillation du vitriol, appellé *colcothar* ; ensuite on procede aux dissolutions, aux filtrations, aux évaporations & aux crystallisations, en la maniere usitée dans la Halotechnie : on choisit les plus beaux crystaux de la premiere crystallisation, & on nous l'envoie sous le nom impropre de *Sel de Glauber*. de même qu'on en fait de ceux de la seconde crystallisation, qui sont plus petits, & qu'on nous envoie sous le nom de *Sel d'Epsom* ou *Natron d'Angleterre* : c'est ce sel que l'on distribue chez les droguistes & les apothicaires, pour l'usage médicinal, & qui nous parvient aussi de tous les endroits où l'on travaille au sel commun, & qui sont en même tems voisins des atteliers des vitriols. Ceux qui voudroient se procurer de l'eau d'Epsom, pourroient dissoudre une once deux gros de ce sel, par pinte ; c'est la même que contient la pinte d'eau de cette fontaine ; reste à sçavoir si le feu de l'évaporation n'altere en rien les propriétés.

GENRE XXXVI.

V. Nître ou Salpêtre.

[*Nitrum. Sal Petræ. Salpeter* GERMAN.]

LA cryſtalliſation donne toujours à ce ſel une figure priſmatique hexangulaire avec une petite pointe aiguë, qui forme, avec un des côtés extérieurs du priſme, un angle obtus. Voyez *WALL. Fig.* 16.

Le nître eſt en partie fixe & en partie volatil : il donne des vapeurs rouges quand on l'arroſe d'huile de vitriol, détone dans le feu, fuſe ſur les charbons ardens & paroît alors comme enflammé, *inſignè flagrans*, ſur-tout quand on le mêle avec la poudre de charbon ou avec quelques autres matieres phlogiſtiques : il entre en fuſion au feu, & devient fluide comme de l'eau ; il produit une ſorte d'efferveſcence dans le feu, lorſqu'il eſt mêlé avec du borax ou des matieres alcalines : porté ſur la langue, il fait éprouver aux papilles nerveuſes un ſentiment de fraîcheur & une ſaveur ſalée, amere, très-ſenſible ; il exige pour ſa ſolution à froid près de ſix fois ſon poids d'eau, à chaud un peu plus de quatre parties.

On n'eſt pas encore bien d'accord ſur la vraie origine du nître & ſur ſa formation : quoi qu'il en ſoit, on trouve ce ſel en terre à un pied & demi ou deux pieds de profondeur, & toujours dans les endroits où l'air a un libre cours ; tantôt il eſt attaché contre des murailles (*a*), à des voutes de caves &

(*a*) Ludovic dit, dans les *Ephemer. nat. cur. T. I, p.* 263, *obſ.* 1, 203, qu'il ne faut pas confondre le nître des murailles avec

de vieilles mazures, en petits cryſtaux blancs; effleuris comme floconnés, *nitrum rude album, plumoſum, aphro-nitrum, ſpuma nitri*, WOLTERSD. & qu'on détache facilement en houſſant les lieux où il ſe trouve, avec des balais; c'eſt ce nître qu'on appelle ſalpêtre de houſſage: tantôt on le rencontre ſur certaines roches ou terres déſertes, en cryſtaux également blancs, tranſparens, & qu'il ſuffit de ramaſſer, ainſi qu'il ſe pratique dans les Indes orientales proche de Pégu, & dans les regions

celui de ces efflorefcences alumineuſes qui, mêlées avec un peu de nître deflagrent avec lui. Le nître des murailles eſt impur; on le voit ſur toutes les murailles expoſées à tout vent, plus fréquemment dans les endroits voiſins des habitations des animaux; mais il s'en trouve quelquefois bien loin de-là: il eſt en fleurs qui, à la longue, forment des croûtes, mêlées d'un peu de chaux; de maniere qu'une livre de cette raclure donne juſqu'à quatre, ſix, huit, neuf onces de nître: il fait une aſſez bonne poudre à tirer, la livre mêlée avec le double d'alun calciné, donne dix-ſept onces d'eſprit de nître: les fleurs font une meilleure poudre à tirer, & on en trouve ſouvent dans les ſables: ſa baſe eſt aſſez facile à connoître, en la comparant avec celle du nître ordinaire: elle ne tombe pas ſi facilement en déliqueſcence; elle a un goût plus fort. De même qu'on forme du nître, en combinant avec un alcali l'eſprit qu'on en a diſtillé; de même il ſe forme un nître dans les murailles; mais comment ces parties ſalines prennent-elles la nîtroſité? On dit que c'eſt une modification mathématique, ou l'accès de l'air, comme on voit l'eau devenir huile, & celle-ci ſel; mais cette ſuppoſition peut-elle avoir lieu, quand on réfléchit ſur la détonation du nître, qui ne ſe fait pas avec les fleurs de ſel ammoniac, & que Vedelius exécute avec le ſel ammoniac lui-même? Peut-être aimera-on mieux croire que le nître ſe forme extérieurement, & que l'air lui communique du phlogiſtique. On ſçait déja par Rauvolf, que les Mahométans font un nître avec les feuilles & les rameaux de ſaule brûlés & leſſivés. L'expérience nous a encore appris que le nître ſe trouvoit auſſi dans quelques autres végétaux: on en tire des plantes borraginées, de celles qui ſont ameres, telles que le creſſon de fontaine, la fumeterre, & abondamment de l'*heliotropium*: ce ſel extrait des végétaux, eſt d'une ſaveur amere, & celui, de tous les ſels, qui a le plus d'analogie avec le nître proprement dit: il fuſe également, & avec bruit, ſur les charbons ardens: il contient ſeulement quelque choſe d'huileux & de volatil; auſſi l'appelle-t-on *nitrum impurum plantarum*, WALL. *Sal eſſentiale ſubnitroſum amarum*.

ſeptentrionales, tantôt dans les lieux où les animaux vont uriner & rendre leurs excrémens : on lit dans la *Géographie hiſtorique du Strahlemberg*, *chap.* 13, que dans le nord de la Siberie, au paſſage de l'Europe en Aſie, on trouve près du fleuve Iſett un certain lac qui, dans les grandes chaleurs de l'été, produit ſur le rivage du nître ; mais ceci a beſoin de confirmation (*a*).

ESPECE CCV.

I. La terre nîtreuſe.

[*Terra nitroſa. Nitrum terrâ mineraliſatum* ; *WALL. Nitrum rude humoſum, WOLTERSD.*]

LA terre nîtreuſe, celle qu'on dit être la ſeule matrice propre à produire du nître, ou qui l'a déja produit, & qui eſt abſolument néceſſaire pour en reproduire, doit être viſqueuſe & alcaline : on reconnoît cette eſpece de terre à ſon goût ſalin & à ſa détonation dans le feu ; elle eſt ou en pouſſiere, *humacea*, ou calcaire, *calcarea* ; on la trouve quelquefois dans les cimetieres, *Terra nitroſa cæmeterii*. Berger parle d'une pierre nîtreuſe & calcaire qui ſe trouve en Finlande, & qui y eſt connue ſous le nom de Raphakivi ; mais cette pierre eſt une eſpece de roche qui ſe décompoſe à l'air, *Saxum in aëre deliqueſcens nitroſum*, *WALLER*. & qui contient outre du nître un peu de ſel marin ou de ſel gemme.

(*a*) OBSERVATION. Le nître ou ſalpêtre que l'on emploie dans les arts & métiers eſt un ſel artificiel qui contient à-peu-près tous les mêmes principes que le nître naturel : la maniere la plus ordinaire de préparer ce ſel eſt celle que voici décrite d'après ce qui s'exécute au petit arſénal de Paris. On prend une certaine quantité de platras, de terres ou pierres chargées de particules nîtreuſes, telles que celles des cavernes, des vieilles mazures, bâtimens, rarement de

GENRE XXXVII.

VI. Sel commun, ou Sel marin.

[*Sal commune. Sal* AGRICOLÆ. *Muria*, WALL. *Sal cubicum.*]

LA crystallisation donne à ce sel une forme cu-

celles des colombiers, des étables, des écuries & des cimetieres; on lessive en grand ces matieres, avec des quantités suffisantes d'eau chaude pour en extraire tout le sel : on laisse reposer ces dissolutions; on les décante, & on les fait passer au travers d'un lit de cendres pour les dégraisser, & pour les rendre plus transparentes ou limpides; & en même tems, pour fournir au nître une base alcaline, on fait évaporer cette liqueur jusqu'à pellicule, c'est-à-dire, au point de crystallisation; & les crystaux qu'on en obtient sont encore impurs & irréguliers; on les fait fondre dans une nouvelle quantité d'eau douce & claire; on fait évaporer cette dissolution : alors il se forme sur la superficie une espece d'écume noire, dont on augmente la quantité en clarifiant la liqueur avec un peu d'alun en poudre ou de vitriol de zinc; on enleve cette boue noirâtre avec une écumoire, & l'on porte ensuite la liqueur toute bouillante, & réduite à consistance requise dans d'autres vaisseaux hauts & étroits, que l'on appelle *cuves à rasseoir*, lesquelles sont couvertes d'un drap serré pour ralentir le refroidissement de la liqueur saline; en deux heures de tems plus ou moins, cette même liqueur dépose beaucoup de corps hétérogenes semblables à une lie jaunâtre; on la décante dans des vaisseaux qu'on appelle *jattes* ou *bassines à rocher*, & au bout de quelques jours, on trouve une masse de beaux crystaux grouppés, blancs, clairs, transparens, également gros & longs, & de figure sexangulaire, comme le nitre naturel; c'est-là ce qu'on appelle le salpêtre raffiné, *salpêtre des trois cuites*, &c. On met la liqueur restante de la crystallisation sur le feu pour évaporer, & l'on obtient encore des crystaux de nître, mais moins beaux que les précédens, on les appelle *salpêtre de la seconde cuite* : on fait encore évaporer le reste de la liqueur, jusqu'à une forte consistance, & l'on obtient des crystaux informes très-gros, opaques & humides, c'est ce qu'on appelle *salpêtre brut*, ou *nître de la premiere cuite* : il est bon d'observer que quelquefois le salpêtre brut est celui que l'on obtient par crystallisation de la premiere liqueur, avant qu'elle soit dé-

bique, hexagone comme un dé à jouer, *Figura tessulata* : il décrépite & pétille fortement sur les charbons rouges, dont il soutient long-tems la chaleur, avant que d'entrer en fusion ; il exige environ quatre fois son poids d'eau chaude pour sa solution; encore y reste-t-il quelquefois long-tems avant que de se dissoudre entiérement : sa saveur est âcre, pénétrante & salée.

ESPECE CCVI.

I. Sel gemme ou Sel fossile.

[*Sal gemmæ. Muria fossilis pura*, *WALLER. Sal commune nudum, solidum, fossile*, *WOLTERSD. Muria fossilis pura*, *CARTHEUSER.*

LE sel gemme est le plus dur & le plus pur

graissée par les cendres, & édulcorée par l'alun ou le vitriol blanc, de même que le salpêtre de la deuxieme cuite, n'est que ce premier nître ainsi crystallisé, & celui-ci dissous de nouveau, & préparé comme nous l'avons dit ci-dessus, &c.

Après toutes ces crystallisations, il reste encore une liqueur épaisse, visqueuse & jaunâtre, c'est ce qu'on appelle *eau mere de nître* ou *mere de salpêtre*.

Thevenot *Giornal, di litterat. 1670, p. 143*, rapporte encore la maniere dont on prépare le nître dans le Mogol, & particuliérement à Ceyra : On le tire de trois sortes de terres, une noire, une jaune *gialla*, & une blanche ; la noire donne le meilleur : il ne contient pas de sel commun ; on le tire en arrosant cette terre d'eau qu'on fait ensuite évaporer & crystalliser : quand il bout, ils le remuent sans cesse, & le mettent dans de grands vaisseaux de terre ; toutes les féces vont au fond : les gens du pays en ont augmenté le prix du double, depuis que les François & les Anglois en achetent.

Le nître entre dans la composition de la poudre fulminante & de celle à canon, dans les flux employés en Docimastique, pour préparer de la glace : on s'en sert aussi pour saler les viandes & quelques poissons, ce qui leur donne une couleur rouge : le nom de nître dérive du mot grec *μαπρὶνηχαν νίτρον* & *παρθενίον*, paree que les jeunes filles Egyptiennes se lavoient avec le nître pour se purifier. Le nom de *salpêtre*, ainsi que celui de *nître*, est également reçu dans toutes les langues de l'Europe.

de tous les ſels foſſiles ; il eſt ordinairement cryſtallin, demi-tranſparent, brillant, en cryſtaux plus ou moins gros, & naturellement taillés à huit angles & à ſix faces, comme un dé : il eſt formé de l'acide du ſel marin, uni avec un alcali foſſile ; il reſte long-tems dans l'eau avant que de s'y diſſoudre, décrépite & pétille dans le feu ; ne ſe précipite ni par l'alcali fixe, ni par l'alcali volatil ; & ni l'un ni l'autre de ces ſels ne rend ſa diſſolution épaiſſe ou blanchâtre : le ſel gemme eſt de différentes couleurs ; tantôt griſâtre ou blanchâtre : tel eſt celui qu'on trouve dans le Nord, dans les Indes, en Tartarie près d'Aſtracan, & dans quelques parties de l'Afrique ; tantôt bleuâtre, rougeâtre, jaunâtre ou non coloré, tel qu'il s'en voit dans les endroits dont le terrein eſt par couches, ou compoſé de lits argilleux & calcaires, comme on le remarque en divers lieux de l'Europe, en Tranſylvanie, à Salzburg, à Marburg, à Torremburg, en Hongrie, en Saxe, à Williſca, près de Cracovie, en Pologne, à Cordoue en Catalogne, &c. Ces ſels ſont ainſi colorés différemment ſelon l'eſpece de teinture ou de vapeur métallique qui les a pénétrés : on trouve le ſel gemme dans des montagnes, en maſſes ſi énormes, notamment dans la Ruſſie & dans tout le Nord, qu'on prétend que pluſieurs habitans s'en bâtiſſent des maiſons, ſans doute que c'eſt dans des lieux où il ne pleut que rarement : il eſt ordinairement ſi dur, qu'on ne le peut détacher de ſa carriere qu'à l'aide de maſſues de fer : auſſi l'appelle-t-on *Sal gemmæ ſolidum*.

Le ſel gemme d'Ethiopie & de Cappadoce eſt ſemblable à celui du Nord ; mais il n'eſt pas ſi tranſparent : il eſt d'un blanc opaque. Lemery dit qu'on le taille dans le premier de ces pays en tablettes longues d'un pied, larges & épaisses de trois pouces ; & qu'on s'en sert de monnoie dont la valeur équivaut à six sols, monnoie de France.

On se sert du sel gemme dans les lieux où il naît, aux mêmes usages que nous employons ici le sel marin : il engraisse les animaux, & sur-tout les brebis ; il fertilise beaucoup les terreins arides ou argilleux : on s'en sert en médecine comme apéritif & carminatif (*a*).

(*a*) OBSERVATION I. Les physiciens & les naturalistes conviennent assez que c'est au moyen de ce sel si abondant dans certaines contrées, arrosé par des eaux douces, que se forment les étangs salés, les puits & les fontaines, tels qu'on en remarque en Franche-Comté, en Loraine, en Allemagne & en Italie : c'est sans doute par la distance des sources, aux endroits où ces sortes d'eaux doivent se rendre & par où elles passent, que se déposent ces portions de sel gemme que l'on trouve en déliquescence, sous la forme d'une gelée blanche, aux parois & au fond des galeries des mines ; les auteurs ont nommé ce sel *Sal gemmæ superficiale. Sal gemmæ efflorescens. Flos salis.* Ces eaux s'évaporent dans leur écoulement, & se coagulent même quelquefois à la surface de la terre ; mais elles se résolvent ensuite à l'air, & pénetrent, en faisant augmenter de poids les terres & les pierres des lieux voisins où elles se trouvent, c'est ce qu'on appelle *terres* ou *pierres muriatiques.*

Lorsque les pierres mêlées de sel gemme, & détachées de la mine, ont été quelque tems exposées à l'humidité de l'air, elles augmentent tellement de pesanteur spécifique, qu'un morceau de ces pierres, qu'un ouvrier pouvoit aisément porter dans le fond de la mine, ne peut plus être remué de sa place par le même homme.

OBSERVATION II. Il y a beaucoup d'apparence que les eaux de la mer tirent leur salure continuelle des mines de sel gemme ; la seule difficulté est de concevoir s'il se peut trouver assez de cette espece de sel dans la terre, pour avoir rendu l'eau de la mer salée : la mer étant un aussi vaste élément, il nous semble que pour bien résoudre ce phénomene, il faut admettre que l'Auteur de la nature qui forma les terres & les mers, créa celles-ci chargées de sel marin dans l'état de sapidité où nous les voyons aujourd'hui : on pourra objecter que l'évaporation continuelle de cet élément doit admettre des différences dans son degré de salure ; mais comme les parties de sel ne montent point dans la distillation, la petite quantité qui s'éleve dans l'atmosphere est trop peu considérable, & est d'ailleurs bien remplacée par la chute des eaux qui

ESPECE CCVII.

II. La Terre de ſel gemme.

[*Terra ſalis gemmæ. Sal foſſile. Muria foſſilis, terra mineraliſata*, WALLER.]

ELLE eſt molle, peu compacte, remplie de parties ſalines qu'on reconnoît au goût, & dont on retire le ſel par la décoction & par la lixiviation : on en trouve abondamment dans le Nord & en Pologne : c'eſt l'eſpece de ſel gemme qu'on appelle particuliérement ſel foſſile.

ESPECE. CCVIII.

III. Pierre mêlée de ſel gemme.

[*Muria foſſilis lapide mineraliſata*, WALLER. *Sal cæduum.*]

ELLE eſt dure & de différentes couleurs ; elle ne ſe met eu diſſolution dans l'eau qu'en partie, & même qu'avec beaucoup de difficulté & de temps ; auſſi le ſel ne peut en être tiré qu'à l'aide du feu & au moyen d'une forte & longue cuiſſon, telle qu'elle ſe pratique dans le Piémont. On donne le nom de *Sal cæduum* ou de *Sal montanum* à ce ſel qui eſt mêlé à de la pierre:

ont diſſous, dans leur trajet ſouterrein, des portions de ſel gemme, & qui ſe rendent dans la mer.

Lemery penſe que la mer tire ſa ſalure du ſel gemme, en ce qu'il eſt de tous les ſels le plus abondamment répandu dans toute la nature, qu'il forme des montagnes d'une grande & vaſte étendue dans l'Europe, que le fond de la mer en eſt plein, de la même maniere que toute la terre que nous habitons en eſt remplie en des millions d'endroits, & que l'eau qui pénetre ces montagnes a diſſous une quantité de ſel qu'elle charrie, & qui, depuis que le monde eſt monde, ſe décharge dans la mer : nous laiſſons à nos lecteurs à apprécier la force & la probabilité de cette aſſertion.

on en trouve à Saltzbourg, en Hongrie & en Ruſſie.

ESPECE CCIX.

IV. Sel marin. Sel de cuiſine, Sel commun.

[*Sal marinum. Muria marina*, WALLER. *Sal cibarium. Sal commune.*]

LE ſel marin, ainſi nommé de tout le monde, eſt celui dont on uſe journellement dans tous les alimens, & quelquefois dans les arts & métiers : ce ſel s'humecte auſſi très-facilement, puiſqu'à la moindre altération de l'air, il paroît toujours être dans un état de déliqueſcence : il ſe diſſout dans quatre fois ſon poids d'eau, tant froide que chaude ; c'eſt en cet état qu'il prend le nom de *liqueur muriatique*, comme propre à conſerver la viande & le poiſſon : cette même liqueur prend enſuite le nom de *Garum*, c'eſt-à-dire, ſaumure ou liqueur qui ſent le poiſſon (*a*).

(*a*) OBSERVATION. Le ſel que nous employons dans la cuiſine eſt toujours l'ouvrage de l'art : il ſe retire par l'évaporation des eaux ſalées, & de quatre manieres différentes, ſoit par la chaleur du ſoleil, comme on le pratique dans les pays méridionaux, ou par le feu, comme on le voit en quelques contrées de l'Angleterre, ou par le froid, comme on le fait dans la portion la plus glaciale du nord, ou enfin par le concours de l'air, & au moyen des hangars d'évaporation, tel qu'on le voit à Salins en Franche-Comté.

1° La maniere de préparer le ſel commun par la chaleur du ſoleil dans les pays méridionaux, s'exécute au moyen des marais ſalans, tels qu'on en voit en diverſes contrées de la France, comme en Normandie, en Bretagne, & le long des côtes d'Aunis ; ces marais forment un parc quarré, qu'on a ſoin de bien battre & d'enduire de glaiſe dans les endroits poreux, pour retenir l'eau ſalée qu'on y fait entrer par pluſieurs vannes ou canaux, juſqu'à la hauteur de demi-pied ou environ : cette eau venant à ſe repoſer, s'éclaircit, s'évapore par la chaleur du ſoleil, & laiſſe une liqueur qui s'affaiſſe, ſe condenſe, & qui, rafraîchie par le vent & la température des nuits, donne une cryſtalliſation cubique, en formant une eſpece de croûte

Wallerius dit que ce sel participe beaucoup du nître : c'est pourquoi le sel commun est un peu différent du sel gemme.

qu'on casse en morceaux, avec des perches de bois, & qu'on retire aussi-tôt avec des pelles trouées en écumoire : on entasse ensuite ce sel en grands monceaux sur de la terre seche, afin qu'il s'y égoutte, se seche & devienne en état d'être transporté dans les gabelles, tel que nous le voyons : il faut remarquer que la saison la plus propre à cette opération est celle de l'été, lors d'un beau tems, fixe, sec & chaud, tandis que pour ce sel qu'on retire par les bâtimens de graduation, un vent vif & froid, en un mot, une saison d'hiver, est le tems le plus convenable.

2° Pour retirer le sel par le moyen du feu, on fait évaporer dans de grandes chaudieres de plomb jusqu'à siccité, l'eau des lacs, des puits, & des fontaines salées qui contiennent vingt livres de sel par cent pintes d'eau : cette opération se pratique près de Lunebourg & de Hartzbourg en Allemagne, & près de Halle en Saxe : l'on obtient alors un sel blanc assez pur, & qui est en crystaux plus ou moins grands & réguliers, mais moins âcre, moins piquant, moins salé, & plus doux que celui qui est fait par la voie de la crystallisation ; il diminue de force, à mesure qu'il vieillit : il se dissout très-facilement dans l'eau, & décrépite peu dans le feu : on l'appelle sel de cuisson, sel de lac ou de fontaine, *sal fontanum. Muria fontana.*

3° Il y a des pays où la température de l'air suffit seule pour retirer le sel des eaux ; dans le Nord où le froid est excessif, l'eau marine qui contient peu de sel se gele facilement ; & comme il n'y a que l'eau proprement dite qui se convertisse en glace, on obtient par ce moyen une eau marine concentrée, ou une espece de sel fluor, qui, par l'évaporation de l'air, se crystallise en peu de tems.

4° La maniere de retirer le sel par le moyen de l'air seul, est comme on le pratique à la fameuse saline établie à Mouterstat entre Manheim & Durkeim, & même à Salins en Franche-Comté, dans les bâtimens nommés évaporatoires ou hangars d'évaporation. Pour l'intelligence de cette opération, il faut rappeller ici l'extrait du Mémoire qui en a été lu par M. le Marquis de Montalembert, à l'académie royale des sciences en 1748, contenant ses observations faites en 1745. L'intention de l'inventeur des hangars étant de présenter à l'air le plus de surfaces possibles d'eau chargée de sel, il a construit un bâtiment ouvert de toutes parts, & garni dans son intérieur de onze rangées de fagots d'épines à double rang, & il a divisé ces onze rangées en sept parties dans leur longueur, répondantes à autant de réservoirs qui font le sol de tout l'édifice ; à chaque réservoir est un corps de siphon qui reporte l'eau qui est tombée dans un réservoir supérieur d'où elle découle sur une autre rangée de fagots, & va se rendre

On a,

On a,

1. Le ſel marin qui ſe trouve ſur le bord de la mer. [*Sal marinum ſponte natum. Haloſachne*, PLINII. *Paratonium. Sal marinum extremis littoribus adhærens*, WALL. *Spuma maris. Muria* WOLT.]

L'on trouve quelquefois ſur le bord de la mer, contre les rochers & les pierres, une eſpece de ſel marin formé en maniere d'écume ſalée, c'eſt ce que les anciens ont nommé *Haloſachne*, c'eſt-à-dire, ſel d'écume, de même qu'ils ont nommé *Paratonium* le ſel marin qu'on obtient par l'évaporation ; mais il n'y a aucune différence entre ces deux ſels.

2. Le ſel marin qui ſe trouve naturellement

dans un des réſervoirs d'en-bas, & ainſi ſucceſſivement juſqu'à la ſeptieme évaporation ; il eſt aiſé de concevoir comment l'eau ainſi coulante le long d'une infinité de branches placées à l'air libre, préſente à cet air des ſurfaces multipliées, par leſquelles elle s'évapore, en laiſſant la portion qui s'écoule plus chargée de ſel, parce que l'air n'attire que l'eau proprement dite ; l'eau reſtante après les ſept opérations, eſt reçue dans un réſervoir commun à tous les hangars, & portée à deſſécher dans des chaudieres de plomb.

On peut encore retirer le ſel marin de certaines pierres qui en ſont imprégnées, & généralement de toutes celles qui ont la propriété phoſphorique : on a obſervé que les pierres qui en contiennent beaucoup ſuintent à l'extérieur, & tombent facilement en déliqueſcence ; on les appelle *ſaxum in aëre deliqueſcens muriaticum*, WALLER. Le ſel marin ſe trouve encore dans quelques végétaux, comme dans le *paleopſis*, dans la plante appellée *kali* : on le rencontre encore dans quelques parties du corps des animaux, comme dans leur urine, ſouvent dans leur ſang. Voyez *Ephem. cur. nat. Vol. V*, p 352, & 353. POTT, *de ſale comm. p.* 2. Le ſel marin eſt celui de tous les corps ſalés, qui diſſolve le plus facilement & en moins de tems la glace : ſon acide uni à celui du nître, eſt le diſſolvant de l'or & de l'étain.

Quant au ſel d'Inde ou pyramidal, *ſal Indum aut pyramidale*, dont quelques naturaliſtes ont fait mention, il paroît que c'étoit un ſucre qui reſſembloit au ſel marin, mais dont la ſaveur étoit douce comme du miel : on ne le connoît plus aujourd'hui.

formé au fond de quelques lacs. [*Sal marinum nativum in fundis lacuum*, *WALLER*. *Sal lacuſtre*, *CARTH*.]

Tel eſt celui qu'on trouve dans le lac de Jamiiſcha dans la Siberie. Voyez *GMELIN*, *Voyage de Siberie*.

3. Le ſel marin naturellement cryſtalliſé au fond de la mer. [*Sal commune nudum aquæ marinæ*, *WOLT*. *Muria*.]

On en trouve dans le Groënland.

4. Le ſel marin naturellement cryſtalliſé à l'embouchure des ſources & fontaines. [*Sal commune nudum aquæ fontanæ*. *Sal culinare*, *WOLT*.]

On en trouve de cette eſpece à Halle, à Lunebourg, en Suéde, en Ruſſie.

Tous ces ſels naturellement cryſtalliſés, ſe rencontrent rarement.

GENRE XXXVIII.

VII. Sel ammoniac (*a*).

[*Sal ammoniacum*. *Salmiac GERMANOR*. *Sal armoniacum*, *LEMERY*.]

LA cryſtalliſation ne donne point à ce ſel une figure tout-à-fait indéterminée, comme l'ont dit quelques-uns, puiſque ſes cryſtaux ſont aigus, oblongs, paralleles comme des aiguilles, & cannelés. Son goût & ſes principes le font aiſément reconnoître par-tout où il ſe trouve ; ſa ſaveur eſt fort

(*a*) Le ſel ammoniac des anciens, tel que Dioſcoride, Serapion & Avicenne l'ont décrit, n'étoit qu'un vrai ſel gemme.

salée, amere & âcre ; si on l'arrose d'une dissolution d'alcali fixe, il exhalera aussi-tôt une odeur urineuse très-pénétrante & fort désagréable : il se fond très facilement dans le feu ; mais comme il est composé d'un acide marin, uni à un alcali volatil, si on continue le feu, il s'y volatilisera sous la forme d'une fumée blanche : il exige douze fois son poids d'eau pour entrer en dissolution.

Espece CCX.

I. Sel ammoniac en croûtes.

[*Sal ammoniacum crustosum. Sal ammoniacum in laminas sole concretum*, *Waller.*]

Ce sel est toujours fort impur & mêlé de matieres étrangeres : on le trouve tout formé naturellement dans certains lieux des pays chauds, tels que l'Arabie & la Lybie, par le mêlange des urines de chameaux & autres différens animaux qui y passent en grand nombre ; il y est desséché par la chaleur du soleil, & paroît sous diverses figures.

Il y a,

1. Le sel ammoniac en fleurs. [*Sal ammoniacum crustosum efflorescens*, *Waller.*]

Tel est celui qu'on recueille sur les chemins, par où les bêtes de charge ont passé.

2. Le sel ammoniac mêlé à du sable. [*Sal ammoniacum crustosum minerale Cyrenaicum*, *Waller.*]

On y reconnoît beaucoup d'autres matieres étrangeres.

3. Le sel ammoniac des étables. [*Sal ammoniacum, crustosum, stabulosum*, *Wall.*]

C'eſt celui qu'on ramaſſe ſur le ſol des étables où repoſent les chameaux.

ESPECE CCXI.

I. Le Sel ammoniac des Volcans.

[*Sal ammoniacum, glebosum. Sal ammoniacum, in glebas igne ſubterraneo concretum*, WALL. *Sal ammoniacum informe, impurum montium igni-vomorum*, CARTH.]

IL contient, outre un mélange de pluſieurs autres matieres, beaucoup de parties ſulfureuſes : tel eſt celui qu'on trouve en morceaux plus ou moins gros & purs, ſublimé à la cime, aux parois & dans le voiſinage des volcans ou des montagnes qui vomiſſent du feu, & dans les lieux qui ſont échauffés d'une chaleur conſidérable.

Il y a,

1. Le ſel ammoniac foſſile blanc. [*Sal ammoniacum globoſum, album*, WALL.]

Il donne de l'odeur, lorſqu'on le triture avec de l'huile de tartre par défaillance. On le rencontre en Italie, à la Solfatara. Voyez BOCCONE, *Recherches, &c.* On en trouve auſſi en Angleterre, dans la mine de charbon de terre, près de Newcaſtle, & dont la couleur eſt tantôt jaune ou rouge, tantôt verte ou noire.

Tout ceci prouve bien que ce ſel eſt mêlé de ſoufre ou de vitriol, & c'eſt ce que l'on a remarqué ſur le beau morceau qui ſe voit dans le cabinet d'hiſtoire naturelle à Londres, & qui eſt de Newcaſtle. On trouve encore le ſel ammoniac dans certaines eaux minérales : telles ſont celles de Gieshubel, *Aquæ ammoniacales Gieshubelenſes*; dans les plantes : Voyez *Tournefort* & *Lemery* ; dans le sédiment de l'urine & dans tous les corps qui donnent des traces d'un sel minéral volatil uni avec un esprit de sel marin, ou avec un acide sulfureux : Voyez les *Ephem. nat. cur. L. A. C.* (a)

(a) » Wallerius, *Minéralog. p.* 346, *obs.* 4, dit qu'on peut former autant d'especes de sel ammoniac, qu'il se trouve d'especes » différentes d'acides, de sels & d'esprits, & que l'on pourroit » varier les sels ammoniacaux, autant qu'il y a d'especes de sels » volatils & urineux. De-là viennent, dit-il, les différentes especes de sel ammoniac du commerce, qui est un sel artificiel, » & dont nous allons donner la description.

OBSERVATION. On a été instruit de la nature du vrai sel ammoniac, bien long-tems avant que de sçavoir la vraie maniere dont les Egyptiens le préparent. Plusieurs personnes ont cru que la préparation s'en faisoit à Venise ; mais, comme dit Lemery, la composition de ce sel est autant inconnue à Venise qu'à Paris, puisque les Vénitiens le tirent eux-mêmes du Levant : on peut consulter les Lettres édifiantes sur la composition du sel ammoniac, dont on croyoit faussement que les Vénitiens faisoient un secret ; mais l'on ne trouvera rien de plus instructif à cet égard, que ce qu'on lit dans le *Recueil de plusieurs secrets curieux*, où l'on verra que tout ce sel, qui nous vient d'Egypte, & que l'on croyoit autrefois uniquement formé de l'urine de chameaux & de plusieurs autres bêtes de charge, qui passoient par cavaranes dans les pays fort chauds, comme dans les déserts de la Lybie, (Voyez POMET, *Histoire des Drogues*,) est aujourd'hui une production de l'art des habitans de Méhallé, & principalement de ceux de Damacier, bourgades d'Egypte surnommées *Delta*, à une lieue de la ville de Mansoura ou Massoure, lieu mémorable par la défaite des troupes de S. Louis, & où ce Roi fut lui-même fait prisonnier. Pour procéder à l'opération de ce sel, on prend de la suie qu'on racle à des cheminées, où l'on a brûlé des mottes de fientes d'animaux, pétries avec de la paille : on en met quarante livres dans un gros & fort ballon, d'un pied & demi de diametre, & dont le col n'a que deux doigts de haut : ce ballon doit se trouver rempli jusqu'à quatre doigts près du col. Les fourneaux qui servent à cette opération, sont faits comme nos fours communs, excepté que leurs voûtes sont entre-ouvertes par quatre rangs de fentes en long, sur chacune desquelles on pose & on enfonce artistement quatre ballons, dont les flancs doivent se trouver engagés dans l'épaisseur de la voûte : les intervalles des ballons sont bouchés par un enduit d'argille, afin que la flamme ne passe pas entre deux : ainsi chaque fourneau contient seize ballons, & chaque laboratoire est composé de huit de ces fourneaux ; ce qui met en œuvre tout-à-la fois cent vingt-huit ballons : on entretient, dans chaque fourneau qui est profond, pendant trois jours &

GENRE XXXIX.

VIII. Borax.

[*Borax* AUCT. *Chryſocolla nonnullorum. Capiſtrum auri. Gluten auri. Auricolla.*]

CE ſel eſt en cryſtaux, d'une figure tantôt priſ-

trois nuits, un feu continuel, avec de la fiente d'animaux, mêlée de paille, parce que la ſuie qui en réſulte, doit enſuite ſervir à faire du ſel ammoniac. Le premier jour, il ſort, par le col du ballon, beaucoup de phlegme, ſous la forme d'une vapeur noire ou d'une fumée épaiſſe; le ſecond jour, le ſel s'exalte & ſe ſublime vers le haut du ballon; il s'y coagule & ſe durcit de plus en plus; le troiſieme jour, le col du ballon eſt bouché; le ſel ſe perfectionne; & le commandant des ouvriers regarde de tems en tems à un des vaiſſeaux, en quel état eſt le ſel, au moyen d'un trou fait à deux doigts au-deſſous du col, & qui eſt bouché avec de la terre graſſe; & s'il n'y a plus de progrès à eſperer dans la cuite de l'opération, on ceſſe le feu; on caſſe les ballons, & l'on trouve un pain de ſel de l'épaiſſeur de trois à quatre doigts, d'une forme ronde, orbiculaire, convexe d'un côté, avec une eſpece de nombril qui le tenoit attaché au col du ballon, concave de l'autre, griſâtre en dehors, parſemé de petits cryſtaux paralleles cannelés, ou en aiguilles droites comme des colomnes, tranſparens intérieurement, de même que le ſucre candy.

Il s'attache ſouvent, dans la concavité de ces pains, une croûte noire, nommée *aradi*, d'un pouce d'épaiſſeur; elle provient de la violence du feu, qui a fait ſublimer ou monter la terre noire, & qui doit reſter au fond du ballon. Si l'on remet cette terre avec de nouvelle ſuie à ſublimer, l'on en obtiendra un ſel plus blanc, & qui, ſelon la forme du vaiſſeau, imite aſſez cette eſpece de ſel, que l'on nous apporte rarement de l'Aſie, en pains coniques, & que l'on nomme *ſel ammoniac Mecarra.*

On prétend qu'il ſe fait, tous les ans, en Egypte près de deux mille quintaux de ce ſel; ce qui eſt très-conſidérable.

On ſe ſert du ſel ammoniac, pour décaper le fer, & notamment la vaiſſelle de cuivre, & pour l'opération que les chauderonniers appellent *étamage*; il ſert auſſi aux orfevres & aux fondeurs de plomb. Les marchands de bois de marqueterie s'en ſervent encore, en le mêlant avec le noir de fumée, & l'étendant ſur un bois commun, non coloré, mais très-dur & ſuſceptible du

matique, hexagone, tronquée, un peu irréguliere, & semblable aux crystaux du nître, tantôt formée de primes octogones; sa saveur est legérement âcre ou piquante, mais un peu fade & amere. Le borax exige vingt fois son poids d'eau pour être entiérement dissous, quoiqu'il contienne déja près de moitié d'eau dans sa composition. Il mousse, bouillonne avec bruit, & se gonfle au feu comme l'alun; mais il entre bientôt après en fusion, & forme une espece de verre très-tendre.

ESPECE CCXII.

I. Borax brut ou Borax crud (*a*).

[*Borax crudus nativus. Borax crudus cærulescens hexangularis*, *WALL.*]

On donne ce nom au borax brut, tel qu'il nous

poli, afin de le faire passer pour de l'ébéne, dont ils contrefont l'éclat avec la cire : ils verdissent de même certains bois, en mêlant ce sel avec la rouille de cuivre & le vinaigre. Les chymistes & les physiciens regardent le sel ammoniac comme le sel naturel le plus propre pour la génération du froid artificiel, qu'il leur est souvent utile de procurer. Il suffit d'en jetter dans de l'eau une petite quantité, pour la rafraîchir plus que ne feroit la glace même; & cette fraîcheur deviendroit insupportable, si on l'accompagnoit de pyrites vitrioliques ou d'huile de vitriol : elle seroit encore plus violente, si elle résultoit d'un mélange de parties égales de sel ammoniac & de sublimé corrosif, mises à dissoudre ensemble, dans une suffisante quantité de vinaigre distillé; car le mélange produiroit, dès l'instant, un degré de froid si étrange, qu'il ne seroit presque pas possible de tenir la paume de la main sous le matras, où cette mixture seroit en action.

Le mot latin *sal armoniacum*, *quasi armeniacum*, est tiré d'*Armenia*, lieu d'où l'on tiroit autrefois ce sel; on l'a encore nommé *sal ammoniacum*, *ab* ἄμμος *arena*, parce qu'on en trouve sur du sable. Les alchymistes, qui se croient être les seuls & véritables philosophes, l'ont appellé *sal mercurialis philosophorum*, parce qu'il est volatil, & qu'ils le font entrer dans leurs opérations; *fuligo alba mercurialis*, parce qu'il se sublime comme la suie; *aquila cælestis*, parce qu'il s'envole; *sal solare*, parce qu'il entre dans la composition de l'eau régale, qui est le dissolvant de l'or.

(*a*) OBSERVATION. Il n'y a point de sel dans la Minéralogie, dont l'origine, la nature & la formation soient plus

vient des Indes orientales : il est opaque, informe, dur & pesant, d'une couleur verdâtre, bleuâtre, semblable au vitriol Romain du commerce ; il produit d'abord une saveur assez douce sur la langue, mais qui devient bientôt âcre, mordicante : il prend à la crystallisation une figure hexagone, se gonfle peu au feu ; cependant il y entre facilement en fusion : il se dissout très-difficilement dans l'eau, en ce qu'il est gras & mêlé d'une très-grande quantité de terre : il est un des flux les plus puissans que nous ayons dans la Docimastique (*a*).

inconnues que celles du borax. Il est encore incertain si le sel que nos anciens ont décrit sous le nom de *baurach*, *tyncal*, *nitrum boracicum*, &c. est bien la même chose que notre borax d'aujourd'hui. Quelques modernes prétendent que, quand les anciens Grecs se servoient du *natron*, ils disoient νιτρον ; que quand c'étoit du borax, ils disoient νιτρον βαύραχη. Les Hébreux appelloient le natron *nather*, & le borax *borith*. Les nouveaux Grecs ont désigné le borax par βορακήμυ. Les Latins l'ont tours nommé *borax* ; les Arabes *tinkar*, *tinkal*, *baurach*, & les Grecs de nos jours, χρύσοκολλα. De la variété de ces nomenclatures, l'on peut croire absolument que le borax a été connu & mis en usage chez les anciens, & que ce qui étoit appellé *nater*, *nather*, chez les Hébreux, νιτρον, chez les Grecs, estun vrai *sel kali*, que nous appellons aujourd'hui *natron* ou *natrum* des Egyptiens.

(*a*) Le borax brut est mélangé d'une matiere inconnue aux chymistes & aux naturalistes : cependant, en 1741, M. Knoll, qui étoit à Tranquebar, envoya à M. Langius, professeur de Hall, de la mine du borax, & du sel qui en avoit été tiré, avec du savon & du verre qui en avoient été faits. M. Pott, chymiste de Berlin, fit par la suite des recherches sur la terre sablonneuse & lixivielle du borax, & découvrit qu'elle contenoit en effet un sel alcali, avec un peu de sel marin. Voyez *POTT de Borace*, *p.* 5 ; mais on ignore toujours la maniere dont le tinkal se fait avec un sel alcali terrestre ; & peut-être M. Knoll aura-t il donné de plus grands éclaircissemens sur cette importante matiere.

On nous a écrit, en 1754, d'Hispahan, que le borax brut, tel qu'on l'envoie en Europe, se retiroit d'une terre sablonneuse ou d'une pierre tendre, grisâtre, grasse, que l'on trouve seulement en Perse & dans l'empire du grand Mogol, à Golconde & à Visapour, proche des torrens & au bas des montagnes, d'où il découle une eau mousseuse, laiteuse, un peu âcre & lixivielle. Ces pierres sont de différentes grosseurs ; on les expose à l'air, afin qu'elles subissent une sorte d'efflores-

GENRE XL.

IX. Sel de Tartre. [*Sal Tartari.*]

C'EST une ſubſtance ſaline, acide, pierreuſe ou

cence, juſqu'à ce qu'elles paroiſſent rouges à leur ſuperficie, quelquefois verdâtres, obſcures & brunâtres; c'eſt-là ce qu'on appelle *matrice de borax*, *borax gras*, *brut*, & *pierre de borax*. Tantôt ce ſel ſe retire d'une eau épaiſſe, que l'on trouve dans des foſſes très-profondes, près d'une mine de cuivre de Perſe : cette liqueur a l'œil verdâtre, & la ſaveur d'un ſel fade. On a ſoin de ramaſſer non ſeulement cette liqueur, mais encore la matiere comme gelatineuſe, qui la contient : on fait une eſpece de leſſive, tant de l'eau que de la terre graiſſeuſe & des pierres, dont nous venons de faire mention, juſqu'à ce qu'elles ſoient tout-à-fait inſipides; on mélange enſuite toutes les diſſolutions chargées de borax : on les fait évaporer à conſiſtance requiſe; puis on procede à la cryſtalliſation, en verſant la liqueur à demi-refroidie dans des foſſes enduites de glaiſe ou d'argille blanchâtre, & recouvertes d'un chapeau enduit de la même matiere : on laiſſe ainſi la liqueur ſe cryſtalliſer; & au bout de trois mois environ, on trouve une couche de cryſtaux diffus, opaques, terreux, verdâtres & viſqueux, d'un goût nauſéabonde, qui flottent dans une partie de la liqueur qui n'a point totalement cryſtalliſé : on les expoſe quelque tems à l'air, afin qu'ils ſéchent un peu; c'eſt ce qu'on appelle *borax gras* de la premiere purification.

On diſſout de nouveau ce ſel dans une quantité ſuffiſante d'eau; puis l'on donne quelques jours à la diſſolution, pour que les particules les plus hétérogenes s'en ſéparent & ſe précipitent; enſuite on la décante; on l'évapore & on la met à cryſtalliſer dans une autre foſſe que la premiere, mais également enduite d'argille graſſe. Après l'eſpace de deux mois, on trouve des cryſtaux plus purs, plus réguliers que les précédens; ils ſont demi-blancs, verdâtres, griſâtres, un peu tranſparens, cependant toujours couverts d'une ſubſtance graſſe, dont on les dépouille facilement en Hollande. C'eſt en cet état qu'on apporte en Europe ces cryſtaux de la ſeconde purification, auxquels l'on donne improprement le nom de *borax brut*, ou *borax de la premiere fonte*.

On purifie ce borax à Amſterdam; mais on ne ſçait pas encore ſi le diſſolvant, dont on ſe ſert, eſt de l'eau pure ou de l'eau de chaux vive, &c. On procede enſuite à la filtration, à l'évaporation & à la cryſtalliſation, comme on fait pour les ſels

croûteuſe, mêlée d'huile & de terre, qu'on trouve formée & attachée, immediatement après la fer-

cryſtalliſés en chymie. Tout ce qu'on peut dire ici, c'eſt qu'il n'y a encore qu'en ce pays ſeul, où l'on raffine ſi bien le borax; il eſt en cryſtaux blancs, nets, purs, cryſtallins, demi-tranſparens, luiſans, durs & ſecs, devenant farineux à l'air: leur figure eſt rarement auſſi diſtincte & déterminée que celle des cryſtaux de borax brut; elle eſt cependant, pour l'ordinaire, octogone, d'un goût fade, rarement piquant & amer, on l'appelle Borax raffiné, *borax depuratus, albus, octangularis*, WALL.

On raffine auſſi le borax en France; mais on n'eſt point encore parvenu à le dépouiller de l'œil verdâtre qu'il a naturellement; & les ouvriers ſçavent en faire une grande différence, ne pouvant, diſent-ils, s'en ſervir avec le même ſuccès, que de celui qui eſt purifié en Hollande, & qui eſt blanc.

Il nous vient quelquefois, dans le commerce, du borax raffiné de Veniſe; mais il n'eſt pas encore ſi beau que celui d'Amſterdam, où l'on tient la maniere de le purifier, ſi ſecrette, qu'on n'a pu juſqu'à préſent la découvrir.

Le borax facilite la fuſion ou réduction des métaux difficiles à fondre, tels que l'or, le cuivre & l'argent; il leur ôte l'aigreur; il facilite leur amalgame ou la propriété qu'ils ont de s'unir enſemble (opération que les ouvriers nomment *braſer* ou *ſouder*,) enfin les met en état d'être différemment façonnés & contournés, en empêchant le feu de les détruire ou d'en altérer la forme, par une fuſion trop peu ménagée: c'eſt pourquoi on a nommé le borax *gluten auri*, &c.

Ce ſel détermine également, par l'action du feu, les terres & les pierres à ſe fondre & à paſſer à l'état de verre; ce qui eſt d'une grande utilité dans la compoſition des pierres factices.

Lemery, *Traité des Drogues*, dit que l'on fait un borax artificiel, avec du nître fixé par les charbons, avec de l'alun & de l'urine; on fait cuire le tout enſemble, juſqu'à ſiccité; & l'on y ajoûte, dit-il, ſouvent d'autres matieres, ſuivant l'idée qu'on a dans le travail.

OBSERVATION. Par ce qui a été dit juſqu'ici ſur la figure qu'affectent les ſels dans leur cryſtalliſation, il eſt aiſé de les reconnoître par cette ſeule propriété extérieure, indépendamment de leurs effets dans le feu, que l'on peut eſſayer, ſans un grand embarras; 1° le ſel qui affecte une figure de lozange ou rhomboïdale, & qui donne de l'écume dans le feu, eſt du vitriol; 2° celui qui eſt en cryſtaux octogones & qui ſe bourſouffle dans le feu, eſt de l'alun; 3° celui dont les cryſtaux ſont priſmatiques ou oblongs, & qui fuſe dans le feu, eſt du nître; 4° celui qui eſt d'une figure cubique & qui décrépite dans le feu, eſt du ſel marin; 5° celui qui eſt ou en priſmes ou en pyramides, ou en cubes, & qui fait du bruit dans le feu, eſt un ſel neutre; 6° celui dont les cryſtaux ſont en aiguilles parallelles & cannelées, & qui s'envole dans le feu, eſt du ſel ammoniac; 7° enfin celui qui eſt d'une figure indétermi-

mentation naturelle du vin, contre les parois des tonneaux qui ont contenu pendant un certain tems des vins grossiers très acides ; tels sont ceux d'Allemagne & quelques especes de ceux de Languedoc (*a*) : ce sel exige vingt fois son poids d'eau pour être dissous, quelquefois même davantage, encore faut-il qu'elle soit bouillante, sans quoi, dès qu'elle se refroidit, on s'apperçoit que la plus grande partie du tartre qu'elle tenoit en dissolution se sépare de la liqueur & se précipite sous la forme d'une poudre.

Il y a du tartre de plusieurs couleurs : ils contiennent tous une grande quantité de parties terreuses qui leur sont étrangeres, mais dont on les dépouille facilement, au moyen des dissolutions & des filtrations (*b*).

née, cependant communément octogone, & qui se gonfle dans le feu, & y forme une espece de verre, est du borax.

Nous avons cru qu'on ne nous sçauroit pas mauvais gré de donner ici la description du sel de tartre, pour donner une idée de la nature de ce genre de sel végétal.

(*a*) Il paroît nécessaire que ces tartres se séparent du vin : Car, selon Lemery, s'ils y restoient en dissolution, ils changeroient le vin en vinaigre, ou au moins, ils lui feroient perdre sa couleur. L'expérience nous apprend que si l'on verse trois à quatre gouttes d'huile de tartre par défaillance dans un verre de vin très-rouge, le vin perdra sa couleur, en devenant louche, jaunâtre comme le vin, poussé & corrompu ; mais si l'on y verse ensuite trois à quatre gouttes d'esprit de soufre, qui est un fort acide, ce même vin reprend entiérement sa premiere couleur rouge ; d'où l'on peut voir la raison pourquoi l'on fait brûler du soufre dans les tonneaux, pour mieux conserver le vin.

(*b*) Le tartre purifié qui se débite dans le commerce, sous le nom de *crême de tartre*, est toujours artificiel. Cette préparation, qui se fait en Languedoc, à Calvisson & à Aniane près de Montpellier, consiste à prendre une quantité de tartre blanc, grossiérement pilé ; on lui fait subir une longue ébullition, dans vingt fois son poids d'eau, jusqu'à ce qu'il soit entiérement dissous ; on délaie, dans l'intervalle, une espece de terre argilleuse, blanchâtre, friable, douce au toucher, qui se trouve auprès de Mervielle en Languedoc, & dont on ajoûte une certaine quantité dans la dissolution du tartre ; on fait jetter à ce mêlange quelques bouillons ; ensuite on procede à la filtration ; puis on

ESPECE CCXIII.

I. Le Tartre blanc.

[*Tartarus albus Officinarum.*]

IL eſt en morceaux minces & petits, griſâtres, cendrés & heriſſés à leur ſuperficie d'un nombre de petits cryſtaux pointus, durs, aſſez purs, brillans, tranſparens, & d'un goût acide peu déſagréable : on les trouve attachés à la face intérieure des tonneaux qui contenoient du vin blanc.

ESPECE CCXIV.

II. Le Tartre rouge.

[*Tartarus ruber Officinarum.*]

CELUI-CI a été produit par le vin rouge : il eſt en gros morceaux épais, peſans, poreux, rougeâtres, terreſtres, faciles à caſſer, brillans dans leurs fractures, & d'un goût aigrelet.

On ſe ſert de ces tartres bruts dans la teinture; & pour faire pluſieurs préparations en chymie.

fait évaporer la liqueur limpide, juſqu'à ce qu'il paroiſſe à ſa ſuperficie une eſpece de nuage épais, blanc & ſalin, lequel étoit la véritable crême de tartre des anciens, qu'on retire avec une écumoire ; & lorſqu'on s'apperçoit qu'il ne reſte plus que la juſte quantité de liqueur, pour tenir à chaud le ſel en diſſolution, alors on ceſſe le feu, & on le verſe promptement dans un vaiſſeau qui eſt ſouvent rempli de petites branches de bois, afin de multiplier des ſurfaces, ſur leſquelles les parties ſalines rapprochées par le refroidiſſement, viennent ſe fixer ſous la forme de petits cryſtaux blancs, nets, peſans, demi-tranſparens & d'un goût aigrelet aſſez agréable ; on retire enſuite les cryſtaux, en ſecouant les petites branches ; on les lave, pour les dépouiller d'une matiere comme huileuſe, qui les couvre; c'eſt alors qu'ils prennent le nom de cryſtaux de tartre, tartre purifié & crême de tartre, dont on ſe ſert non-ſeulement en teinture, mais encore pour blanchir la cire, pour ſéparer le fromage du lait, &c. On peut conſulter, ſur cette opération & ſur celle du verd-de-gris, le Mémoire de M. Montet, membre de la ſociété royale de Montpellier, & qui a été inſéré dans les Mémoires de l'académie royale des ſciences de Paris.

Observation génerale en forme d'Appendix, sur les Sels essentiels.

LEs sels essentiels des plantes sont la portion saline qui sert à développer & à mûrir les autres parties constituantes des végétaux ; ils lui doivent directement leur saveur, & indirectement leur couleur. Si ces sels n'étoient pas d'origine minérale, il seroit sans doute hors de propos d'en faire mention dans la suite d'un Traité de minéralogie ; mais quelques degrés de probabilité qu'ayent les opinions diverses des physiciens, dans la discussion desquels nous nous dispensons d'entrer, toujours en faut-il revenir au moins à reconnoître une analogie singuliere entre l'acide constituant les sels essentiels, & les acides minéraux qui forment les sels naturels dont nous avons donné les genres & les especes. Il n'y auroit tout au plus que le sel tartareux, dont nous venons de faire mention, qui pourroit faire une exception à cette assertion générale : aussi quelques physiologistes n'ont-ils pas manqué de faire, du sel tartareux, un sel particulier, distinct de tous les autres, en ce que, suivant eux, son acide est purement végétal : plusieurs chymistes, au contraire, prétendent sans l'avoir néanmoins démontré, que l'acide végétal connu sous le nom de vinaigre, ou même l'acide qu'on retire du tartre par la distillation, est une modification du nître : ils regardent le nître comme le seul minéral qui soit de quelqu'utilité à la végétation ; peut s'en faut même, qu'ils ne lui donnent une origine végétale.

Quoi qu'il en soit, de toutes ces discussions ; notre qualité de naturaliste nous borne à examiner quels sont en effet les sels que nous produisent les végétaux ; tous sels connus, comme nous l'avons déja dit, ſous le nom de ſels eſſentiels : on peut les ranger ſous quatre genres, relatifs aux quatre eſpeces d'acides minéraux qui nous ont donné l'énumération de nos quatre eſpeces de ſels neutres : ces ſels ſont donc, ou avec l'acide vitriolique, ou avec l'acide marin, ou avec l'acide nîtreux, ou enfin avec l'acide végétal : il n'eſt pas encore décidé de quelle nature eſt la baſe qui, avec ces différens acides, forme les ſels concrets dont il s'agit ; pluſieurs chymiſtes ont prétendu que cette baſe n'étoit qu'une terre, & non pas un alcali fixe ; & ſi par hazard on leur objeĉte que cependant on trouve du tartre vitriolé dans certaines plantes, ils prétendent que, comme ce tartre vitriolé ne s'y trouve qu'après l'incinération de la plante, il y a eu une ſorte de décompoſition ; & voici comme ils raiſonnent : Dans toutes les plantes où il ſe trouve du tartre vitriolé, il s'y rencontre encore plus abondamment du nître ; ce nître eſt le ſeul qui dans la déflagration s'alcaliſe ; l'alcali fixe une fois formé, l'acide vitriolique abandonne ſa baſe, ou muqueuſe, ou terreſtre, pour s'attacher à l'alcali avec lequel il a plus d'analogie. Il n'eſt pas de notre reſſort de répondre à ce raiſonnement ſpécieux ; nous nous contenterons d'indiquer un moyen pour retirer les ſels eſſentiels des plantes, ſans avoir recours à l'incinération : c'eſt M. Spieſſius, qui, dans les *Miſcellanea Berolinenſia*, *T. III*, *p.* 91, le donne. Il s'agit de faire ſécher legérement les plantes, d'en tirer la teinture par l'eſprit de vin, d'évaporer enſuite cette teinture en conſiſtance de miel ; il s'y forme des cryſtaux qui ſont très-certainement le ſel eſſentiel de la plante, & non pas un produit du feu.

Quant à la nature du ſel marin, on ne peut ſe refuſer de la reconnoître dans les plantes, & ſa baſe eſt encore moins méconnoiſſable : les ſoudes, les algues, &c. en fourniſſent des exemples peu équivoques.

On voit avec plaiſir le conſentement unanime des phyſiciens, des chymiſtes & des naturaliſtes, pour reconnoître les ſels eſſentiels nîtreux dans les plantes, ils ſont même d'accord ſur l'efficacité de ce ſel pour la végétation; l'unanimité ceſſe, quand il s'agit d'examiner la nature de la baſe de ces ſels; ce n'eſt que depuis très-peu d'années qu'on a reconnu un ſel alcali volatil dans toutes les plantes cruciferes. Pluſieurs chymiſtes ſont en diſſenſion ſur l'exiſtence d'un alcali fixe dans les ſels eſſentiels des végétaux; quelques uns prétendent que cet alcali fixe y eſt avant l'incinération des plantes, puiſque, diſent-ils, les cryſtaux de ces ſels reſſemblent parfaitement au cryſtaux de nître ordinaire: d'autres au contraire ſoutiennent que la baſe de ces ſortes de ſels eſt une terre extrêmement atténuée, accompagnée d'une mucoſité très-ſubtile, leſquels par conſéquent ſont, ſuivant eux, dans l'état le plus prochain de l'alkaliſation. On voit que toutes ces diſcuſſions ne ſont plus du reſſort du naturaliſte: ce dernier eſt fait pour profiter en ce genre des lumieres des premiers: nous admettons donc, parmi les ſels eſſentiels nîtreux, deux ſeules eſpeces parfaitement connues; les ſels nîtreux ammoniacaux, & les ſels nîtreux à baſe terreuſe.

Nous avons déja inſinué quelques doutes ſur la nature de l'acide tartareux; & il nous ſuffira d'ajoûter ici, que quoique la plus grande partie de ce ſel doive, ſinon ſa production, au moins ſon developpement à la fermentation; cependant il exiſte naturellement des ſels tartareux dans certaines plantes, & ſur-tout dans celles qui ont une ſurabondance d'acide, telle que l'*acetoſella*: on reconnoît aiſément ces ſels tartareux à l'odeur particuliérement empyreumatique, qu'ils répandent lorsqu'on en jette une pincée sur les charbons; odeur qui est parfaitement semblable à celle que répandroit une pareille pincée de tartre crud.

Nous nous dispensons encore ici d'examiner une autre dispute que les sels essentiels ont fait naître parmi les chymistes; c'est l'identité des alcalis fixes produits par ces sels essentiels incinérés : il est constant que le nître est le seul de tous, qui produise un alcali fixe : cet alcali fixe, tant qu'il reste mêlé, soit avec les autres sels essentiels non alkalisés, soit avec les substances charbonneuses produites de l'ustion de la plante, tous sont certainement, & d'une maniere accidentelle, différens les uns des autres; mais ces mêmes alcalis dépouillés des mêmes hétérogénéités, dont nous venons de parler, peuvent-ils & doivent-ils différer les uns des autres? C'est ce que soutiennent quelques chymistes modernes, tandis que Boerhaave suivi de plusieurs autres chymistes modernes, soutient que ces sels sont exactement semblables.

Nous avons observé que les plantes devoient leur saveur aux sels essentiels qu'elles contiennent. Nous ajoûtons que si, en général, le tartre vitriolé leur donne de l'amertume, le sel marin, & le goût salé, le nître, la saveur rafraîchissante, & le tartre la saveur aigrelette, ces diverses saveurs doivent être sujettes à autant de modifications qu'il est possible d'imaginer de degrés de mélange, soit pour la qualité, soit pour la quantité respective, tant de ces différens sels, que des autres parties constituantes des végétaux, telles que les parties muqueuses, la substance terrestre, la résine, l'huile essentielle, la partie extractive, & autres.

Fin de la premiere Partie.

TABLE

ALPHABETIQUE

Des Matieres contenues dans la premiere Partie.

A

Fin de la Table des Matieres.

ERRATA.

PAge 14, ligne 15, au lieu de *formé*, lisez *formée*.

Page 37, lignes 3, 8 & 19, au lieu de *smectiques*; lisez *smectites*.

Page 42, ligne 22, au lieu de *Wolsterdorf*, lisez *Woltersdorf*, & ainsi de même dans la suite. Cette bévue est souvent répétée.

Page 44, lignes 28 & 34, au lieu d'*usti* lisez *ustæ*.

Page 50, derniere ligne, au lieu de *gresille*, lisez *y résiste*.

Page 51, ligne 24, au lieu d'*élémentaite* lisez *élémentaire*.

Page 61, ligne 14, au lieu de *pétrifiée*, lisez *pétrifiable*.

Page 83, ligne 22, au lieu de *millieu*, lisez *milieu*.

Page 109, ligne 14, après il *y excite*, ajoûtez, *de même que l'alun de plume*.

Page 109, ligne derniere, après *cette espece*, ajoûtez, d'*asbeste*.

Page 130, ligne derniere, *on a de a peine*, lisez *la peine*.

Page 160, ligne 2, au lieu de *carriarense*, lisez *carrariense*.

Page 241, ligne 34; *sphérique*, *il est plus*, lisez *sphérique*, *plus communément*, &c.

Page 297, *nos* 5 & 6, lisez 3 & 4.

Page 344, Σφακήμμ, lisez βορχκηνυ.

Page 329, ligne 24, *Raphakivi*, lisez *Rapakivi*.

www.ingramcontent.com/pod-product-compliance
Lightning Source LLC
Chambersburg PA
CBHW061113220326
41599CB00024B/4017

* 9 7 8 2 0 1 1 2 5 7 5 0 5 *